智能制造领域高素质技术技能人才培养系列教材

电工基础与技能训练

主　编　刘　娜　陈晓莉
副主编　刘元永　赵云伟　李　倩
参　编　张君慧　路荣亮　王　震

机 械 工 业 出 版 社

本书采用“以项目为导向、以任务为驱动、以技能培养为目标”的模式进行编写，在任务实施过程中学习电工基础课程所要求掌握的知识点，提升电工操作技能，并结合仿真软件 Multisim10，将电工理论、电工实践有效地结合起来，进一步加深学习者的学习效果，适合教学做一体化的教学方式。全书共七个项目，包括初识电路、基本元件识别及万用表的使用、直流电路的分析、照明电路的安装与测量、三相正弦交流电路的分析与测量、动态电路的分析和响应测试和电工基本技能。

本书适用于高等职业教育电类专业的基础教学，同时也可作为成人教育相关专业电工、电路分析课程理论与实践教材，还可作为岗位培训用书。

为方便教学，本书配有免费电子课件、自我测试答案、微课、知识点视频、动画、模拟试卷及答案，供教师参考。凡选用本书作为授课教材的教师，均可登录机械工业出版社教育服务网（www.cmpedu.com），注册、免费下载，或来电（010-88379564）索取。

图书在版编目（CIP）数据

电工基础与技能训练/刘娜，陈晓莉主编．—北京：机械工业出版社，2019.8（2024.1 重印）
智能制造领域高素质技术技能人才培养系列教材
ISBN 978-7-111-63130-9

Ⅰ.①电… Ⅱ.①刘… ②陈… Ⅲ.①电工学-高等职业教育-教材 Ⅳ.①TM1

中国版本图书馆 CIP 数据核字（2019）第 155583 号

机械工业出版社（北京市百万庄大街 22 号　邮政编码 100037）
策划编辑：冯睿娟　责任编辑：曲世海　冯睿娟
责任校对：陈　越　封面设计：鞠　扬
责任印制：单爱军
北京虎彩文化传播有限公司印刷
2024 年 1 月第 1 版第 5 次印刷
184mm×260mm · 14 印张 · 346 字
标准书号：ISBN 978-7-111-63130-9
定价：39.00 元

电话服务	网络服务
客服电话：010-88361066	机　工　官　网：www.cmpbook.com
010-88379833	机　工　官　博：weibo.com/cmp1952
010-68326294	金　　书　　网：www.golden-book.com
封底无防伪标均为盗版	机工教育服务网：www.cmpedu.com

前　言

党的二十大报告明确指出，建设现代化产业体系，坚持把发展经济的着力点放在实体经济上，推进新型工业化，加快建设制造强国、质量强国、航天强国、交通强国、网络强国、数字中国；实施科教兴国战略，强化现代化建设人才支撑，加快建设国家战略人才力量，努力培养造就更多大师、战略科学家、一流科技领军人才和创新团队、青年科技人才、卓越工程师、大国工匠、高技能人才。根据我国制造业发展蓝图，未来新型工业化的发展，需要培养更多专业技能高、综合素质强的高技能人才，以满足工业生产发展需要。

近年来，随着高职教育的发展和信息化技术的进步，教育观念不断更新，以项目为导向、以任务为驱动的教学做一体化教学模式的重要性逐步凸现出来，现代教育手段的融入，信息化教学资源库的建立，为项目教学提供了多元化课堂教学环境。目前，电工电子系列的电类专业基础课程已经面临“课时压缩，内容要求基本不变”的新情况，这就要求教师设计好课堂教学内容，提高课堂教学质量及教学效率，同时贯彻精讲原则，突出知识点间的联系，激发学生的学习兴趣，引导学生学会思考和学习。

本书是作者积累多年“电工基础”课程教学和指导电工实践实训的经验所得，对教学内容和知识点进行了整体规划，注重知识点的前后联系，并根据实践需求，融入电工实践和仿真训练，保证了基础课程与专业课程内容的衔接，理论教学与实践技能培养的配套，体现了专业的系统性和完整性。

本书的主要特色有以下几点：

(1) 内容选取编排遵循认知规律。选取内容以电类专业岗位需求及职业能力为依据，编排从易到难，从简单到复杂，内容衔接具有递进性、连贯性。

(2) 教学配套资源丰富。本书是山东省精品资源共享课程配套教材，拥有完善的教学PPT、教学设计、教学动画、教学视频、教学教案等，满足学习者和教师的需要。

(3) 基础理论与实践操作相结合。本书将理论教学融合于任务中，把一些简单易行、实用性强的实践操作作为技能训练穿插在全书，增强学习者的实践操作能力。

(4) 仿真技术的融入。本书以Multisim10仿真软件为载体，对实践项目进行仿真，与实践测量相比对，提升电路分析与应用的综合能力。

本书由刘娜、陈晓莉担任主编，刘元永、赵云伟、李倩担任副主编。具体编写分工如下：项目一、项目二、项目六由刘娜编写，项目三任务一由王震编写，项目三任务二由路荣亮编写，项目四任务一、任务二由陈晓莉编写，项目四任务三、项目五任务三由赵云伟编写，项目五任务一、任务二由张君慧编写，项目七由刘元永编写，全书仿真训练由李倩编写，全书由刘娜、陈晓莉统稿，孙晓燕、廉振芳、张桂萍等为本书的编写提供了资料，在此表示感谢。

由于编者水平有限，书中不足和疏漏在所难免，恳请广大读者批评指正。

编　者

目　录

项目一 初识电路

引　言

在人们的日常生活和生产实践中，电路无处不在。从家用照明到诸如电视机、电冰箱、微波炉、电风扇等家用电器的使用，都离不开电路。电路的基础知识包括电路的组成、状态、连接方式等，是分析电路工作状态的基础。只有能看懂电路，了解电路的特点，会正确判断电路的连接方式，掌握电路的基本概念和基本定律，才能进一步对电路进行分析和计算。本项目通过两个任务，主要学习电路的组成、模型、电路基本物理量和基本定律，为电路分析奠定基础。

学习目标要求

1. 能力目标

（1）具备连接简单电路的能力。

（2）具备使用直流电压表和直流电流表测量电路元件的电压、电位、电流的能力。

（3）培养良好的电工操作习惯，提升电工操作技能。

2. 知识目标

（1）理解电路模型的基本概念。

（2）掌握电路中的主要物理量。

（3）掌握电压电流的参考方向及功率计算方法。

（4）理解基尔霍夫定律的基本实质，能熟练列出电路中电流、电压的约束方程，包括它的广义应用，学会实际测量方法和计算机仿真。

3. 情感目标

（1）树立安全用电意识、团队合作意识。

（2）培养良好的工作习惯。

任务一　电路及其基本物理量

【任务导入】

什么是电路？电路由哪些元件组成？电路的功能是什么？它们怎样工作？日常生活当中比较常见的电路如手电筒电路、简单照明电路等，这些电路有什么特点？

本次任务从最简单的电路入手，讨论电路及其组成、电路模型的基本概念以及电路中的几个主要物理量，在理解概念的基础上，初步认识简单的电工电路。

【任务分析】

电路是具有其特定功能的，将各种电器设备按照一定方式连接起来的电流的流通路径，因此电路是一个完整、闭合的路径。在进行电路分析时，需要考虑用电设备上的电流、电压、功率和电能等特征以确定电路的功能与特性，因此，必然需要深入理解电路主要物理量的分析计算。在学习过程中，重点是对各个物理量的理解和对电路连接、电路状态的理解。

【知识链接】

1.1 电路

1.1.1 实际电路与电路模型

1. 实际电路

生活中有各种各样的电路，例如，照明电路，收音机或电视机中将微弱信号进行放大的电路，异地间交流信息使用的通信电路等。图 1-1 所示为人们比较熟悉的手电筒实际电路，图 1-2 所示为音频信号放大电路。它们都是为了完成某种需要，由电路器件（例如晶体管和二极管）和电路元件（例如电阻和电容）相互连接而成的。由于结构复杂的电路呈网状，因此电路常称为网络。在一定条件下，电路和网络这两个名词是可以通用的。

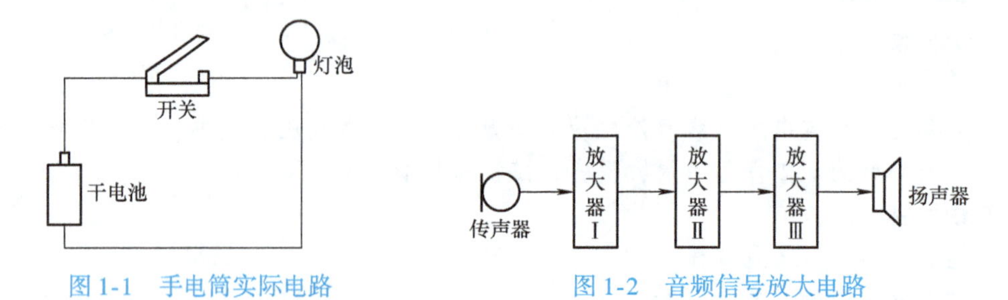

图 1-1　手电筒实际电路　　图 1-2　音频信号放大电路

实际应用中的电路，种类繁多，结构形式各不相同，但其主要功能不外乎有以下两种：其一是进行电能的转换、传输和分配，电力系统的供电网络就是这样的例子，发电机组将热能、水能、原子能等转换成电能，通过变压器、输电线路等输送到用户，用户又把电能转换成光能、热能、机械能等其他形式的能量；其二是对信号的处理和传递，收音机、电视机电路是这样的实例，收音机或电视机通过接收电台发射的信号，经调谐、滤波、放大等环节的处理变成人们所需要的声音或图像信号。在自动控制、计算机网络、通信等方面的电路也是信号处理和传递的具体应用。

无论电路简单与否，要组成一个完整的电路，都需要具有电源、负载、中间环节三部分。电源是将其他形式的能量转换成电能的装置，如发电机、干电池、蓄电池等。负载是取用电能的装置，通常也称为用电器，如白炽灯、电炉、电视机、电动机等。中间环节是起到传输、控制、分配、保护等作用的装置，如连接导线、开关、变压器、保护电器等。

以手电筒电路为例，它由干电池、小灯泡、开关和连接导线组成。其中干电池就是电源；小灯泡是一用电设备，即负载；开关和连接导线就是中间环节，即起传输和控制作用。

2. 电路模型

任何实际电路都是由实际的电气设备或器件组成的，实际的电路器件在工作时的电磁性质是比较复杂的，大多数器件都有多种电磁效应。在电路分析中，为了使问题简化，对实际的电路器件，一般取其主要作用的方面，用一些理想的电路元件来代替。例如，干电池、发电机等，主要是将其他形式的能量转变为电能，可以用“电压源”来代替。电炉、白炽灯等主要是消耗电能的，可以用“电阻元件”来代替。存储磁场能的元件、存储电场能的元件可以分别用“电感元件”“电容元件”来表示。表 1-1 所示为常用电路元件的图形符号。

表 1-1　常用电路元件的图形符号

名称	符号	名称	符号	名称	符号
电阻	R	电压源	U_S + −	白炽灯	
电容	C	电流源	I_S	干电池	E
电感	L	电压表	V	熔断器	FU
接地		电流表	A	开关	S

由理想元件及其组合近似地代替实际电路器件而组成的电路，称为实际电路的“电路模型”。所谓电路模型，就是在一定条件下，把实际电路的电磁本质抽象出来所组成的理想化电路。图 1-3a 所示为手电筒电路的电路模型。

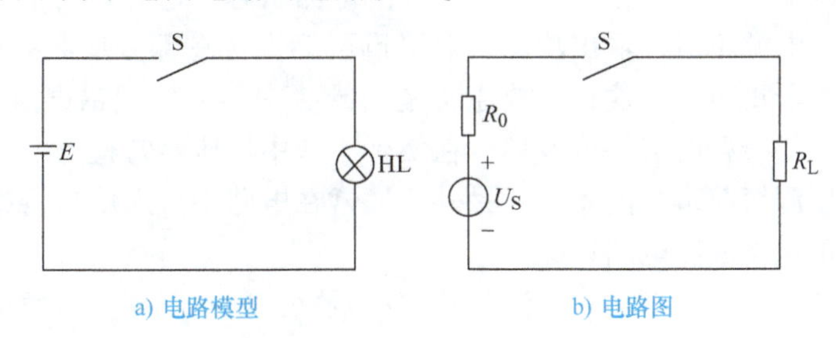

a) 电路模型　　b) 电路图

图 1-3　手电筒电路

无论是简单的还是复杂的实际电路，都可以通过电路模型来充分地描述。本书中所讨论的电路都是电路模型，通过对其基本规律的研究，达到分析、研究实际电路的目的。用规定的电路符号表示各种理想元件而得到的电路模型图，称为电路图。电路图只反映电路器件在电磁方面的相互联系，而不反映其几何位置等其他信息。图 1-3b 所示为手电筒电路的电路图。

1.1.2　电路连接与电路状态

1. 电路连接

电路的连接分为串联连接和并联连接。在一个电路中，各个元件间有串联，也有并联，或者可以是混合连接的。电路分析是从电路的连接方式入手，完成对电流、电压、功率等的分析。

各个元件首尾顺次连接起来的电路称为串联电路（见图 1-3b）。

串联电路的特点是：

1）电流只有一条路径，通过一个元件的电流同时也通过另一个元件。

2）电路中只需要一个开关，且开关的位置对电路没有影响。

串联电路中的电流处处相等，或者说元件串联时，同一个电流流过每个串联的元件。

把几个元件的一端接在一起，另一端也接在一起，把两端接入电路的方式称为并联电路（见图1-4）。

并联电路的特点是：

1）电流有两条（或多条）路径。

2）各个元件可以独立工作。

3）干路的开关控制整个电路，支路的开关只控制本支路。

并联电路中，并联元件两端的电压都相等。

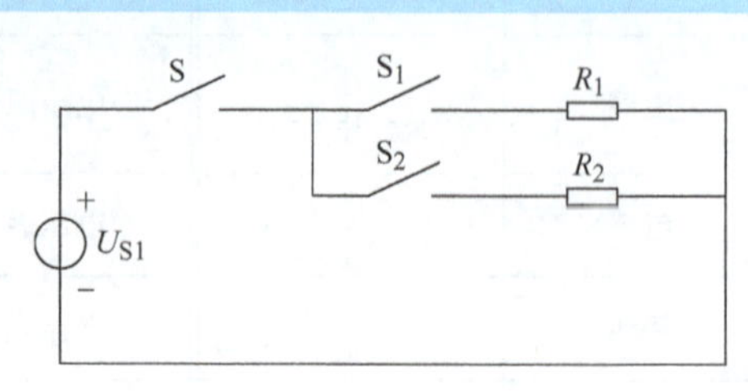

图1-4　并联电路

2. 电路状态

根据电源和负载连接的不同情况，电路状态可分为开路、短路和额定等几种。

开路又称断路，当电路处于开路状态时，电源和负载不构成回路，电路中的电流为零，电源的端电压等于电源的电动势，电源不输出功率。这时的电源电压称为空载电压或开路电压。

短路是指电源两端由于某种原因连接在一起的电路状态。这时相当于负载电阻为零，电源的端电压也为零，电源不对外输出功率。短路也可能发生在部分负载处或电路的任何处。电压源的短路是一种严重事故，这种事故通常是由绝缘损坏或接线错误所致。事故发生后，往往会造成电源和电气线路的损伤或毁坏。在实际工作中，应经常检查电气设备和线路的绝缘情况，以防止电压源短路事故的发生。另外，通常在电路中接入熔断器或自动断路器，以便在发生短路时，迅速将故障电路切除。

任何电气设备都有一定的电压、电流和功率的限额，这些限额称为额定值，电气设备工作在额定值的情况下称为额定状态。电气设备工作在额定状态时，既安全可靠又能充分发挥其作用，因此，应尽可能使其工作在这种状态。额定状态有时也称为满载，设备超过额定值工作时，称为过载。如果长时间过载，会缩短设备的使用寿命，甚至损坏电气设备。

1.2　电路的基本物理量

1.2.1　电流

教学视频

1. 电流的定义

电荷的定向移动形成电流。单位时间内通过导体横截面的电荷量定义为电流强度。电流强度是描述电流大小的物理量，简称为电流，用 i 表示。

$$i=\frac{\mathrm{d}q}{\mathrm{d}t} \tag{1-1}$$

式中，q 表示电荷量，单位为库仑，简称库（C）；t 表示时间，单位为秒（s）；在国际单位制中，电流的单位为安培，简称安（A），常用的单位还有千安（kA）、毫安（mA）、微安（μA）等。它们之间的换算关系为

$$1\mathrm{A}=10^{3}\mathrm{mA}=10^{6}\mu\mathrm{A}$$

$$1\text{kA} = 10^3\text{A}$$

若电流的方向不随时间的变化而变化，dq/dt 为定值，则称其为直流电流，简称直流（DC），直流电流用大写字母 I 表示。其中，大小和方向都不随时间变化而变化的电流，称为稳恒直流电；电流大小随时间的变化而变化，但方向不变的电流，称为脉动直流电。直流时，式（1-1）应写为

$$I = \frac{Q}{t}$$

若电流的大小和方向都随时间而变化，则称其为交变电流，简称交流（AC），交流电流用小写字母 i 表示。

手电筒电路是由直流电源（干电池）供电的，称为直流电路；电风扇电路是由交流电源供电的，称为交流电路。

2. 电流的参考方向

图 1-5 所示为某电路中的一个元件，其电流的实际方向只有两种可能，不是从 A 流向 B，就是从 B 流向 A。可任意选定其中一个方向作为参考方向，并用箭头表示在电路图中，这时，电流就是一个代数量了。若电流的实际方向与参考方向一致，如图 1-5a 所示，则电流为正值；若电流的实际方向与参考方向相反，如图 1-5b 所示，则电流为负值。

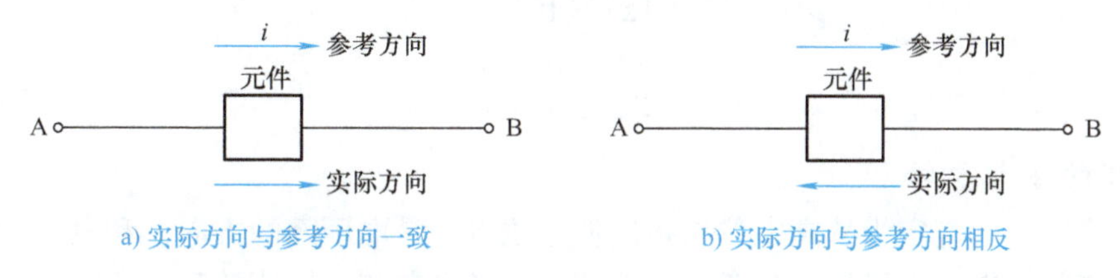

a) 实际方向与参考方向一致　　b) 实际方向与参考方向相反

图 1-5　电流的参考方向

电流参考方向，在电路中一般用实线箭头表示，也可以用双下标表示，如 i_{ab}，表示参考方向由“a”指向“b”。

参考方向是电路中的一个重要概念，学习时应该注意以下三点：

1）电流的参考方向是人为任意设定的，但一经设定就不可改变。

2）不标参考方向的电流没有任何意义。

3）参考方向标定以后，电流是可为正数可为负数的代数量。

例题 1.1　电路如图 1-6 所示，试判断电流的实际方向。

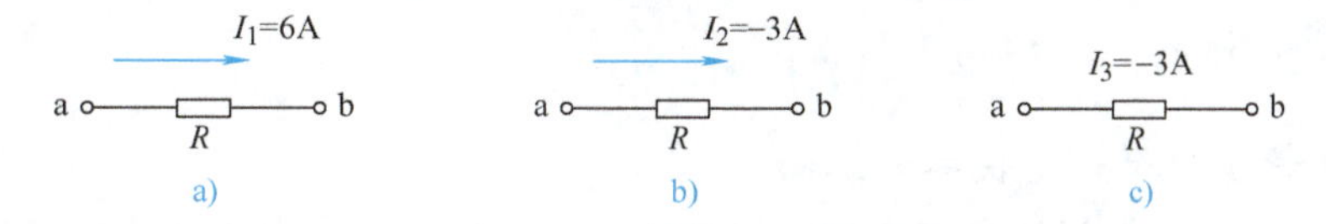

a)　b)　c)

图 1-6　例题 1.1 电路图

解：图 1-6a 中，$I_1 = 6\text{A} > 0$ 为正值，说明电流的实际方向与参考方向相同，即从 a 流向 b。

图 1-6b 中，$I_2 = -3\text{A} < 0$ 为负值，说明电流的实际方向与参考方向相反，即从 b 流向 a。

图 1-6c 中，未规定电流参考方向，无法判断实际电流方向。给出的 $I_3 = -3\text{A}$ 无物理意义。

总结：参考方向的选取是任意规定且必须规定的。电路图中标出的电流方向都是参考方向。电流的实际方向可以根据标出的参考方向和电流的正负来确定。

1.2.2 电压

1. 电压的定义

电压是衡量电场力对运动电荷做功大小的物理量。当导体中存在电场时，电荷在电场力的作用下运动，电场力对电荷做了功。电场力把单位正电荷从 A 点移动到 B 点所做的功称为 A、B 两点间的电压，用 u_{AB}表示。

$$u_{AB}=\frac{dw_{AB}}{dq} \tag{1-2}$$

式中，w_{AB}表示电场力将电荷量为 q 的正电荷从 A 点移动到 B 点所做的功。

大小和方向都不随时间变化的电压称为直流电压，用 U_{AB}表示，即

$$U_{AB}=\frac{W_{AB}}{q}$$

在国际单位制（SI）中，电压的单位为伏特，简称伏（V），常用的单位还有千伏（kV）、毫伏（mV）、微伏（μV）等。

$$1\text{kV}=10^{3}\text{V}$$
$$1\text{mV}=10^{-3}\text{V}$$
$$1\mu\text{V}=10^{-6}\text{V}$$

2. 电压的参考方向

电压的实际方向规定为从高电位点指向低电位点，是电压降的方向。和电流一样，电路分析中，两点间的电压也要规定参考方向，并由参考方向和电压值的正、负来反映该电压的实际方向。若电压的实际方向与参考方向一致，则电压为正值；若电压的实际方向与参考方向相反，则电压为负值。

电压的参考方向可以用实线箭头来表示，如图 1-7a 所示；也可以用正（+）、负（-）极性表示，称为参考极性，如图 1-7b 所示；还可以用双下标表示，例如，u_{AB}表示 A、B 两点间电压的参考方向是从 A 指向 B 的。

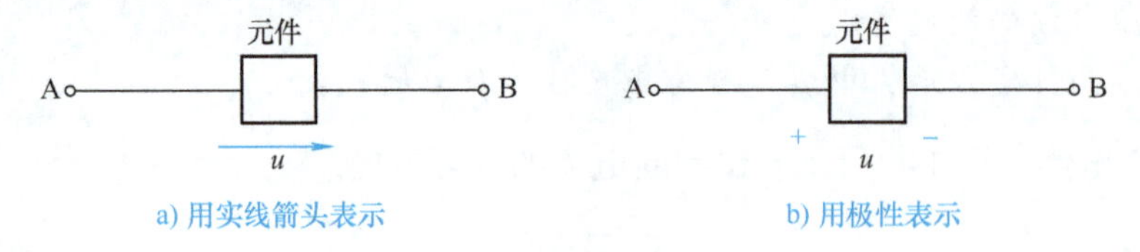

a) 用实线箭头表示　　b) 用极性表示

图 1-7　电压的参考方向

3. 关联参考方向和非关联参考方向

一个元件的电流或电压的参考方向可以独立地任意规定。如果指定流过元件电流的参考方向是从标以电压正极性的一端指向电压负极性的一端，即电压电流的参考方向一致，则把电流和电压的这种参考方向称为关联参考方向（见图 1-8a）。当电压电流参考方向不一致时，称为非关联参考方向（见图 1-8b）。

例题 1.2　电路如图 1-9 所示，试判断各元件所标出的参考方向为关联参考方向还是非

a) 关联参考方向　　b) 非关联参考方向

图 1-8　参考方向

关联参考方向。

解：根据关联和非关联参考方向的定义，元件 1、2、3、4 的参考方向均为关联参考方向。

总结：关联参考方向和非关联参考方向的判断是根据电路中标出的电压、电流各自的参考方向是否一致得出的，与电压、电流的正负和实际方向无关。

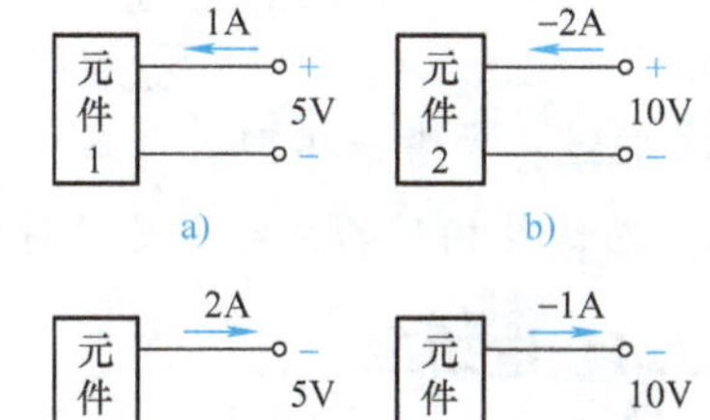

图 1-9　例题 1.2 电路图

1.2.3　电位

1. 电位的定义

在电路中任选一点作为参考点，则该电路中某一点到参考点的电压就称为该点的电位。电位的国际单位是伏特（V）。

若选择 o 点为参考点，那么，电路中 a 点的电位

$$V_a = U_{ao} \tag{1-3}$$

参考点又称零电位点，即参考点的电位为零。通过电位的定义可知，电路中某点的电位与参考点（零电位点）的选取是相关的。在电路分析中，如果所研究的电路里有接地点，通常选择接地点作为参考点，用符号“⊥”表示，在一般原理性电路中，可以选择多条导线的交汇点作为参考点，但必须注意，在研究同一问题时，参考点原则上可以任意选取，但是一经选定，就不可更改。

电路中除参考点外其他各点的电位可能是正值，也可能是负值，某点的电位比参考点高，该点的电位是正值，反之则为负值。

> 在电路中，电位的计算步骤为：
> 1）任选电路中某一点作为参考点，设其电位为 0。
> 2）标出各元件参考方向，选定各点至参考点的路径。
> 3）计算各点至参考点间的电压，即得各点电位。

2. 电压与电位的关系

如果已知以 o 点为参考点，a、b 两点的电位分别为 V_a、V_b，那么 a、b 两点间的电压

$$U_{ab} = U_{ao} + U_{ob} = U_{ao} - U_{bo} = V_a - V_b \tag{1-4}$$

可见，两点间的电压等于两点的电位差，所以，电压又叫电位差。

例题 1.3　在图 1-10 所示电路中，已知 $U_{S1} = 10V$，$U_{S2} = 4V$。分别以 c、a 为参考点，求 a、b、c 各点的电位以及 a、b 两点间的电压。

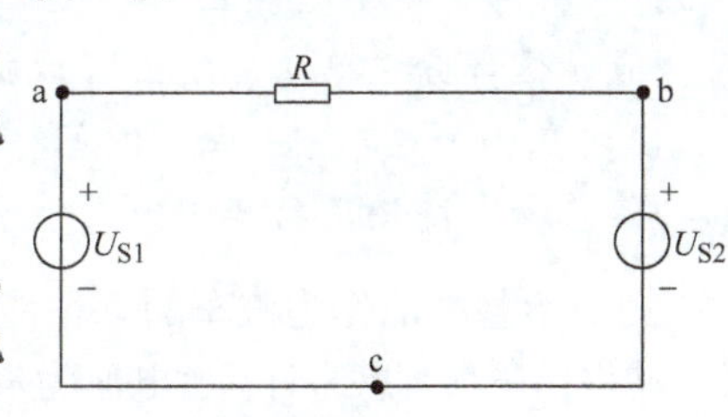

图 1-10　例题 1.3 电路图

解：(1) 以 c 点为参考点

$V_c=0V \quad V_a=U_{S1}=10V \quad V_b=U_{S2}=4V$

$U_{ab}=V_a-V_b=10V-4V=6V$

(2) 以 a 点为参考点

$V_a=0V \quad V_b=U_{S2}-U_{S1}=4V-10V=-6V$

$V_c=-U_{S1}=-10V \quad U_{ab}=V_a-V_b=0V-(-6V)=6V$

总结：参考点不同，电路中同一点的电位也会随之改变，但两点间的电压是不变的。因此，电位是相对的，电压是绝对的。

教学视频

1.2.4 电功率

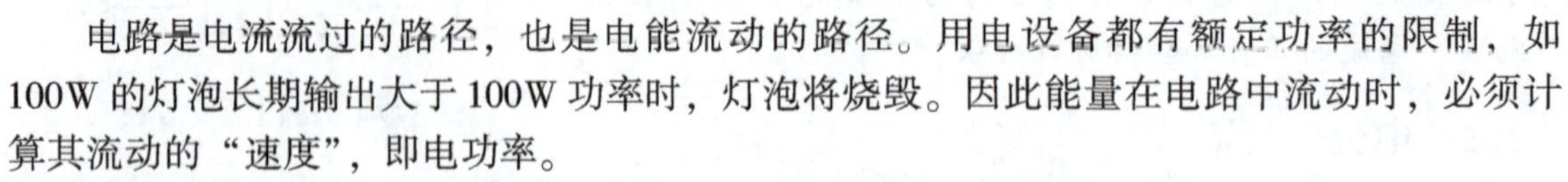

电路是电流流过的路径，也是电能流动的路径。用电设备都有额定功率的限制，如 100W 的灯泡长期输出大于 100W 功率时，灯泡将烧毁。因此能量在电路中流动时，必须计算其流动的“速度”，即电功率。

电功率简称功率，定义为单位时间内电路吸收或发出的电能，它是描述电能转化速率的物理量，用 p 表示。

$$p=\frac{\mathrm{d}w}{\mathrm{d}t} \tag{1-5}$$

式中，w 表示电能，单位为焦耳，简称焦（J）；t 表示时间，单位为秒（s）。

功率的单位为瓦特，简称瓦（W），常用的单位还有千瓦（kW）、毫瓦（mW）等。

在电路分析中，当某一支路的电压、电流实际方向一致时，电场力做功，该支路吸收功率。当支路电压、电流实际方向相反时，该支路发出功率。当某一支路或元件中的电压、电流已知时，有

$$p=\frac{\mathrm{d}w}{\mathrm{d}t}=ui \tag{1-6}$$

即任一支路或元件的功率等于其电压和电流的乘积。

在直流电路中，功率计算公式为

$$P=\frac{W}{t}=UI \tag{1-7}$$

即功率数值上等于单位时间内电路（或元件）所提供或消耗的电能。

在功率计算中，一定要注意：

1）该部分电路的电压和电流的参考方向是否关联。以直流电路为例，若电压、电流为关联参考方向，则 $P=UI$；若电压、电流为非关联参考方向，则 $P=-UI$。若计算出 $P>0$，则所得功率是这部分电路吸收（或消耗）的功率，此元件可以认为是负载；当 $P<0$ 时，表示这部分电路实际发出（或提供）功率，此元件可以认为是电源。

2）在一个电路中，每一瞬间，发出电能的各元件的功率总和等于吸收电能的各元件的功率总和，即满足功率守恒。

例如，蓄电池作为汽车的一种能源，在发电机向其充电时，它是发电机的负载，向发电机吸收功率；在汽车怠速时，蓄电池为汽车的电气设备提供电能，此时作为电源使用，即发出功率。因此，电器元件在电路中是电源还是负载是相对的，吸收的功率和发出的功率是相等的。

例题 1.4　试求如图 1-11 所示电路中各元件的功率。

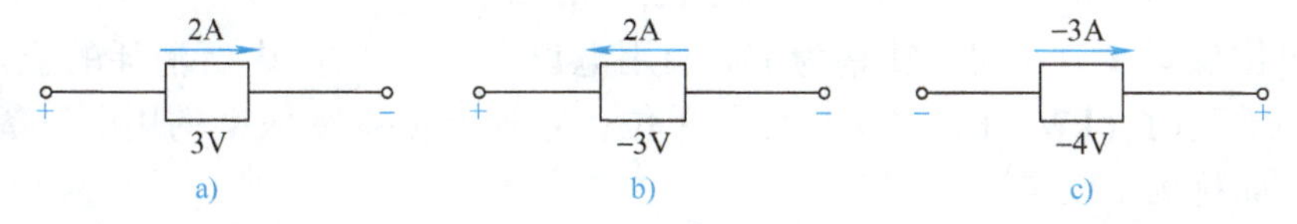

图 1-11　例题 1.4 电路图

解：图 a 为关联参考方向，$P=UI=3\text{V}\times2\text{A}=6\text{W}$，$P>0$，元件吸收功率 6W。

图 b 为非关联参考方向，$P=-UI=-(-3\text{V})\times2\text{A}=6\text{W}$，$P>0$，元件吸收功率 6W。

图 c 为非关联参考方向，$P=-UI=-(-4\text{V})\times(-3\text{A})=-12\text{W}$，$P<0$，元件发出功率 12W。

总结：一个元件若吸收功率 6W，也可以认为它发出功率 -6W，同理，一个元件若发出功率 6W，也可以认为它吸收功率 -6W，这两种说法是一致的。

例题 1.5　如图 1-12 所示电路中，方框表示电源或电阻，各元件的电压和电流的参考方向在电路中已经标出，通过测量得知：$I_1=2\text{A}$，$I_2=1\text{A}$，$I_3=1\text{A}$，$U_1=4\text{V}$，$U_2=-4\text{V}$，$U_3=7\text{V}$，$U_4=-3\text{V}$。

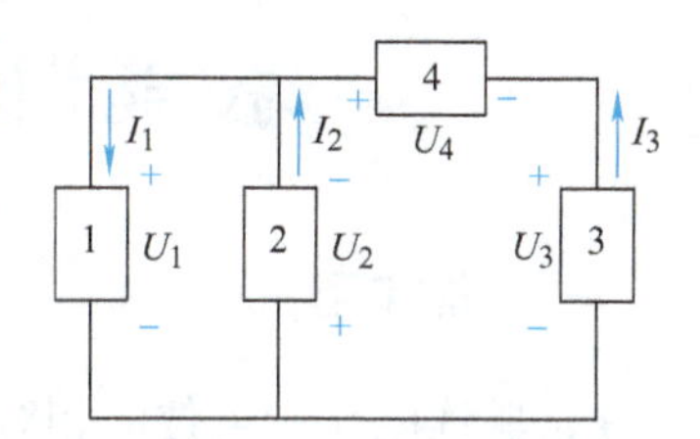

图 1-12　例题 1.5 电路图

（1）试说明电流和电压的实际方向。

（2）试求各个元件的功率，并判断其是电源还是电阻。

解：（1）当电流或电压为正值时，其实际方向和电路中所标出的参考方向一致，而当电流或电压为负值时，其实际方向和电路中所标出的参考方向相反。

（2）计算各元件的功率。

元件 1：电压和电流为关联参考方向，$P_1=U_1I_1=4\text{V}\times2\text{A}=8\text{W}>0$，该元件吸收功率，为电阻。

元件 2：电压和电流为关联参考方向，$P_2=U_2I_2=-4\text{V}\times1\text{A}=-4\text{W}<0$，该元件发出功率，为电源。

元件 3：电压和电流为非关联参考方向，$P_3=-U_3I_3=-7\text{V}\times1\text{A}=-7\text{W}<0$，该元件发出功率，为电源。

元件 4：电压和电流为非关联参考方向，$P_4=-U_4I_3=-(-3\text{V})\times1\text{A}=3\text{W}>0$，该元件吸收功率，为电阻。

总结：本例电路中共有 4 个元件。元件 1、4 为电阻，总共吸收功率 11W，元件 2、3 为电源，总共发出功率为 11 W，发出的功率等于吸收的功率，满足功率守恒。

1.2.5　电能

电流流过负载时，负载将电能转化成其他形式的能。电流所做的功称为电能，用符号“W”表示。

在 t_0 到 t_1 的一段时间内，电路消耗的电能为

$$W=\int_{t_0}^{t_1}p\,\mathrm{d}t \tag{1-8}$$

在直流时，则为

$$W = P(t_1 - t_0) \tag{1-9}$$

电能的单位焦耳（J），表示功率为1W的用电设备在1s时间内所消耗的能量。在实际生活中还采用千瓦时（kW·h）作为电能的单位，它等于功率为1kW的用电设备在1h内所消耗的电能，简称为1度电。

$$1度电 = 3.6 \times 10^6 J$$

例题1.6 某宿舍内有30W、220V的荧光灯两只，接在电压为220V的电源上，平均每天使用4h，计算每月消耗多少电能？（一月按30天计算）

解： $W = nPt = (2 \times 30 \times 10^{-3} \times 4 \times 30) kW \cdot h = 7.2 kW \cdot h$

即每月消耗电能为7.2kW·h，也就是生活中所说的7.2度电。

总结： 荧光灯所标的参数为额定值。在额定值下工作，荧光灯正常工作而不易损坏。

【任务实施】

技能训练1 电压、电位的测量

一、训练目的

1）验证电路中电位的相对性、电压的绝对性。

2）掌握电路电位图的绘制方法。

二、训练器材（见表1-2）

表1-2 训练器材清单

序号	名称	型号与规格	数量	备注
1	直流可调稳压电源	0~30V	两路	
2	直流数字电压表	0~200V	1个	
3	电位、电压测定实验电路板		1块	DGJ-03

三、原理说明

通过对1.2.2节和1.2.3节内容的学习，我们知道，在一个闭合电路中，各点电位的高低视所选的电位参考点的不同而变化，但任意两点间的电位差（即电压）是绝对的，它不因参考点的变动而改变。

电位图是一种平面坐标一、四两象限内的折线图，其纵坐标为电位值，横坐标为各被测点。要制作某一电路的电位图，首先要以一定的顺序对电路中各被测点编号。以图1-13所示的电路为例，如图中的A~F，并在坐标横轴上按顺序、均匀间隔标上A、B、C、D、E、F、A。再根据测得的各点电位值，在各点所在的垂直线上描点。用直线依次连接相邻两个电位点，即得该电路的电位图。

在电位图中，任意两个被测点的纵坐标值之差即为该两点之间的电压值。

在电路中电位参考点可任意选定。对于不同的参考点，所绘出的电位图形是不同的，但其各点电位变化的规律却是一样的。

四、训练内容及步骤

利用DGJ－03实验挂箱上的“基尔霍夫定律/叠加定理”线路，按图1-13所示进行接线。

1）分别将两路直流稳压电源接入电路，令 $U_1=6V$，$U_2=12V$。先调准输出电压值，再接入实验线路。

2）以图1-13中的A点作为电位的参考点，分别测量B、C、D、E、F各点的电位值 V_B、V_C、V_D、V_E、V_F 及相邻两点之间的电压值 U_{AB}、U_{BC}、U_{CD}、U_{DE}、U_{EF} 及 U_{FA}，数据列于表1-3中。

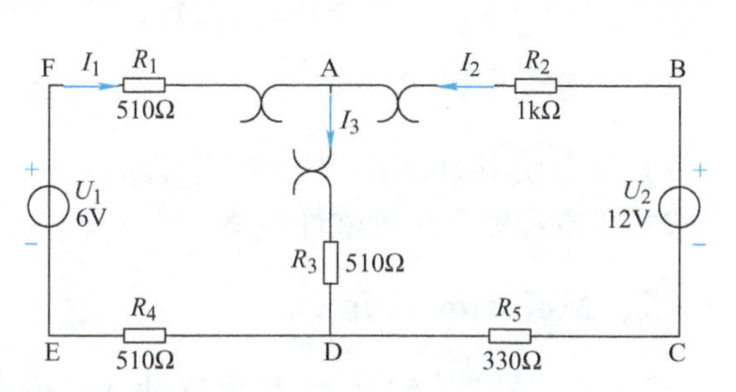

图1-13　基尔霍夫/叠加定理电路图

3）以D点作为参考点，重复实验内容2）的测量，测得数据列于表1-3中。

表1-3　电压和电位测量数据表　（单位：V）

电位参考点＼电位与电压	V_A	V_B	V_C	V_D	V_E	V_F	U_{AB}	U_{BC}	U_{CD}	U_{DE}	U_{EF}	U_{FA}
以A点为参考点												
以D点为参考点												

4）根据表1-3中的测量数据，绘制测量电路的电位图。

五、注意事项及数据分析

1）本实验电路板是多个实验通用的，本次实验中不使用电流插座（见图1-14）。S_1、S_2需分别打到电源 U_1、U_2的接线端子侧，S_3应拨向330Ω侧，三个故障按键均不得按下（见图1-15）。

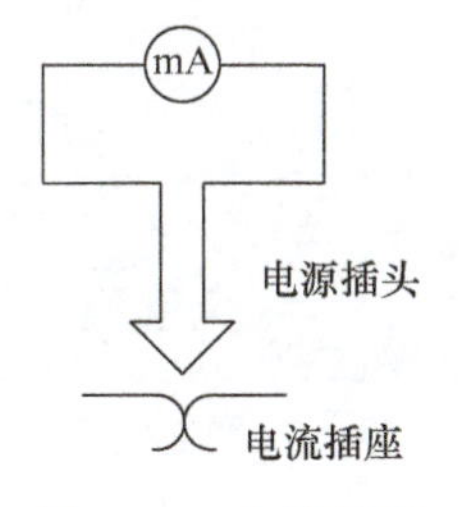

图1-14　电流插座

图1-15　实际电路板

2）测量电位时，用数字直流电压表测量，其负极性端（黑色）接参考电位点，正极性端（红色）接被测各点。若数字直流电压表的显示屏显示正值，表明该点电位为正（即高于参考点电位）；若数字直流电压表的显示屏显示负值，则表明该点电位低于参考点电位。

3）数字直流电压表的量程选择要满足精度要求和电路要求，量程选择不合适会出现“嘀嘀”报警声。

4）根据表1-3的测量数据分析电压的绝对性和电位的相对性。

【任务拓展】

仿真训练 1　认识 Multisim 10 仿真软件

一、仿真目的

1）学会使用 Multisim 10 仿真软件。

2）了解和熟悉仿真软件各菜单及功能。

二、Multisim 简介

Multisim 是美国 NI 公司于 2007 年 3 月推出的一款 EDA 软件，是一个虚拟电子实验仿真平台。它为用户提供了丰富的元器件库和功能齐全的各类虚拟仪器，具有强大的仿真分析功能及高集成度、界面直观、操作方便等特点，主要用于对各类电路的仿真分析和设计。熟练使用该软件可大大缩短产品研发时间，对电路相关课程实验教学有十分重要的意义。

三、Multisim 10 的主窗口

Multisim 10 主窗口中各组成部分如图 1-16 所示。具体使用将陆续在后续章节里介绍。

菜单栏
工具栏
仿真开关
仪器工具栏
设计工具箱
电路工作区

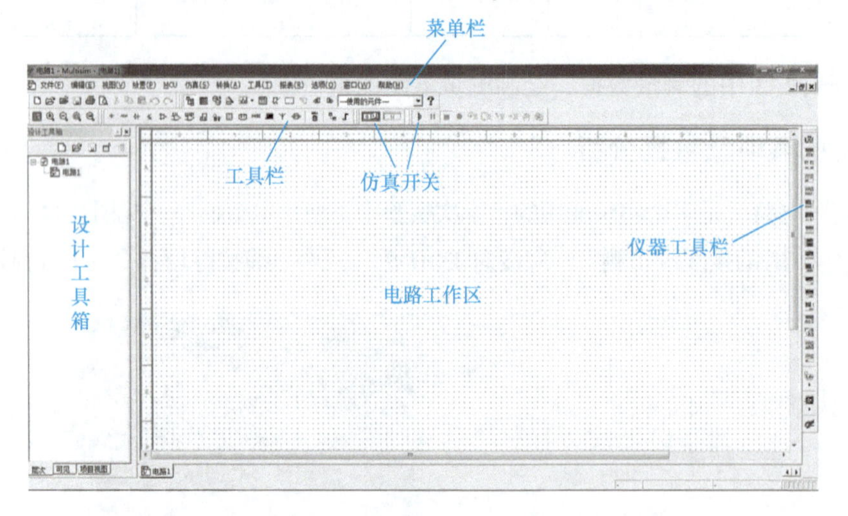

图 1-16　Multisim 10 主窗口

1. 菜单栏

菜单栏位于主窗口上方，如图 1-17 所示，通过菜单可以对 Multisim 的所有功能进行操作。除了文件、编辑、视图、选项、帮助基本操作以外，还有一些 EDA 专用选项，如放置、仿真、转换、工具等。

文件(F) 编辑(E) 视图(V) 放置(P) MCU 仿真(S) 转换(A) 工具(T) 报表(R) 选项(O) 窗口(W) 帮助(H)

图 1-17　Multisim 10 菜单栏

2. 工具栏

工具栏如图 1-18 所示，主要包括视图缩放、元器件放置、电路编辑等操作，可为用户提供更直观便捷的命令执行方式。通过菜单栏中的“视图”／“工具栏”命令（见图 1-19），可以打开或关闭更多的工具栏。

图 1-18　Multisim 10 工具栏

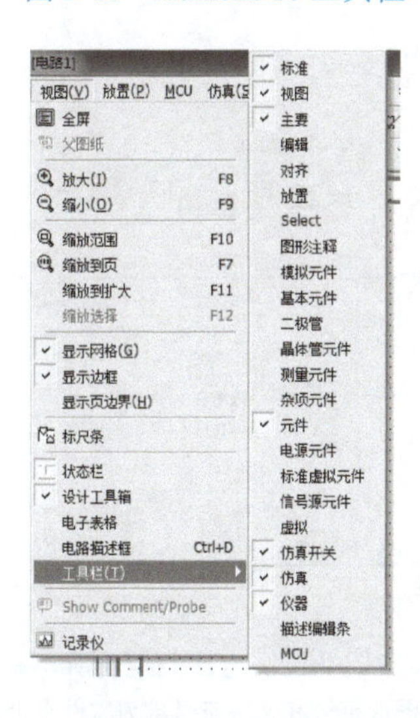

图 1-19　打开或关闭工具栏

3. 仪器工具栏

仪器工具栏如图 1-20 所示，通过仪器工具栏可以方便快捷地选取各类虚拟仪器。

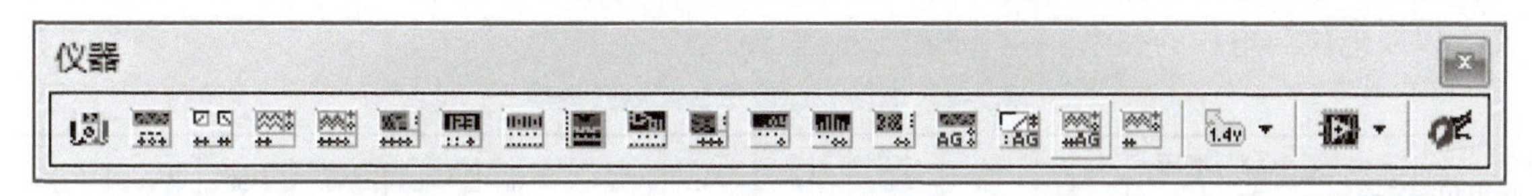

图 1-20　Multisim 10 仪器工具栏

4. 设计工具箱

设计工具箱位于 Multisim 10 主窗口的左侧，如图 1-21 所示，利用设计工具箱可以把有关电路设计的原理图、PCB 图、相关文件、电路的各种统计报告进行分类管理，还可以观察分层电路的层次结构。

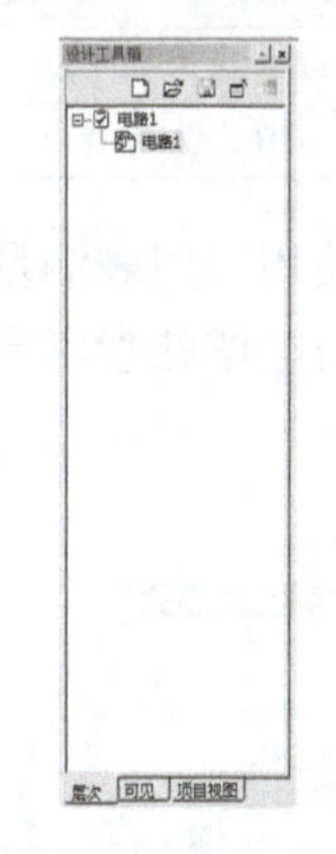

图 1-21　Multisim 10 设计工具箱

四、Multisim 10 软件的使用

1）新建一个文件，使用菜单栏中的各子菜单，练习基本操作。

2）分别使用工具栏中的各种工具，熟悉工具使用方法。

3）熟悉 Multisim 10 的仪器工具栏、设计工具箱。

仿真训练 2 电位、电压的测量仿真

一、仿真目的

1）加深对电压概念及其参考方向的理解。

2）加深对电位概念的理解。

3）掌握电位与电压的关系。

二、电位、电压的测量

电位、电压测量仿真电路图如图 1-22 所示。

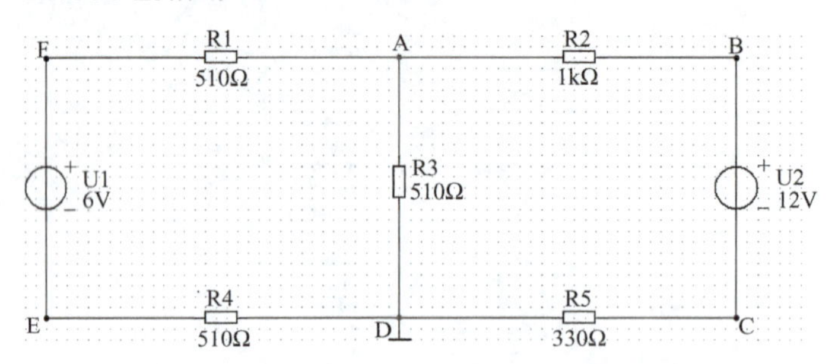

图 1-22 电位、电压测量仿真电路图

注：全书仿真电路图的元器件图形符号和文字符号均为软件自带符号，与国标会有一些不同。

两路直流稳压电源 $U_1=6\text{V}$，$U_2=12\text{V}$。以 A 点作为电位的参考点，分别测量 B、C、D、E、F 各点的电位值及相邻两点之间的电压值 U_{AB}、U_{BC}、U_{CD}、U_{DE}、U_{EF}及 U_{FA}。以 D 点作为参考点，重复上述各值的测量，将测得的所有数据列于表 1-4 中。分析测量值正负的含义，以及电位与电压的关系。

表 1-4 电压和电位仿真测量数据表 （单位：V）

电位与电压 / 电位参考点	V_A	V_B	V_C	V_D	V_E	V_F	U_{AB}	U_{BC}	U_{CD}	U_{DE}	U_{EF}	U_{FA}
以 A 点为参考点												
以 D 点为参考点												

使用万用表测量各电位、电压的值，注意万用表接入的“+”“-”极性。例如，以 A 点作为电位的参考点，测量 B 点的电位值 V_B时，万用表连接及电位测量结果如图 1-23 所示。测量相邻两点之间的电压值 U_{AB}时，万用表连接及电压测量结果如图 1-24 所示。

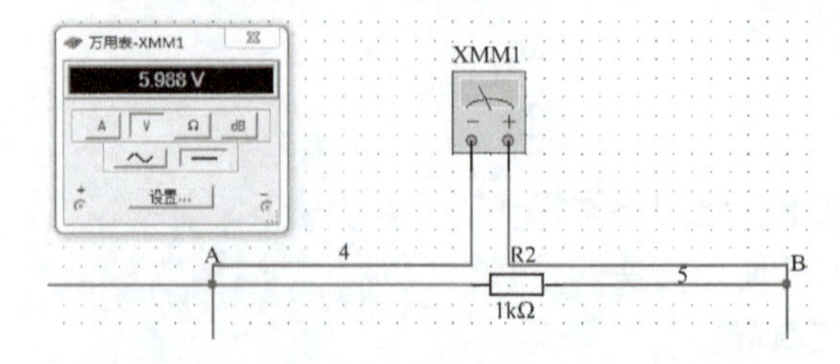

图 1-23 电位测量示例

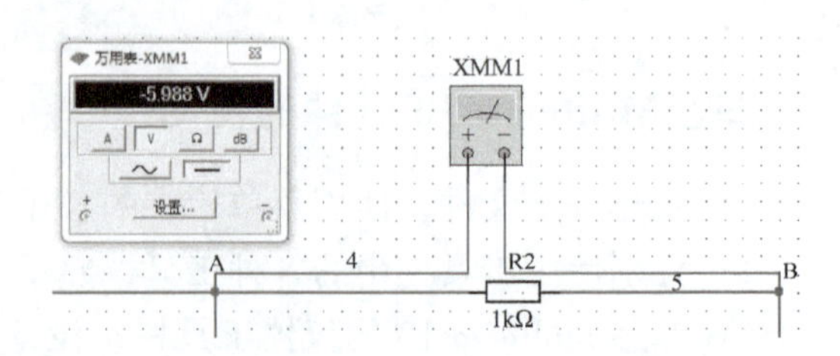

图 1-24 电压测量示例

在完成表 1-4 的内容后，与表 1-3 所得数据进行比较，看看数据是否一致。另外，感兴趣的学习者可以使用计算的方式分析电路，比较计算值和测量值之间的误差。

任务总结

1. 电路又称网络，它是电流的流通路径，由电源、负载、中间环节三部分构成。电路的连接方式有串联连接、并联连接和混合连接。电路的状态有开路、短路和额定。

2. 电路的基本物理量：电流、电压、电位、功率、电能等。

3. 参考方向分为关联参考方向和非关联参考方向。流过元件电流的参考方向是从标以电压正极性的一端指向电压负极性的一端，即电压电流的参考方向一致，则把电流和电压的这种参考方向称为关联参考方向；当电压电流参考方向不一致时，称为非关联参考方向。

4. 电压、电位的关系为 $V_a = U_{ao}$（o 为参考点）。

电压的高低与参考点的选择无关；电位的高低与参考点的选择有关，与路径无关。

5. 掌握数字直流电压表的使用方法。

6. 学会使用 Multisim 10 仿真软件测量电压、电位。

任务二　基尔霍夫定律的验证

【任务导入】

学习基尔霍夫定律之前，首先了解认识一位德国物理学家，他就是基尔霍夫（见图 1-25）。

基尔霍夫出生于肯尼希斯堡（现为加里宁格勒）。1845 年，他 21 岁时发表了第一篇论文，提出了稳恒电路网络中电流、电压、电阻关系的两条电路定律，即著名的基尔霍夫电流定律（KCL）和基尔霍夫电压定律（KVL），解决了电器设计中电路方面的难题。后来他又研究了电路中电的流动和分布，从而阐明了电路中两点间的电势差和静电学的电势这两个物理量在量纲和单位上的一致，使基尔霍夫电路定律具有更广泛的意义。直到现在，基尔霍夫电路定律仍旧是解决复杂电路问题的重要工具。基尔霍夫被称为“电路求解大师”。另外他在光辐射、化学、光学理论、薄板直法线理论等方面也有巨大成就。

图 1-25　基尔霍夫头像

本次任务学习电路分析中最重要的基本定律：基尔霍夫定律（KCL、KVL），并通过对具体电路的分析体会该定律在实际电路分析中的应用。

【任务分析】

电路分析中，常常需要分析电路中各个电流之间的关系，分析各元件电压以及功率的问题。在中学物理中，对于简单电路（电路中只有一个电源），通常根据电路的串联或并联连接的特点，确定电流或者电压之间的关系，但在大学阶段，电路分析拓展为含有多个电源的复杂电路，流经元件的电流、电压的实际方向不能确定，通常会采用选择参考方向的方式确定电压、电流的大小，并根据其代数值的正负获得电压、电流的实际方向。

基尔霍夫定律的产生很好地解决了电路分析中电流之间、电压之间遵循的规律，是电路分析的根本，在电路分析与计算方面有十分重要的作用。

【知识链接】

教学视频

1.3 基尔霍夫定律

基尔霍夫定律包括两个定律：基尔霍夫电流定律和基尔霍夫电压定律。为了便于理解，首先学习几个名词术语。

如图 1-26 所示，该电路是由两个电压源 u_{S1}、u_{S2}，三个电阻 R_1、R_2、R_3 组成的复杂电路。

(1) 支路 (branch)　电路中流过同一电流无分支的电路称为一条支路。

图 1-26 中有三条支路，分别是：ad、abcd、afed。可见，支路至少由一个二端元件组成，也可以是几个二端元件串联而成。

(2) 节点 (node)　三条或三条以上支路的连接点称为节点。图 1-26 中有 a、d 两个节点。节点的数量判断比较容易，只要从电路中找三条或三条以上支路的连接点即可确定。在确定了节点后，将节点断开，电路变成了几段就是几条支路。

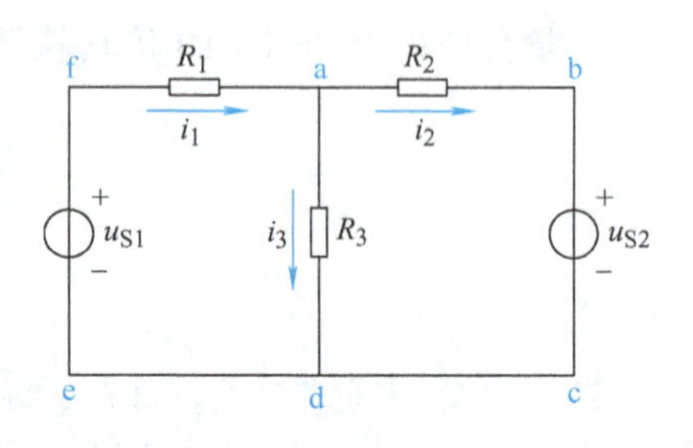

图 1-26　复杂电路

(3) 回路 (loop)　电路中由一条或多条支路组成的闭合路径称为回路。图 1-26 中有三条回路，即 abcda、adefa、abcdefa。

(4) 网孔 (mesh)　网孔是回路的一种，画在平面上的电路中，在其内部不再含有其他支路的回路称为网孔。图 1-26 中有 abcda、adefa 两个网孔。

教学视频

1.3.1 基尔霍夫电流定律

基尔霍夫电流定律简称 KCL，是用来确定连接在同一节点上的各支路电流间的关系的。其内容为：在任一瞬时，流入（或流出）一个节点的所有支路电流的代数和恒等于零。

在图 1-26 所示电路中，对节点 a，若流出节点的电流取“+”号，流入节点的电流取“-”号，应用 KCL 可以写出

$$-i_1+i_2+i_3=0$$

即

$$\sum i=0 \tag{1-10}$$

或写成

$$i_1=i_2+i_3$$

上式表明，在电路中，任一瞬时，流入一个节点的电流之和等于流出该节点的电流之和。电流是流入节点还是流出节点均按电流的参考方向来确定。

同理，对节点 d，按照以上原则，应用 KCL 可得出

$$i_1 - i_2 - i_3 = 0$$

KCL 定律通常应用于节点，也可以把它推广应用于电路中任意假设的封闭面。如图 1-27a 所示，点画线框内的封闭面包围了 a、b、c 三个节点，分别写出这三个节点的 KCL 方程。

对节点 a：　　$-i_1 + i_4 + i_5 = 0$

对节点 b：　　$-i_2 - i_5 - i_6 = 0$

对节点 c：　　$-i_3 - i_4 + i_6 = 0$

以上三式相加得

$$-i_1 - i_2 - i_3 = 0$$

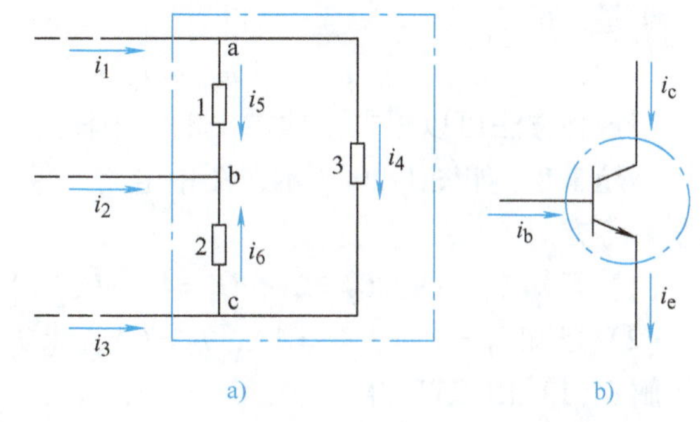

图 1-27　KCL 的推广

图 1-27b 是一个 NPN 型晶体管，对封闭面列写 KCL 方程得

$$i_b + i_c - i_e = 0$$

可见，在任一瞬时，电路中流入任意封闭面的电流的代数和也恒等于零。

例题 1.7　已知图 1-28 中，$I_2 = 3A$，$I_3 = 10A$，$I_4 = -5A$，$I_6 = 10A$，$I_7 = -2A$。求 I_1、I_5。

解：对节点 a，由 KCL 得

$I_1 + I_2 + I_3 - I_4 = 0$　则 $I_1 = -18A$

对节点 b，由 KCL 得

$I_7 + I_5 - I_4 - I_6 = 0$　则 $I_5 = 7A$

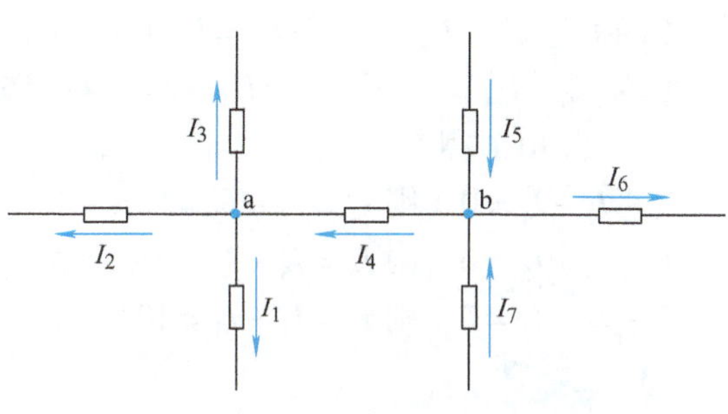

图 1-28　例题 1.7 电路图

总结：基尔霍夫电流定律可以结合各节点电流关系求出未知电流。

教学视频

1.3.2　基尔霍夫电压定律

基尔霍夫电压定律简称 KVL，是用来确定回路中各段电压间的关系的。其内容为：在电路中，任一瞬时，沿着任一回路绕行一周，回路中各段电压的代数和恒等于零。数学表达式为

$$\sum u = 0 \tag{1-11}$$

应用上式时，必须先选定回路的绕行方向，可以是顺时针，也可以是逆时针。各段电压的参考方向也应选定，电压的参考方向和回路的绕行方向一致时取正号，反之取负号。回路的绕行方向可以在电路图中用箭头表示，也可以用表示回路的字母顺序来表示。

在图 1-26 中，对回路 abcda 应用 KVL，有

$$u_{ab} + u_{bc} + u_{cd} + u_{da} = 0$$

对回路 adefa 应用 KVL，有

$$u_{ad} + u_{de} + u_{ef} + u_{fa} = 0$$

对回路 abcdefa 应用 KVL，有

$$u_{ab} + u_{bc} + u_{cd} + u_{de} + u_{ef} + u_{fa} = 0$$

基尔霍夫电压定律实质上是电路中两点间的电压与路径选择无关这一性质的体现。从电路中的任一点出发，沿某一回路绕行一周再回到这一点，所经回路中，所有电位升必定等于所有电位降。

基尔霍夫电压定律可应用于电路中的回路，也可推广应用于假想回路。例如，求图1-26电路中的电压u_{ac}，可以在假想回路acba中，列出KVL方程为

$$u_{ac}+u_{cb}+u_{ba}=0$$

于是，得

$$u_{ac}=-u_{cb}-u_{ba}$$

用这种方法可以很方便地求出电路中任意两点的电压。

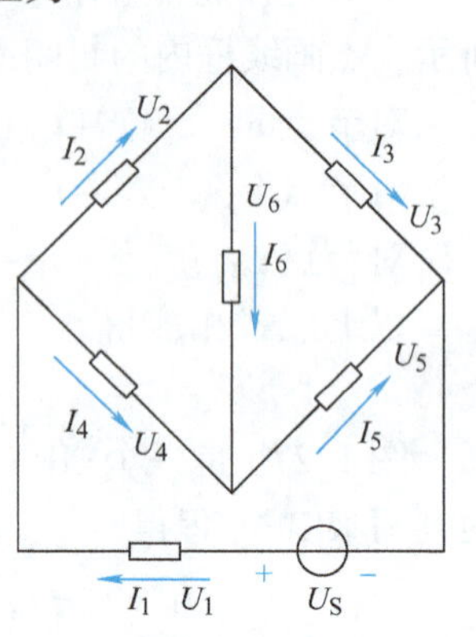

图1-29 例题1.8电路图

例题1.8 如图1-29所示，图中电路元件上的电流和电压取关联参考方向。

（1）已知$U_1=1V$，$U_3=2V$，$U_4=4V$，$U_S=8V$，求U_2、U_5、U_6。

（2）已知$I_1=10A$，$I_2=4A$，$I_5=6A$，求I_3、I_4、I_6。

解：（1）由KVL得

$U_1+U_2+U_3=U_S$ 则 $U_2=U_S-U_1-U_3=8V-1V-2V=5V$

$U_2+U_3-U_5-U_4=0$ 则 $U_5=U_2+U_3-U_4=5V+2V-4V=3V$

$U_2+U_6-U_4=0$ 则 $U_6=U_4-U_2=4V-5V=-1V$

（2）由KCL得

$I_1-I_2-I_4=0$ 则 $I_4=I_1-I_2=10A-4A=6A$

$I_4-I_5+I_6=0$ 则 $I_6=I_5-I_4=6A-6A=0A$

$I_3+I_5-I_1=0$ 则 $I_3=I_1-I_5=10A-6A=4A$

【任务实施】

技能训练2 基尔霍夫定律的验证实验

一、训练目的

1）验证基尔霍夫定律的正确性，加深对基尔霍夫定律的理解。

2）学会用电流插头、插座测量各支路电流。

3）熟练掌握数字式直流电压表、数字式直流电流表的使用方法。

二、训练器材（见表1-5）

表1-5 基尔霍夫定律验证使用设备

序号	名称	型号与规格	数量	备注
1	直流可调稳压电源	0～30V	两路	
2	直流数字电压表	0～200V	1个	
3	基尔霍夫定律实验电路板		1块	

三、原理说明

基尔霍夫定律是电路的基本定律。测量某电路的各支路电流及每个元件两端的电压，应能分别满足基尔霍夫电流定律（KCL）和基尔霍夫电压定律（KVL）。即对电路中的任一个

节点而言，应有 $\Sigma I=0$；对任何一个闭合回路而言，应有 $\Sigma U=0$。

四、训练内容及步骤

本训练采用实验装置配置的基尔霍夫定律实验电路板，电路图如图 1-30 所示。

1）实验前先任意设定三条支路和三个闭合回路的电流正方向。图 1-30 中 I_1、I_2、I_3的方向已设定。三个闭合回路的电流正方向可设为 FBCEF、BADCB 和 ADEFA。

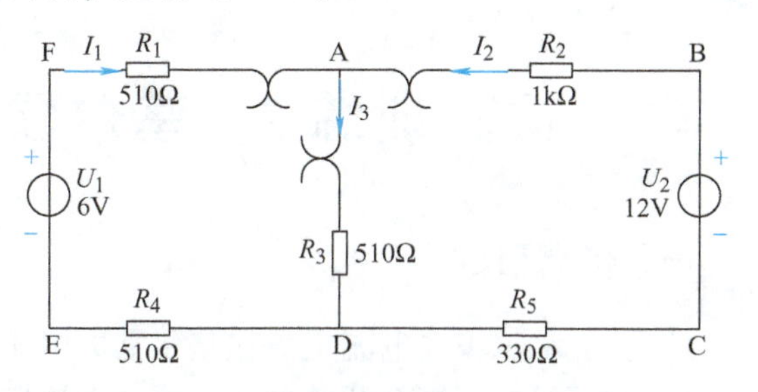

图 1-30　基尔霍夫定律验证电路图

2）分别将两路直流稳压源接入电路，令 $U_1=6\text{V}$，$U_2=12\text{V}$。

3）熟悉电流插头的结构（见图 1-14），将电流插头的两端接至数模双显直流电流表的“+”“-”两端。

4）将电流插头分别插入三条支路的三个电流插座中，读出并将电流值填入表 1-6 中。

5）用数模双显直流电压表分别测量两路电压源和各电阻元件上的电压值，读出并将电流值填入表 1-6 中。

6）验证基尔霍夫电流定律和基尔霍夫电压定律。

表 1-6　基尔霍夫定律验证的实验数据

被测量	I_1/mA	I_2/mA	I_3/mA	U_{AB}/V	U_{BC}/V	U_{CD}/V	U_{DE}/V	U_{EF}/V	U_{FA}/V	U_{AD}/V
测量值										

五、注意事项

1）所有需要测量的电压值，均以数模双显直流电压表测量的读数为准。如虽然 $U_{BC}=U_2$，但不可用 U_2的数值代替数模双显直流电压表所测量出的 U_{BC}。

2）所读得的电压或电流值的正、负号应根据设定的电压或电流参考方向来判断。

六、数据分析

1）基尔霍夫电流定律是如何验证成立的？将数值代入 KCL 表达式进行分析，并填入表 1-7中。

2）基尔霍夫电压定律是如何验证成立的？将数值代入 KVL 表达式进行分析，并填入表 1-7中。

表 1-7　基尔霍夫定律验证过程表

KCL 表达式	KVL 表达式	数据分析过程	分析结果
对节点 A：________ ____________	对回路 FBCEF ____________ 对回路 BADCB ____________	KCL 数据分析：	KCL 验证结果为： ________
对节点 D：________ ____________	对回路 ADEFA ____________	KVL 数据分析：	KVL 验证结果为： ________

【任务拓展】

仿真训练 3　基尔霍夫定律的验证仿真

一、仿真目的

1）验证基尔霍夫电流定律和基尔霍夫电压定律的正确性。

2）加深对电压概念及其参考方向、电流概念及其参考方向的理解。

二、基尔霍夫定律的验证

基尔霍夫定律验证仿真电路如图 1-31 所示。

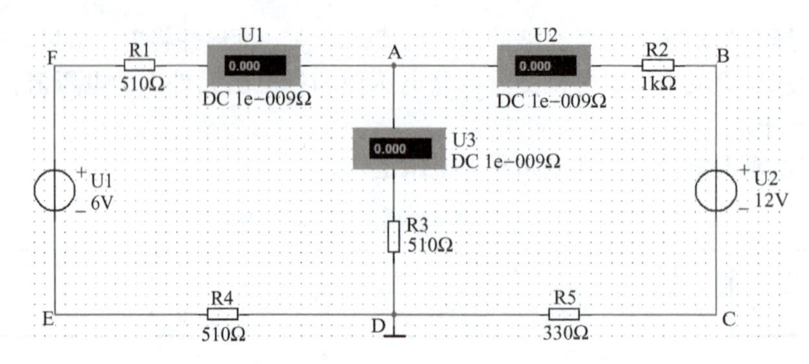

图 1-31　基尔霍夫定律验证仿真电路

两路直流稳压电源$U_1=6V$，$U_2=12V$。任意假定三条支路的电流I_1、I_2、I_3的参考方向，将电流表接入电路中，注意电流表的接入方向与各支路电流参考方向保持一致。将测得的三条支路的电流值列于表 1-8 中，并验证基尔霍夫电流定律。

选定三个闭合回路的绕行方向均为顺时针，各段电压的参考方向与绕行方向一致。使用万用表测量各段电压的数值，注意万用表的正负极与各段电压参考方向保持一致。将测量结果列于表 1-8 中，并验证基尔霍夫电压定律。

表 1-8　基尔霍夫定律验证仿真测量数据

被测量	I_1/mA	I_2/mA	I_3/mA	U_{AB}/V	U_{BC}/V	U_{CD}/V	U_{DE}/V	U_{EF}/V	U_{FA}/V	U_{AD}/V
测量值										

在完成表 1-8 的内容后，与表 1-6 所得数据进行比较，看看数据是否一致。另外，感兴趣的学习者可以使用计算的方式分析电路，比较计算值和测量值之间的误差。

任务总结

1. 4 个概念：支路、节点、回路、网孔。
2. 基尔霍夫定律：基尔霍夫电流定律（KCL）、基尔霍夫电压定律（KVL）。

3. 应用基尔霍夫定律分析电路的步骤：

1）选定电流参考方向，对节点应用 KCL。

2）选定回路的绕行方向和电压参考方向，对回路应用 KVL。

自我测试 1

一、填空题

1. 电路一般由________、________、________三部分组成。

2. 电流是有方向的，习惯上把________移动的方向规定为电流的方向。电流的国际单位是________。400μA = ________A。

3. U_{AB} = ________ − ________。两点间的电压与参考点的选择________（填“有关”或“无关”）。电压的国际单位是____。10kV = ________V。电压的参考方向是任意假定的方向，如果计算出的电压值为负，说明电压的实际方向与参考方向________。

4. 电位的定义是：____。

5. 所谓关联参考方向就是________________________。

6. 电能的国际单位是________，功率的国际单位是________。1 度电等于______kW · h。

7. 基尔霍夫定律包括______________和______________。

8. 用电流表测量电流时，应把电流表________（填串联或并联）在被测电路中；用电压表测量电压时，应把电压表________（填串联或并联）在被测电路两端。

二、选择题

1. 某元件上电压电流为关联参考方向，其中，$U=4V$，$I=5A$，则该元件（　　）。

A. 吸收功率 20W　　B. 吸收功率 −20W

C. 发出功率 20W　　D. 发出功率 −20W

2. 参考点的选择是任意的，参考点的电位为（　　）。

A. 0　　B. 最大　　C. 不确定

3. 电路中有 N 个节点，则电路的独立节点数为（　　）。

A. $N-1$　　B. N　　C. $N-2$　　D. 不确定

4. 当电路中电流的参考方向与实际方向相反时，该电流（　　）。

A. 一定为正值　B. 一定为负值　　C. 不能肯定是正值还是负值

5. 已知空间有两点 a、b，电压 $U_{ab}=10V$，a 点电位为 $V_a=4V$，则 b 点电位 V_b 为（　　）。

A. 6V　　B. −6V　　C. 14V　　D. −14V

三、判断题

1. 电压、电位的单位一样。（　　）

2. 电流由元件的低电位端流向高电位端的参考方向称为关联方向。（　　）

3. 电功率大的用电器，电能也一定大。（　　）

4. 电路分析中，一个电流得负值，说明它小于零。（　　）

5. 电路中任意两个节点之间连接的电路称为支路。（　　）

6. 应用基尔霍夫定律列写方程式时，可以不参照参考方向。 ( )
7. 电压和电流计算结果为负值，说明它们的参考方向假设反了。 ( )
8. 电位的高低与参考点的选择无关。 ( )

四、综合分析题

1. 图 1-32 所示电路中，选择 O 点和 A 点为参考点时，分别求各点的电位。
2. 列出图 1-33 中节点的 KCL 方程和所有回路的 KVL 方程。

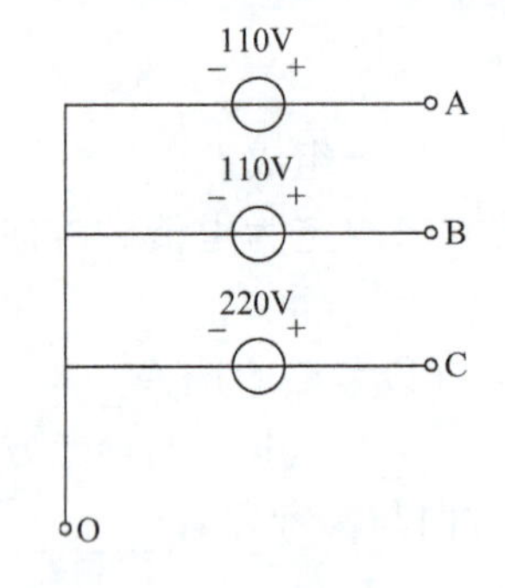

图 1-32 综合分析题 1 电路

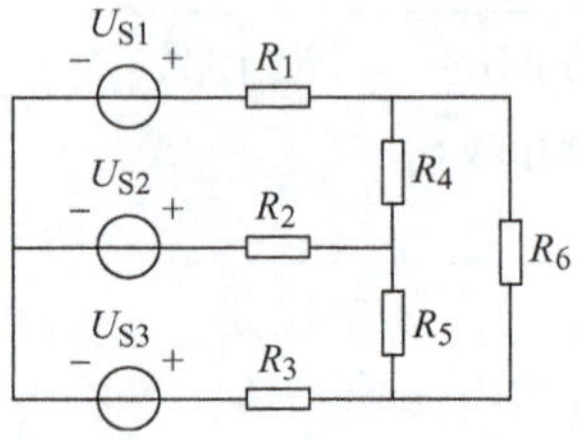

图 1-33 综合分析题 2 电路

3. 求图 1-34 中的电压 U_{AB} 和 U_{ab}。

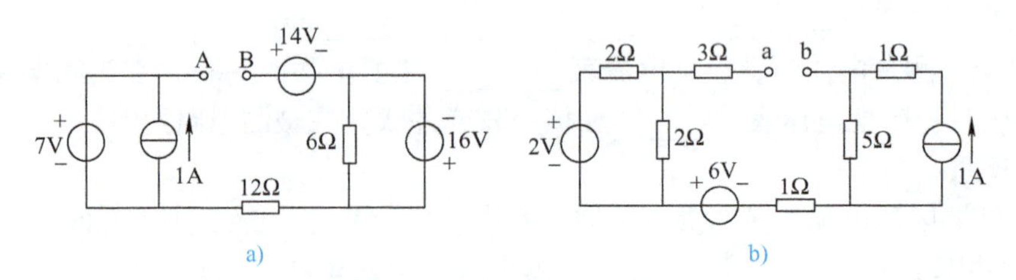

图 1-34 综合分析题 3 电路

4. 求图 1-35 中各支路的电流。

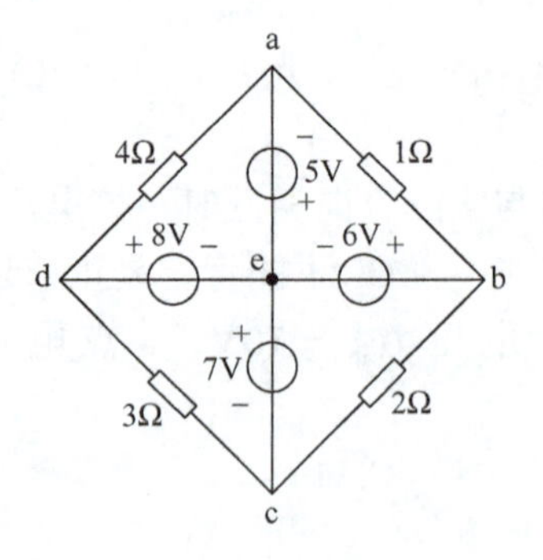

图 1-35 综合分析题 4 电路

项目二 基本元件识别及万用表的使用

引　言

电源是电路的能量来源，电阻、电容、电感等元件是组成电工电路的最小单位，也是电工维修中需要检测和更换的对象。本项目通过两个任务，主要学习电路中常用的电源类型、特点及性质，学习并掌握电工基本元件电阻、电容和电感的类型、伏安特性等，掌握万用表使用的基本知识，并利用万用表测量元件参数、检测元件极性等。

学习目标要求

1. 能力目标

（1）具备使用各种电源的能力和识别电工基本元件的能力。

（2）具备使用万用表检测元件极性、判断元件好坏和测量元件参数的能力。

（3）培养良好的电工操作习惯，提升电工操作技能。

2. 知识目标

（1）了解电源的类型，掌握理想电压源、理想电流源、受控源的特性。

（2）掌握电阻特性及欧姆定律，掌握电容元件、电感元件的伏安特性和储能计算公式。

（3）掌握万用表的使用方法。

3. 情感目标

（1）树立安全用电意识、团队合作意识。

（2）培养严谨的科学作风、科学态度。

任务一　基本元件的识别

【任务导入】

各种用电设备能实现不同的转换功能，以满足人们在生活和工作中的应用。有些电路虽然复杂，但分析后发现它也是由基本电路组成的。通过项目一的学习，我们对电路的组成和电路的基本物理量有了一定的认识和了解。在电路构成中，电源是电路中必备的部分，而直流电路中，常见的元件是电阻，交流电路中常见的元件有电阻、电容和电感，因此要学习、分析交、直流电路，就要熟悉这些元件的特性。

本次任务通过外观或检测等手段实现对电工基本元件的识别。

【任务分析】

识别电工基本元件，就要了解熟悉这些元件的特性，熟悉检测的方法。

对基本元件电源：首先理解实际电源和理想电源的差异性，通过学习理想电源的特性，为电路分析和电路变换奠定基础。

对基本元件电阻：学习电阻的外观特点及分类，理解欧姆定律，熟悉电阻的伏安特性。

对基本元件电容和电感：学习其外观特点和分类，熟悉其伏安特性和储能。

因此，要完成本次任务，基本元件的特性是关键。

【知识链接】

2.1 电源

电路中的耗能器件或装置有电流流动时，会不断消耗能量，为电路提供能量的装置就是电源。电源为电路提供电能，电源内部进行非电能到电能的转换。常用的电源有直流电源和交流电源之分。直流电源有干电池、蓄电池、直流发电机、直流稳压电源、直流稳流电源等。交流电源有交流发电机、电力系统提供的正弦交流电源、交流稳压电源等。

工程中的电源种类繁多，但一般可分为两大类，一类是发电机（见图 2-1），它是利用电磁感应原理，把机械能转化为电能；另一类是电池（见图 2-2），它是把化学能、光能等其他形式的能通过一定的方式转换为电能的装置。

为了得到各种实际电源的电路模型，我们首先定义理想电源。理想电源是实际电源的理想模型，分为独立电源和受控电源两种。独立电源分为电压源、电流源两种；受控电源有受控电压源和受控电流源两种。

图 2-1　发电机组

图 2-2　碱性干电池

2.1.1 电压源

教学视频

1. 理想电压源

理想电压源简称电压源，是实际电源的一种理想化模型。它是一个二端元件，其图形符号如图 2-3a 所示，u_s为电压源的电压，“+”“-”为电压的参考极性。

电压源具有以下两个特点：

1）它的端电压是一个定值 U_s，或是一个确定的时间函数 u_s，与外电路无关。

2）流过电压源的电流由与它相连的外电路决定。

常见的电压源有直流电压源和正弦交流电压源。直流电压源的电压 u_s是常数，即 $u_s=U_s$（U_s是常数）。正弦交流电压源的电压 $u_s(t)$为

$$u_s(t) = U_m \sin\omega t$$

图2-3b是直流电压源的伏安特性，它是一条与电流轴平行的直线，其端电压恒等于U_s，与电流大小无关。若电流为零，这时电压源为开路状态，其端电压仍为U_s。

如果一个电压源的电压$u_s=0$，则此电压源的伏安特性为与电流轴重合的直线。电压为零的电压源相当于短路。

由图2-3a可知，电压源的功率为

$$p = u_s i$$

当$p>0$时，电压源实际上是发出功率，电流实际方向是从电压源的低电位端流向高电位端；当$p<0$时，电压源实际上是吸收功率，电流实际方向是从电压源的高电位端流向低电位端，电压源是作为负载出现的。电压源中电流可以从0变到∞。电压源在复杂电路中有时具有电源的功能，有时作为负载功能使用，这要经过电路具体分析才能判断。

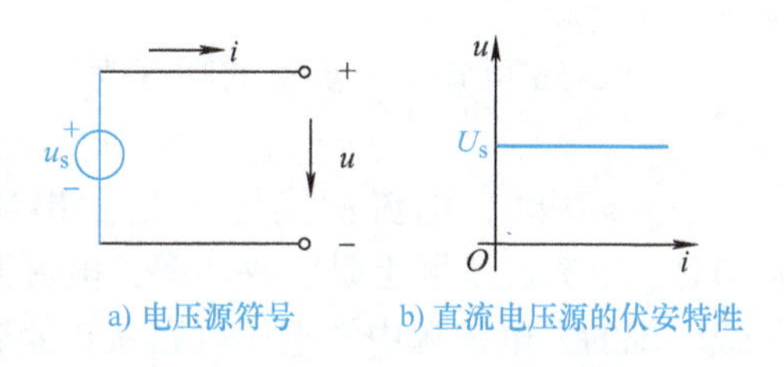

a) 电压源符号　b) 直流电压源的伏安特性

图2-3　电压源的符号及直流电压源的伏安特性

2. 实际电压源

理想的电压源是不存在的，实际的电压源总存在内阻，其端电压会随电流的变化而变化。当电池接上负载时，其端电压会降低，就是由于电池有内阻的缘故。由此可见，实际电压源可以用电压为u_s的理想电压源和一个内阻为R_i相串联的模型来表示。具体知识将在项目三中介绍。

例题2.1　一个负载R_L接于10V理想电压源U_s上，如图2-4所示，求：当$R_L=10\Omega$、$R_L=100\Omega$、$R_L=\infty$时，通过电压源U_s的电流I。

解：（1）当$R_L=10\Omega$时，电压源两端电压$U_{ab}=10V$。

流过电压源的电流为：$I=\frac{U_s}{R_L}=\frac{10}{10}A=1A$

（2）当$R_L=100\Omega$时，电压源两端电压$U_{ab}=10V$。

流过电压源的电流为：$I=\frac{U_s}{R_L}=\frac{10}{100}A=0.1A$

（3）当$R_L=\infty$时，电压源两端电压$U_{ab}=10V$

流过电压源的电流为：$I=0$

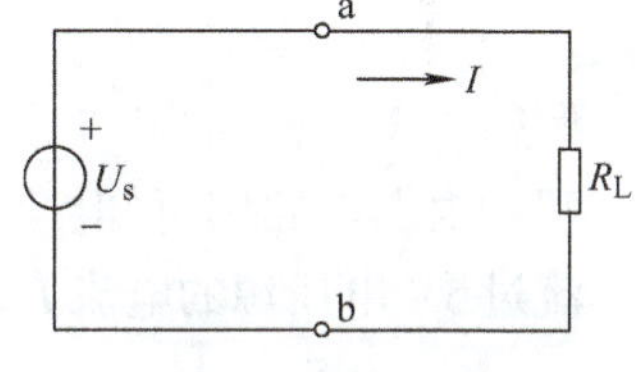
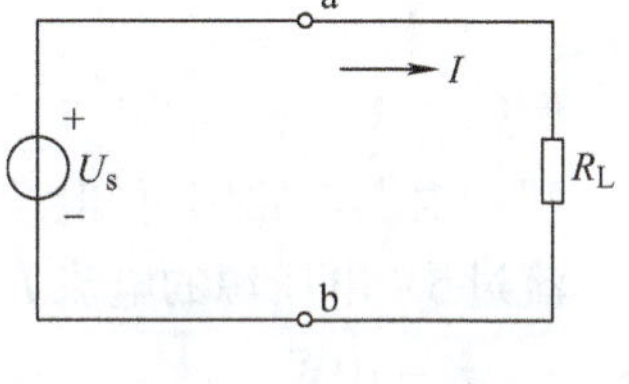

图2-4　例题2.1电路图

总结：电压源的电压由其自身决定，与外电路无关，但流过电压源上的电流由外电路决定。

2.1.2　理想电流源

教学视频

理想电流源又称电流源，也是一个理想二端元件，图形符号如图2-5a所示，i_s是电流源的电流，电流源旁边的箭头表示电流i_s的参考方向。

电流源有以下两个特点：

1）电流源的电流是一个定值I_s或是一个确定的时间函数i_s，与外电路无关。

2）电流源两端的电压由和它连接的外电路决定。

如果电流源的电流 $i_s=I_s$（I_s是常数），则为直流电流源。它的伏安特性是一条与电压轴平行的直线，如图2-5b所示，表明其输出电流恒等于I_s，与端电压无关。若电压等于零，表示电源短路，它发出的电流仍为I_s。

如果一个电流源的电流 $i_s=0$，则此电流源的伏安特性为与电压轴重合的直线。电流为零的电流源相当于开路。

由图2-5a可知，电流源的功率为

$$p=ui_s$$

当$p>0$时，电流源实际上是发出功率；当$p<0$时，电流源实际上是吸收功率，电流源是作为负载出现的。电流源中端电压可以从0变到∞。

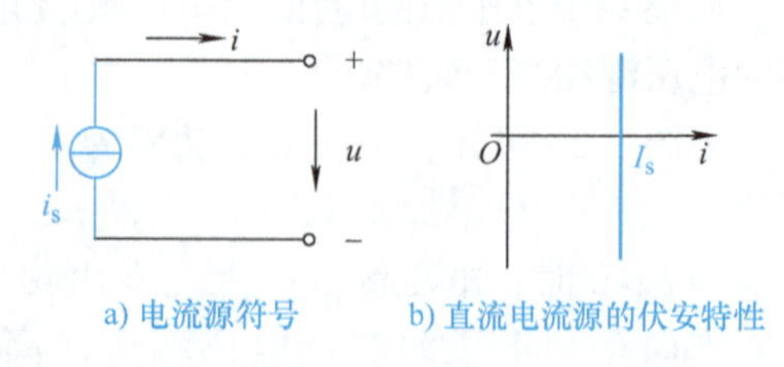

图2-5 电流源的符号及直流电流源的伏安特性

恒流源电子设备和光电池器件的特性都接近电流源。

例题2.2 一个负载R_L接于5A电流源I_s上，如图2-6所示，求：当$R_L=10\Omega$、$R_L=100\Omega$、$R_L=\infty$时，电流源I_s两端的电压U_{ab}。

解：(1) 当$R_L=10\Omega$时，电路中的电流等于电流源的电流，即$I=I_s=5A$。

电流源两端的电压为：$U_{ab}=I_sR_L=50V$

(2) 当$R_L=100\Omega$时，电路中的电流等于电流源的电流，即$I=I_s=5A$。

电流源两端的电压为：$U_{ab}=I_sR_L=500V$

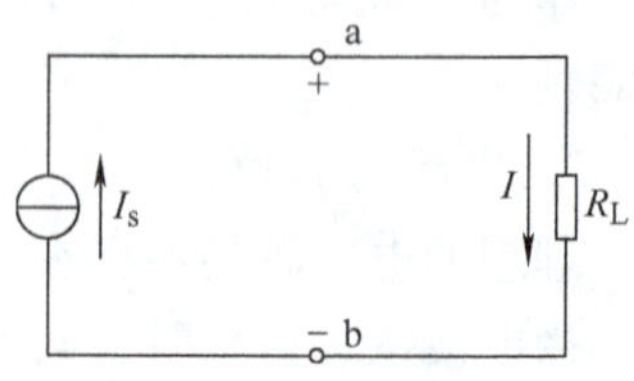

图2-6 例题2.2电路图

(3) 当$R_L=\infty$时，电路中的电流等于电流源的电流，即$I=I_s=5A$。

电流源两端的电压为：$U_{ab}=I_sR_L=\infty$

总结：电流源的电流由其自身决定，与外电路无关，但流过电流源上的电压由外电路决定。

例题2.3 求如图2-7所示电路中各元件的功率。

解：根据电路图可知：

流过5V电压源的电流$I=-2A$，此时，$P=U_sI=5V\times(-2A)=-10W$

电压源上的电压电流为非关联参考方向，$P<0$，电压源吸收功率10W。

2A电流源两端的电压$U=5V$，此时，$P=UI_s=5V\times 2A=10W$

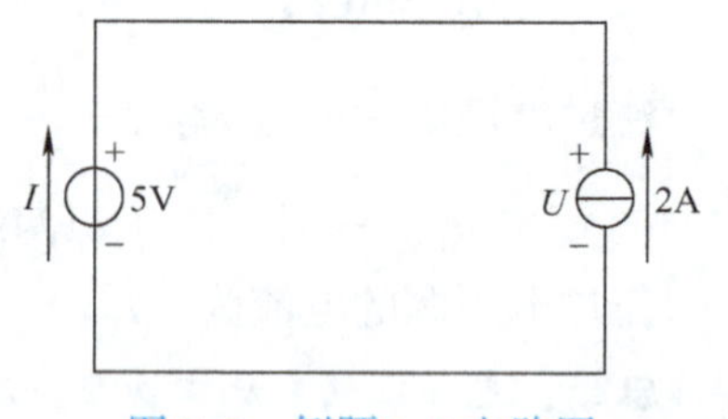

图2-7 例题2.3电路图

电流源上的电压电流为非关联参考方向，$P>0$，电流源发出功率10W。

总结：电流源和电压源在电路中既可能发出功率，又可能吸收功率，取决于它们在电路中的连接方式。在一个完整电路中，发出的功率等于吸收的功率，即满足功率守恒。

2.1.3 受控源

前面介绍的电压源对外输出的电压为一个独立量，电流源对外输出的电流也为一个独立量，因此常常被称为独立源。在电路分析中还会遇到另一类电源，它们的电压或电流受电路中其他支路的电压或电流的控制，称为受控源。

独立源与受控源的性质不同。独立源作为电路的输入，反映了外界对电路的作用；受控源本身不能直接起激励作用，而只是用来反映电路中某一支路电压或电流对另一支路电压或电流的控制关系。若电路中不存在独立源，不能为控制支路提供电压和电流时，则受控源的电压和电流也为零。如晶体管基本上是一个电流控制器件，场效应晶体管基本上是一个电压控制器件。

受控源由两个支路组成，一个叫控制支路，一个叫受控支路。根据受控源是电压源还是电流源，以及受控源是受电压控制还是电流控制，受控源可以分为四种：电压控制电压源（Voltage Controlled Voltage Source，VCVS）、电流控制电压源（Current Controlled Voltage Source，CCVS）、电压控制电流源（Voltage Controlled Current Source，VCCS）、电流控制电流源（Current Controlled Current Source，CCCS）。

它们在电路中的表示符号如图2-8所示。

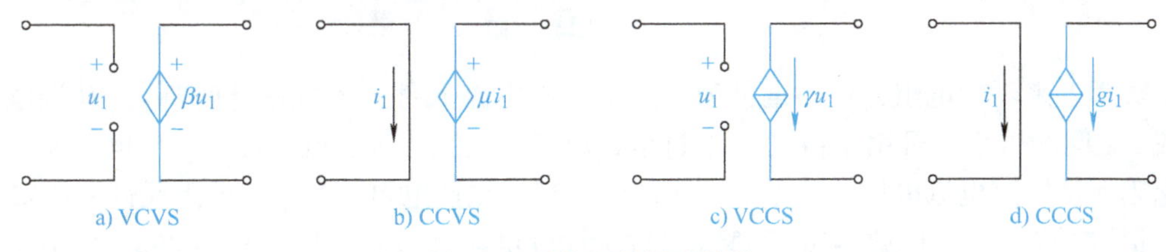

图2-8　受控源的图形符号

控制量和受控量成正比的受控源称为线性受控源，它们的受控系数（β、μ、γ、g）为常数。本书以后讨论的受控源都是指线性受控源。

例题2.4　求如图2-9所示电路中的电流i，其中，VCVS的电压$u_s=0.2u_1$。

解：电压电流的参考方向如图2-9所示。

先求控制电压u_1：$u_1=2A\times5\Omega=10V$

则VCVS的电压u_s：$u_s=0.2u_1=2V$

最后得到电流i：$i=\dfrac{u_s}{2\Omega}=\dfrac{2V}{2\Omega}=1A$

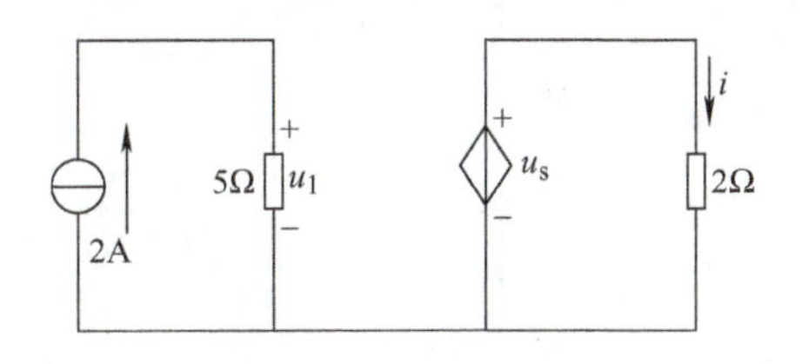

图2-9　例题2.4电路图

总结：该电路中的受控源是电压控制电压源，该电压源的控制量是电阻5Ω两端的电压。

2.2　电路的常见元件

在我们研究的电路中一般含有电阻元件、电容元件、电感元件和电源元件，这些元件都属于二端元件，它们都只有两个端钮与其他元件相连接。其中电阻元件、电容元件、电感元件不产生能量，称为无源元件；前面一节学习的电源元件是电路中提供能量的元件，称为有源元件。

教学视频

2.2.1　电阻元件

电阻是电子产品中最常用、最基本的电子元件之一，是一种对电流呈现阻碍作用的耗能元件。其在电路中的主要用途是：在电路中起分压和降压的作用；限制电路中的电流；用作负载电阻和阻抗匹配等。固定电阻是根据需要由制造厂直接生产的，一般来说，其阻值不会改变。不同用途的电阻其使用的材料也会不同。

电阻、灯泡、电炉等实际电阻（见图2-10），在实际应用时，若不考虑它们的电场效应和磁场效应，而只考虑其热效应，即可把它们视为理想电阻元件，简称电阻元件。可见，电阻元件就是实际电阻的电路模型。

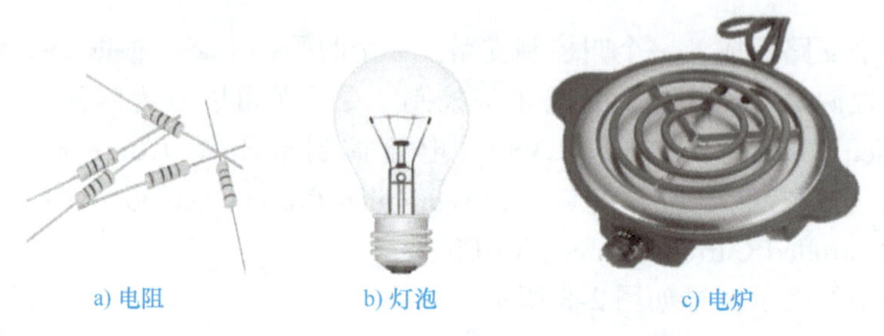

图2-10 实际电阻

从数学上来看，电阻元件的定义为：一个二端电路元件，若在任意时刻 t，其端电压 u 与电流 i 之间的关系，可用 $u-i$ 平面上过坐标原点的曲线确定，则称此元件为电阻元件。

电阻元件按照电流电压的关系分为线性电阻和非线性电阻两种。若电阻元件的伏安特性曲线（$u-i$ 关系）是通过原点的直线，则称为线性电阻元件；否则，称为非线性电阻元件。如白炽灯相当于线性电阻元件，二极管则是一个非线性电阻元件。图2-11为线性电阻元件和非线性电阻元件的伏安特性曲线及电阻的符号。

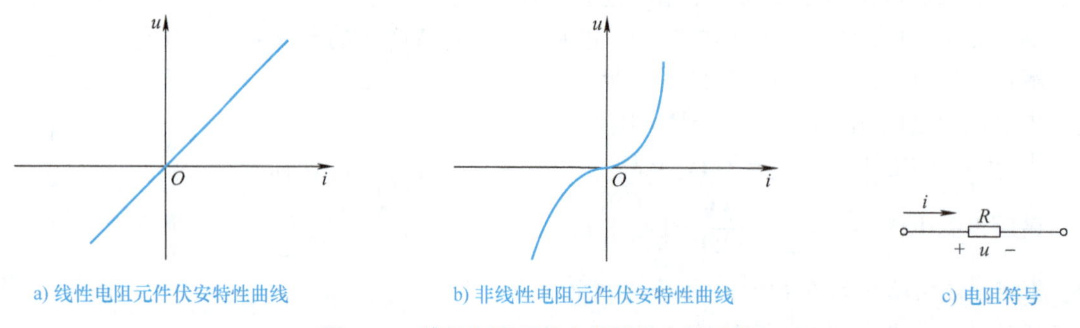

图2-11 线性电阻元件和非线性电阻元件

电阻的种类很多，按制作材料的不同，分为绕线电阻和非绕线电阻两大类。其中非绕线电阻因其制作材料不同，又分为碳膜电阻、金属膜电阻、金属氧化膜电阻、实心碳质电阻等。另外还有一类其他用途的电阻，如热敏电阻、压敏电阻等。各种类型的电阻元件如图2-12所示。

1. 欧姆定律

欧姆定律指出：对于线性电阻元件，元件两端的电压与流过它的电流成正比。图2-13a中电阻电压、电流为关联参考方向，其欧姆定律表达式为

$$u = iR$$

图2-13b中电阻电压、电流为非关联参考方向，其欧姆定律表达式为

$$u = -iR$$

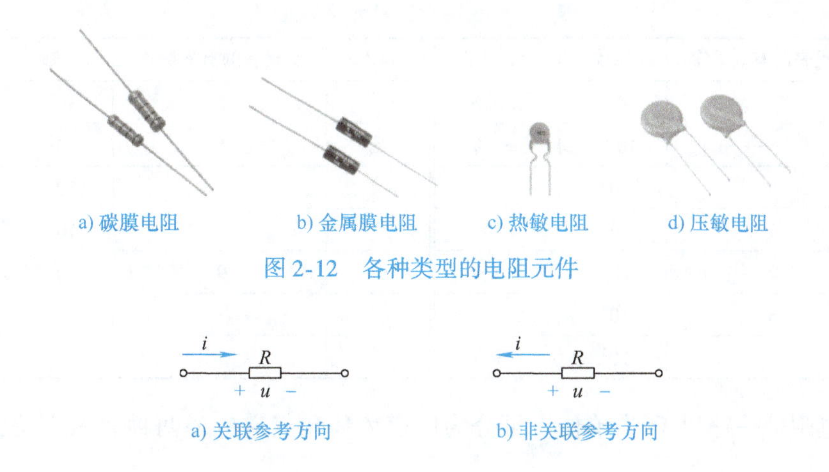

a) 碳膜电阻　b) 金属膜电阻　c) 热敏电阻　d) 压敏电阻

图 2-12　各种类型的电阻元件

a) 关联参考方向　b) 非关联参考方向

图 2-13　不同参考方向下的电阻元件

在国际单位制中，电阻 R 的单位是欧姆，符号为 Ω。常用的电阻的单位还有千欧（kΩ），电阻的倒数称为电导 G，单位是西门子，简称西，符号为 S。

$$G=\frac{1}{R}$$

在电路中，当 a、b 两端的电阻 $R=0$ 时，称 a、b 两点短路；当 a、b 两端的电阻 $R\to\infty$ 时，称 a、b 两点开路。

2. 电阻元件的功率

在图 2-13a 中，电阻 R 上的功率为

$$P=ui=i^2R=\frac{u^2}{R}=Gu^2$$

可见，$P\geqslant 0$，即电阻元件总是消耗（或吸收）功率的。

例题 2.5　两个标明 220V、60W 的白炽灯，若分别接在 380V 和 110V 电源上，消耗的功率分别是多少？

解：根据题意可得两白炽灯的电阻 $R=\frac{U^2}{P}=\frac{(220\text{V})^2}{60\text{W}}\approx 806.67\Omega$

当接在 380V 电源上时，消耗的功率 $P=\frac{U^2}{R}=\frac{(380\text{V})^2}{806.67\Omega}\approx 179\text{W}$

当接在 110V 电源上时，消耗的功率 $P=\frac{U^2}{R}=\frac{(110\text{V})^2}{806.67\Omega}\approx 15\text{W}$

总结：通过该题目可知，灯泡两端电压越高，灯泡消耗的功率越多。在实际应用中，灯泡的标定电压值称为额定电压，使用时工作电压尽可能不超过其额定电压值，以保证灯泡正常工作。当工作电压超过额定电压 1.2 倍，且长时间工作时，灯丝会烧断的可能性大大提高。

3. 色环电阻的阻值

电阻阻值和误差有三种标注方法。其中直标法和文字符号方法比较直观简单，这里只介绍色标法。各色环所代表的含义及允许误差如表 2-1 所示。

表 2-1 色环含义及允许误差

颜色	所代表的有效数字	乘数	允许误差	颜色	所代表的有效数字	乘数	允许误差
银	—	10^{-2}	±10%	绿	5	10^5	±0.5%
金	—	10^{-1}	±5%	蓝	6	10^6	±0.25%
黑	0	10^0	—	紫	7	10^7	±0.1%
棕	1	10^1	±1%	灰	8	10^8	—
红	2	10^2	±2%	白	9	10^9	—
橙	3	10^3	—	无色	—	—	±20%
黄	4	10^4	—				

色环的电阻值一律以 Ω 为单位。可分为四道色环和五道色环两种表示方法，下面以四道色环为例。

1）观察色环标注电阻，色环紧密一端为开始端。

2）观察第一、二道色环，其代表的数字为阻值的前两位有效数字。

3）写下前两位有效数字，再乘以第三道色环所表示的乘数。

4）第四道色环为误差。

五道色环的前三位为有效数字，读数方法同四道色环。

4. 电阻、电位器的检测

电阻的主要故障表现为电流烧毁、变值、断裂、引脚脱焊等。电位器还经常发生滑动触点与电阻片接触不良等情况。

（1）外观检查　对于电阻，通过目测可以看出其是否有引线松动、折断或电阻体烧坏等外观故障。对于电位器，应检查引出端子是否松动，接触是否良好，转动转轴时应感觉平滑，不应有过松或过紧的情况。

（2）阻值测量　通常可用万用表的电阻档对电阻进行测量，若需要精确测量阻值，可以通过电桥进行。需要注意的是，测量时不能用双手同时捏住电阻或测试表笔，否则，人体电阻与被测电阻并联，会影响测量精度。

电位器也可先用万用表电阻档测量总阻值，然后将表笔接于活动端子和引出端子，反复慢慢旋转电位器转轴，看万用表指针是否连续均匀变化，如指针平稳移动而无跳跃、抖动现象，则说明电位器正常。

2.2.2 电容元件

工程中，电容品种和规格很多，外观各种各样，如图 2-14 所示。电容分为固定式和可变式两大类。固定电容按介质来分，有云母电容、磁介电容、纸介电容、薄膜电容等；可变电容有空气可变电容、密封可变电容等。

1. 电容的定义

从构成原理来说，电容都是由两块金属极板隔以不同的绝缘物质（如云母、绝缘纸、电解质等）所组成的。所以任何两个彼此靠近而且又相互绝缘的导体都可以构成电容。这两个导体称为电容的极板，它们之间的绝缘物质称为介质。

在电容的两个极板间加上电源后，极板上分别积聚起等量的异性电荷，在介质中建立起

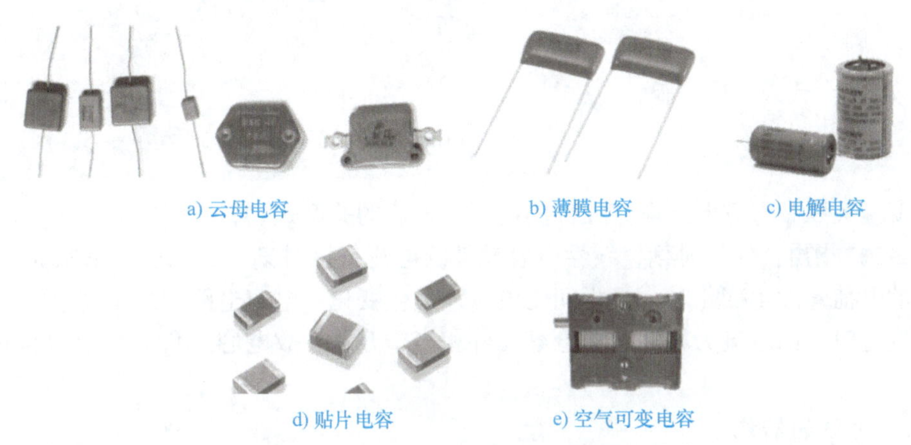

a) 云母电容　b) 薄膜电容　c) 电解电容

d) 贴片电容　e) 空气可变电容

图 2-14　各种电容元件外观图

电场，同时储存电场能量。电源移去后，电荷仍然聚集在极板上，电场继续存在。所以，电容是一种能够储存电场能量的实际器件，这就是电容的基本电磁性能。在实际中，当电容上电压变化时，在介质中往往引起一定的介质损耗，而且介质也不可能完全绝缘，因而也存在一定的漏电流。但在一定条件下，这些影响往往可以忽略。如果忽略电容的这些次要性能，就可以用一个反映其基本性能的理想二端元件作为模型。电容元件就是实际电容的理想化模型。

电容元件是一个理想的二端元件，它的图形符号如图 2-15 所示。图中 $+q$ 和 $-q$ 为该元件正、负极板上的电荷量。每一极板的电荷量与电压的大小成代数关系。

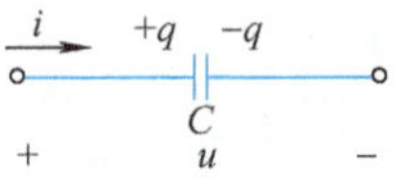

图 2-15　线性电容元件的图形符号

电荷量与电压的大小成正比关系的电容元件叫线性电容元件，否则称为非线性电容元件。本书只讨论线性电容元件。对于线性电容元件，若规定其电压的参考方向由正极板指向负极板，则任何时刻正极板上的电荷量 q 与其两端的电压 u 有以下关系：

$$C=\frac{q}{u} \tag{2-1}$$

式中，C 称为电容元件的电容，它是用来衡量电容元件容纳电荷本领的一个物理量。C 是一个与电荷 q、电压 u 无关的正实数。

国际单位制中电容的单位为法拉，简称法，符号为 F，1F = 1C/1V。实际电容的电容往往比 1F 小得多，因此通常采用微法（μF）和皮法（pF）作为其单位。其换算关系如下：

$$1\mu F=10^{-6}F$$

$$1pF=10^{-12}F$$

为了叙述的方便，把线性电容元件简称为电容。所以“电容”这个术语以及它的符号 C，一方面表示一个电容元件，另一方面也表示这个元件的参数。

2. 电容元件的电压电流关系

如图 2-15 所示的电容元件，选择电流的参考方向指向正极板，即与电压 u 的参考方向关联。设在极短时间 dt 内，每个极板上的电荷量改变了 dq，则电路中的电流

$$i = \frac{\mathrm{d}q}{\mathrm{d}t}$$

把式（2-1）代入上式，得

$$i = C\frac{\mathrm{d}u}{\mathrm{d}t} \tag{2-2}$$

上式就是关联参考方向下电容元件的电压、电流的关系式。

式（2-2）指出：任何时刻，线性电容元件的电流与该时刻电压的变化率成正比。只有当极板上的电荷量发生变化时，极板间的电压才发生变化，电容电路中才出现电流。当电压不随时间变化时，则电流为零，这时电容元件相当于开路，故电容元件有隔直（隔断直流）作用。

3. 电容元件的储能

电容元件两极板间加上电源后，极板间产生电压，介质中建立起电场，并将能量转化为电场能量储存起来，因此，电容元件是一种储能元件。

在电压和电流为关联方向时，电容元件吸收的功率为

$$p = ui = uC\frac{\mathrm{d}u}{\mathrm{d}t}$$

从 t_0 到 t 时间内，电容元件吸收的电能为

$$\begin{aligned} w_\mathrm{C} &= \int_{t_0}^{t} p\mathrm{d}\tau = \int_{t_0}^{t} Cu\frac{\mathrm{d}u}{\mathrm{d}t}\mathrm{d}\tau = C\int_{u(t_0)}^{u(t)} u\mathrm{d}u \\ &= \frac{1}{2}Cu^2(t) - \frac{1}{2}Cu^2(t_0) \end{aligned} \tag{2-3}$$

如果选取 t_0 为电压为零的时刻，即 $u(t_0)=0$，此时电容元件未充电，认为电场能量为零。经过 t 时间，电压升至 $u(t)$，则电容元件吸收的电能以电场能量形式储存在元件的电场中。因此，电容元件在任何时刻 t 所储存的电场能量 $w_\mathrm{C}(t)$，等于它所吸收的能量

$$w_\mathrm{C}(t) = \frac{1}{2}Cu^2(t)$$

从时间 t_1 到 t_2，电容元件吸收的能量

$$\begin{aligned} w_\mathrm{C} &= C\int_{u(t_2)}^{u(t_1)} u\mathrm{d}u = \frac{1}{2}Cu^2(t_2) - \frac{1}{2}Cu^2(t_1) \\ &= w_\mathrm{C}(t_2) - w_\mathrm{C}(t_1) \end{aligned}$$

即电容元件吸收的能量等于电容元件在 t_2 和 t_1 时刻的电场能量之差。

电容元件充电时，$|u(t_2)| > |u(t_1)|$，$w_\mathrm{C}(t_2) > w_\mathrm{C}(t_1)$，$w_\mathrm{C} > 0$，元件吸收能量，并全部转换成电场能量；电容元件放电时，$|u(t_2)| < |u(t_1)|$，$w_\mathrm{C}(t_2) < w_\mathrm{C}(t_1)$，$w_\mathrm{C} < 0$，元件释放电场能量。由上式可知，若电容元件原先没有充电，那么它在充电时吸收并储存起来的电场能量一定又会在放电完毕时全部释放，它并不消耗能量。同时，它也不会释放出多于它所吸收或储存的能量，所以电容元件是一种储能元件，又是一种无源元件。

对于一个实际的电容元件，其元件参数主要有两个：电容值和耐压值。电容的耐压值是指电容安全使用时所能承受的最大电压。在使用时，如果超过其耐压，则电容内的电介质将被击穿，电容被烧毁。

4. 电容的检测

电容的主要故障有击穿、短路、漏电、容量减小、变质或破损等。

(1) 外观检查　电容外表应完好无损，表面无裂口、污垢和腐蚀，标志应清晰，引出电极无折伤；可调电容转轴应转动灵活，动、定片间无碰擦现象，将转轴向前后上下左右推动，转轴不应有摇动。

(2) 测试漏电电阻　将万用表调至电阻档（$R\times100$ 或 $R\times1\text{k}$ 档），用表笔接触电容的两引线。刚搭上时，表头指针将发生摆动，然后逐渐返回趋向无穷处，这就是电容的充放电现象（对0.1μF 以下的电容观察不到此现象）。指针摆动越大，容量越大，指针稳定后所指示的值就是漏电电阻值。其值一般为几百欧到几千兆欧，阻值越大，电容的绝缘性能越好。检测时，若表头指针指到或靠近欧姆零点，说明电容内部短路；若指针不动，始终指向无穷大，则说明电容内部开路或失效。5000pF 以上的电容可用万用表电阻最高档判别，5000pF 以下的电容应另采用专门的测量仪器判别。

(3) 电解电容的极性检测　电解电容的正负极性是不允许接错的，当极性标记无法辨认时，可根据正向连接时漏电电阻大，反向连接时漏电电阻小的特点来检测判断。交换表笔测量两次漏电电阻值，测出电阻值大的那次，黑表笔接触的是正极（因为黑表笔与表内电池的正极性相接）。

(4) 可变电容碰片或漏电的检测　将万用表拨到 $R\times10$ 档，两表笔分别搭在可变电容的动片和定片上，缓慢旋动动片，若表头指针始终静止不动，则无碰片现象，也不漏电；若旋转至某一角度，表头指针指到欧姆零值，则说明此处碰片；若表头指针有一定指示或细微摆动，说明有漏电现象。

2.2.3　电感元件

电感线圈的品种繁多，按功能来说，有骨架电感线圈、高频阻流圈、低频阻流圈、调谐线圈、天线线圈、振荡线圈、电磁炉线圈等；按照结构来分，有单层螺旋管线圈、蜂房式线圈、铜芯线圈等。图2-16 所示为各种电感线圈外观图。

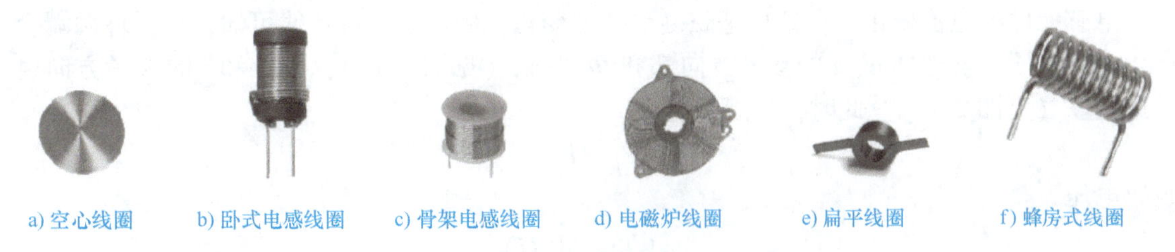

a) 空心线圈　b) 卧式电感线圈　c) 骨架电感线圈　d) 电磁炉线圈　e) 扁平线圈　f) 蜂房式线圈

图2-16　电感线圈外观图

1. 电感的定义

用导线绕制的空心线圈或具有铁心的线圈在工程中称为电感线圈或电感。

当电感线圈中通以电流 i，电流在该线圈中将产生磁通 Φ_L，如图2-17 所示。其中 Φ_L 与 i 的参考方向符合右手螺旋定则。我们把电流与磁通这种参考方向的关系称为关联参考方向。如果线圈的匝数为 N，且穿过每一匝线圈的磁通都是 Φ_L，则

$$\Psi_L = N\Phi_L \tag{2-4}$$

式中，Ψ_L 是电流 i 产生的磁链。

Φ_L和 Ψ_L都是由线圈本身的电流产生的，称为自感磁通和自感磁链。

实际电感线圈通入电流时，线圈内及周围都会产生磁场，并储存磁场能量。电感元件就是反映实际线圈基本电磁性能的理想化模型，是一种理想的二端元件。图 2-18 为电感元件的图形符号。

在磁通 Φ_L与电流 i 参考方向关联的情况下，任何时刻电感元件的自感磁链 Ψ_L与元件的电流 i 有以下关系：

$$L=\frac{\Psi_L}{i} \tag{2-5}$$

式中，L 称为电感元件的自感系数，或电感系数，简称电感。L 为一正实常数。

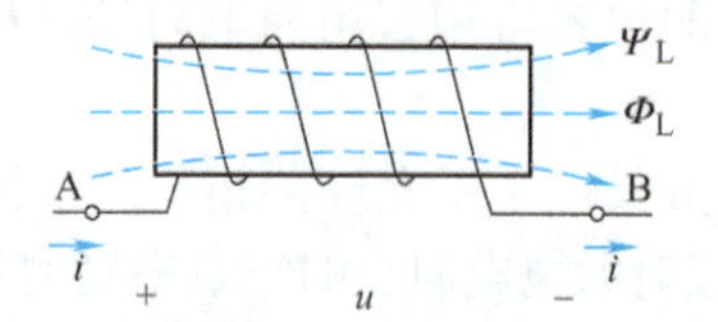

图 2-17　线圈的磁通和磁链

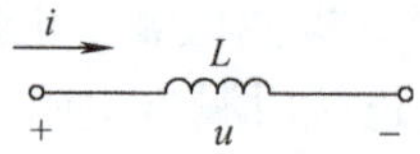

图 2-18　线性电感元件

在国际单位制中，电感的单位为亨［利］，符号为 H，1H = 1Wb/1A。通常还用毫亨（mH）和微亨（μH）作为其单位，它们与亨的换算关系为

$$1\text{mH}=10^{-3}\text{H}\quad 1\mu\text{H}=10^{-6}\text{H}$$

如果电感元件的电感不随通过它的电流的改变而变化，是一个常量，则称该元件为线性电感元件，否则称为非线性电感元件。除特殊说明外，本书中所涉及的电感元件都是线性电感元件。

为了叙述方便，常把电感元件简称电感。所以“电感”这个术语以及它的符号 L，一方面表示一个电感元件，另一方面也表示这个元件的参数。

2. 电感元件的电压和电流的关系

电感元件的电流变化时，其自感磁链也随之变化，由电磁感应定律可知，在元件两端会产生自感电压。若选择 u、i 的参考方向都和 Φ_L关联（见图 2-17），则 u 和 i 的参考方向也彼此关联（见图 2-18）。此时，自感磁链

$$\Psi_L=Li$$

自感电压

$$u=\frac{\mathrm{d}\Psi_L}{\mathrm{d}t}=\frac{\mathrm{d}(Li)}{\mathrm{d}t}$$

即

$$u=L\frac{\mathrm{d}i}{\mathrm{d}t} \tag{2-6}$$

这就是关联参考方向下电感元件的电压和电流的关系。

由式(2-6) 可知，任何时刻，线性电感元件上的电压与其电流的变化率成正比。只有当通过元件的电流变化时，其两端才会有电压。电流变化越快，自感电压越大。当电流不随时间变化时，自感电压为零，这时电感元件相当于短路。

3. 电感元件的储能

在电压和电流关联参考方向下，电感元件吸收的功率为

$$p = ui = iL\frac{\mathrm{d}i}{\mathrm{d}t}$$

从 t_0 到 t 时间内，电感元件吸收的电能为

$$\begin{aligned} w_{\mathrm{L}} &= \int_{t_0}^{t} p\mathrm{d}t = \int_{t_0}^{t} iL\frac{\mathrm{d}i}{\mathrm{d}t}\mathrm{d}t = L\int_{i(t_0)}^{i(t)} i\mathrm{d}i \\ &= \frac{1}{2}Li^2(t) - \frac{1}{2}Li^2(t_0) \end{aligned} \tag{2-7}$$

如果选取 t_0 为电流等于零的时刻，即 $i(t_0)=0$，此时可认为电感元件的磁场能量为零。经过时间 t 电流升至 $i(t)$，电感元件吸收的能量以磁场能量形式储存在元件的磁场中，因此在任何时刻 t 电感元件吸收的电能为

$$w_{\mathrm{L}} = \frac{1}{2}Li^2(t) \tag{2-8}$$

从时间 t_1 到 t_2，电感元件吸收的能量为

$$w_{\mathrm{L}} = L\int_{i(t_1)}^{i(t_2)} i\mathrm{d}i = \frac{1}{2}Li^2(t_2) - \frac{1}{2}Li^2(t_1) = w_{\mathrm{L}}(t_2) - w_{\mathrm{L}}(t_1)$$

即电感元件吸收的能量等于元件在 t_2 和 t_1 时刻的能量之差。

当电流 $|i|$ 增加时，$w_{\mathrm{L}}(t_2) > w_{\mathrm{L}}(t_1)$，$w_{\mathrm{L}} > 0$，元件吸收能量，并全部转换为磁场能量；当电流 $|i|$ 减小时，$w_{\mathrm{L}}(t_2) < w_{\mathrm{L}}(t_1)$，$w_{\mathrm{L}} < 0$，元件释放磁场能量。电感元件并不把吸收的能量消耗掉，而是以磁场能量的形式储存在磁场中，所以电感元件也是一种储能元件。同时，它也不会释放出多于它所吸收或储存的能量，因此它又是一种无源元件。

4. 电感元件应用时的注意事项

1）在使用线圈时，尤其是频率越高、匝数越少的线圈，应注意不要随意改变线圈的形状、大小、线圈间的距离，否则会影响线圈原来的电感量。

2）在装配线圈时，要特别注意线圈互相之间的位置及其和其他元件的位置，应符合规定要求，以免互相影响导致整体电路无法正常工作。

3）可调线圈应该安装在机器易于调节的地方，以便调整线圈的电感量，达到理想工作状态。

【任务实施】

技能训练3　基本元件的识别实验

一、训练目的

1）能正确识别各种型号的电阻、电容、电感元件。

2）了解电阻、电容的封装。

3）能直接读取色环电阻的阻值，并测量加以验证。

4）掌握直流稳压电源的调整方法。

二、训练器材（见表 2-2）

表 2-2 训练器材清单

序号	名称	型号与规格	数量	备注
1	电阻	按需	若干	
2	电容	按需	若干	
3	电感	按需	若干	
4	直流电源		1路	实验台

三、训练内容及步骤

1）从给出的元器件中分辨出电容、电阻与电感。

2）读固定电阻（色环电阻）阻值。

3）电阻的外观识别。

4）对电阻进行检测并将检测结果记录于表 2-3 中。

表 2-3 电阻检测记录表

序号	色环标注电阻	
	色环的颜色	电阻值/Ω
电阻 1		
电阻 2		
电阻 3		
电阻 4		

5）利用实验台上的直流稳压电源，调整电压 $U_1=12\text{V}$，$U_2=6\text{V}$，自行练习多次。

四、注意事项及数据分析

1）总结电阻、电容、电感元件的外观识别方法。

2）通过识别色环判断电阻的类型和阻值大小，完成对电路元件的初步识别。该训练内容在课堂即可完成。

3）电源的调整注意精度要求。如果需要使电源的精度达到 1%，思考应该怎么做？

任务总结

1. 电源分为独立电源和受控电源两种。独立电源简称独立源，包括电压源和电流源。受控电源包括受控电压源和受控电流源两种。在复杂电路中，要根据电路的结构，判断电源在电路中的作用。

2. 电阻是耗能元件，满足欧姆定律。使用欧姆定律时要考虑电压、电流的参考方向。

关联参考方向下的欧姆定律表达式为

$$u=iR$$

根据欧姆定律和功率的定义，电阻的功率计算表达式为

$$P = ui = i^2R = \frac{u^2}{R} = Gu^2$$

3. 电容是储能元件。关联参考方向下，电容的伏安特性表达式为

$$i = C\frac{\mathrm{d}q}{\mathrm{d}t}$$

电容储存的电能为

$$w_{\mathrm{C}}(t) = \frac{1}{2}Cu^2(t)$$

4. 电感是储能元件。关联参考方向下，电感的伏安特性表达式为

$$u = L\frac{\mathrm{d}i}{\mathrm{d}t}$$

电感储存的磁场能为 $w_{\mathrm{L}} = \frac{1}{2}Li^2(t)$

5. 了解电容电感的检测方法及应用。

任务二　万用表的使用

【任务导入】

“万用表”是万用电表的简称，它是电工在安装、维修电气设备时用得最多的携带式电工仪表，可以用来检测修理计量仪器仪表、自动化装置和家用电器。万用表有很多种，现在普遍使用的有模拟式万用表（即指针式万用表）和数字万用表。一般万用表能测量电流、电压、电阻，有的还可以测量晶体管的放大倍数、频率、周期、电容值、温度、逻辑电位、分贝值等。掌握万用表的使用方法是电工电子技术人员的一项基本技能。

通过本次任务对万用表的结构和原理的介绍，学会使用万用表进行电工测量。

【任务分析】

不同类型的万用表有不同的使用领域和使用方法，它们各有优缺点。数字万用表的优点是准确度与分辨力均较高，而且过载能力强，抗干扰性能好，功能多、体积小、重量轻，还能从根本上消除读取数据时的视差，但由于数字万用表是通过断续的方式进行测量显示的，因此不便于观察被测电量的连续变化过程及其变化的趋势。比如，数字万用表检验电容的充电过程、热敏电阻阻值随温度变化的规律以及观察光敏电阻阻值随光照的变化特性等，就不如模拟式万用表方便、直观。总之，必须根据被测对象及测试要求而合理选择万用表的类型和表的性能指标。

【知识链接】

教学视频

2.3　数字万用表

数字万用表可用来测量直流和交流电压、直流和交流电流、电阻、电容、频率等。数字万用表整机电路设计以大规模集成电路双积分 A/D 转换器为核心，并配以全过程过载保护电路，使之成为一台性能优越的工具仪表，是电工的必备工具之一。

直流数字电压表（DVM）由输入 *RC* 滤波器、A/D 转换器和 LED 显示器组成，在直流数字电压表（DVM）的基础之上，增加交流-直流转换器（AC－DC），电流-电压转换器（A－V），电阻-电压转换器（Ω－V）转换器，就构成了数字万用表，如图 2-19 所示。

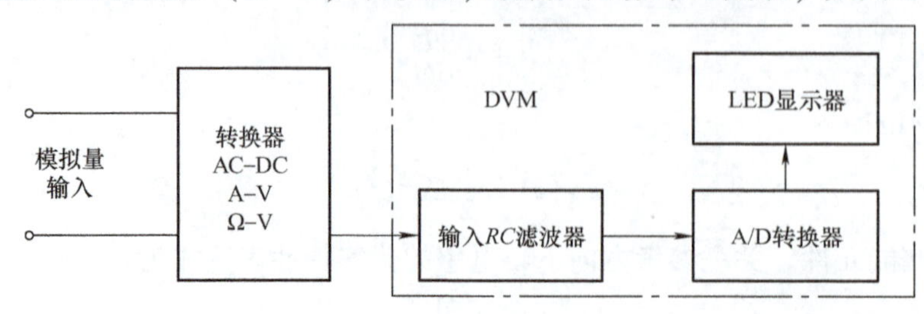

图 2-19　数字万用表原理图

2.3.1　数字万用表的面板结构

VC9807A＋数字万用表整机外观如图 2-20a 所示。它由表头、测量电路及转换开关等几部分组成。最上部为 LCD 显示屏，可以用来显示测量数据；中部为测量转换开关，用来选择要进行的测量项目；最下方为表笔插孔，分别为电流测试插孔（左边前两个）、公共接地端（COM）和电压电阻频率测试插孔（VΩHz）。具体细节如图 2-20b 所示。其中 POWER 为电源开关，HOLD 为锁定开关，功能转换开关可以用来调整对直流电压、交流电压、直流电流、交流电流、二极管、晶体管、频率等的测试切换。

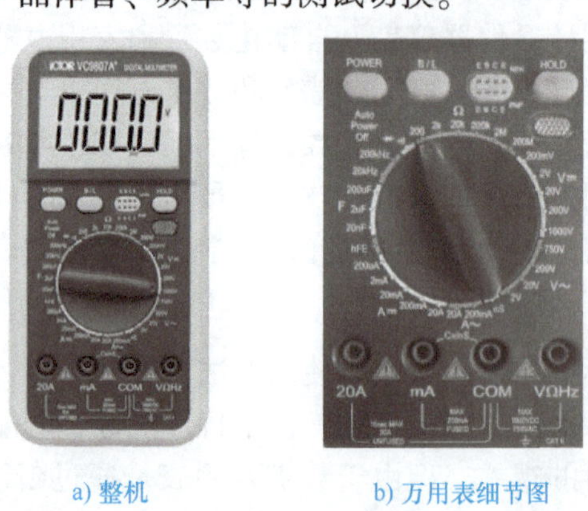

a) 整机　　b) 万用表细节图

图 2-20　万用表外观图

2.3.2　数字万用表的使用方法

1. 操作前注意事项

1）将 ON－OFF 开关置于 ON 位置，检查 9V 电池，如果电池电压不足，— + 或“BAT”将显示在显示器上，这时，则应更换电池；如果没有出现，则按以下步骤进行。

2）测试前，功能开关应放置于所需量程上，如图 2-21 所示，同时要注意指针的位置。

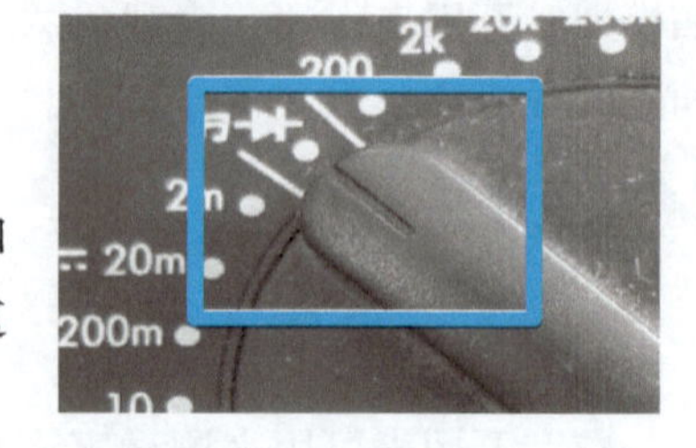

图 2-21　功能开关指示指针

3）测量过程中，若需要换档或换插针位置时，必须将两支表笔从测量物体上移开，再进行换档和换插针位置。

2. 电阻的测量

（1）测量步骤

首先红表笔插入 VΩ 孔，黑表笔插入 COM 孔，量程旋钮打到“Ω”量程档适当位置。分别用红黑表笔接到电阻两端金属部分，读出显示屏上显示的数据。测量步骤如图 2-22 所示。

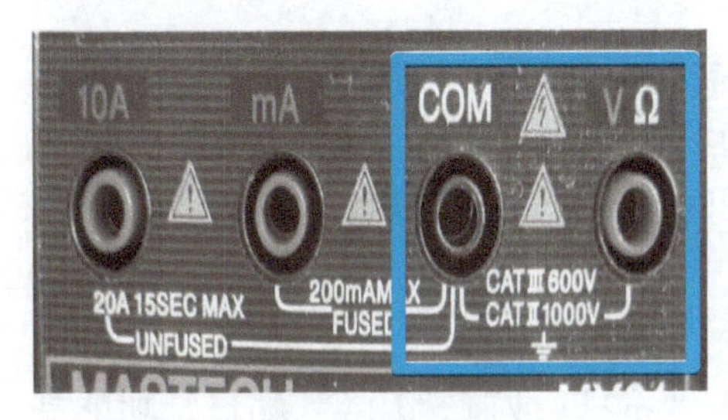

a) 插入表笔

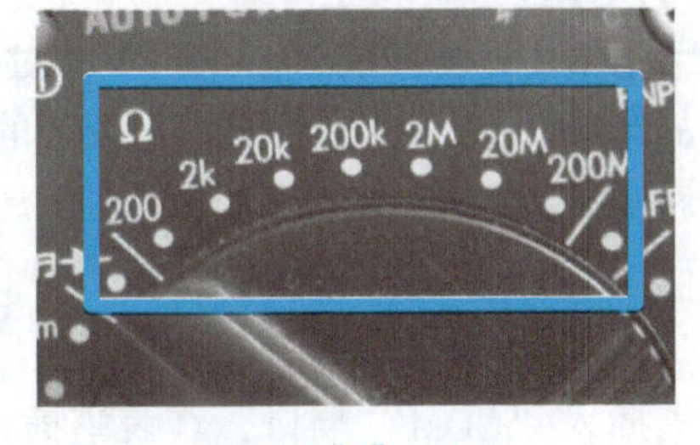

b) 选择“Ω”量程档

c) 测量数据

图 2-22　电阻的测量步骤

（2）注意事项

1）量程的选择和转换。量程选小了显示屏上会显示“1.”，此时应换用较大的量程；反之，量程选大了的话，显示屏上会显示一个接近于“0”的数，此时应换用较小的量程。

2）读数。显示屏上显示的数字再加档位选择的单位就是它的读数。要提醒的是在“200”档时单位是“Ω”，在“2k～200k”档时单位是“kΩ”，在“2M～2000M”档时单位是“MΩ”。

3）如果被测电阻值超出所选择量程的最大值，将显示过量程“1.”，应选择更高的量程，对于大于 1MΩ 或更高的电阻，要几秒钟后读数才能稳定，这是正常的。

4）当没有连接好时，例如开路情况，仪表显示为“1.”。

5）当检查被测线路的阻抗时，要保证移开被测线路中的所有电源，所有电容放电，被测线路中，如有电源和储能元件，会影响线路阻抗测试正确性。

3. 电压的测量

（1）测量步骤

红表笔插入 VΩ 孔，黑表笔插入 COM 孔，量程旋钮打到“V⎓”或“V～”适当位置，读出显示屏上显示的数据。电压的测量步骤如图 2-23 所示。

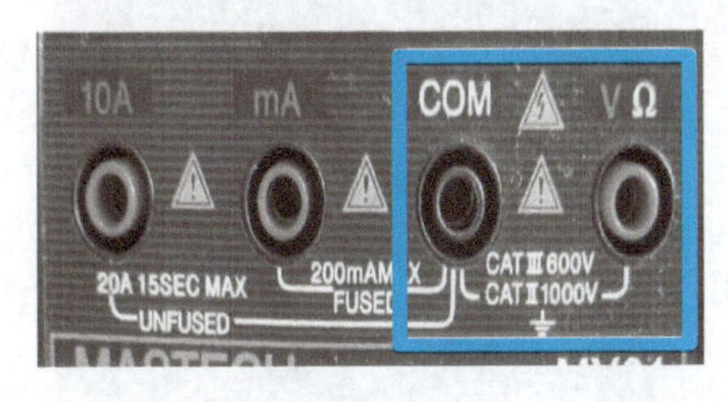

a) 插入表笔

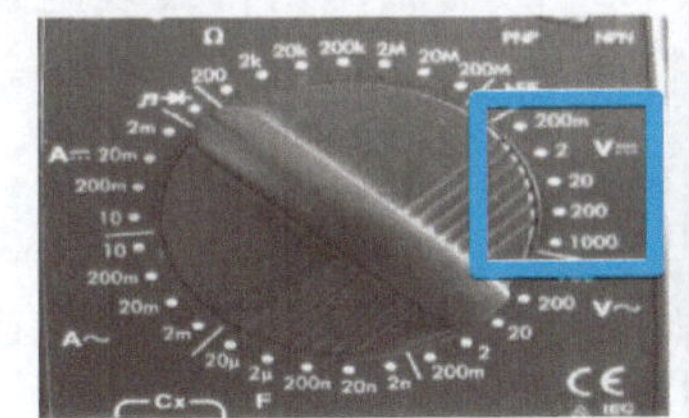
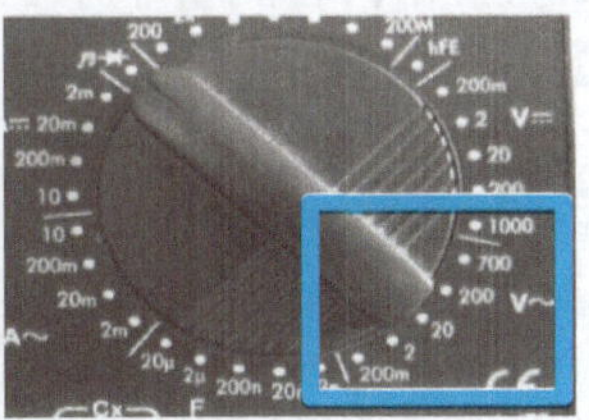

b) 选择“V⎓”量程档或“V～”量程档

图 2-23　电压的测量步骤

（2）注意事项

1）把旋钮选到比估计值大的量程档（注意：直流档是 V⎓，交流档是 V～），接着把表笔接电源或电池两端，保持接触稳定。数值可以直接从显示屏上读取。

2）若显示为“1.”，则表明量程太小，那么就要加大量程后再测量。

3）测量直流电压时，若在数值左边出现“－”，则表明表笔极性与实际电源极性相反，此时红表笔接的是负极；交流电压无正负之分。

4）在使用万用表过程中，不能用手去接触表笔的金属部分，这样一方面可以保证测量的准确，另一方面也可以保证人身安全。

5）数字表电压档的内阻很大，至少在兆欧级，对被测电路影响很小。但极高的输出阻抗使其易受感应电压的影响，在一些电磁干扰比较强的场合测出的数据可能是虚的。要避免外界磁场对万用表的影响，比如有大功率用电器在使用时。

4. 电流的测量

（1）测量步骤

断开电路，黑表笔插入“COM”端口，红表笔插入“mA”或者“20A”端口。功能旋转开关打至“A ═”（直流）或“A ～”（交流），并选择合适的量程。表笔接入位置如图 2-24 所示。

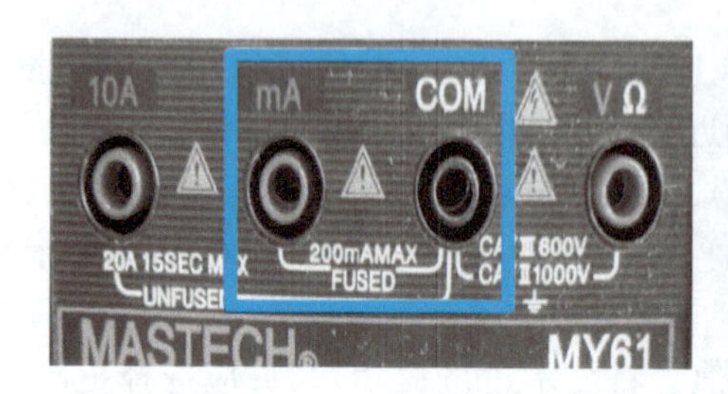

图 2-24　直流电流测量的表笔接入位置

断开被测线路，将数字万用表串联入被测线路中，被测线路中电流从一端流入红表笔，经万用表黑表笔流出，再流入被测线路中。

接通电路，读出 LCD 显示屏数字，如图 2-25 所示。

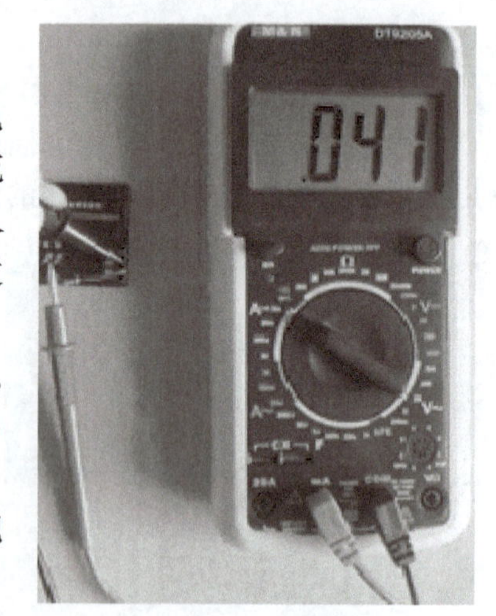

图 2-25　直流电流的测量

（2）注意事项

1）估计电路中电流的大小。若测量大于 200mA 的电流，则要将红表笔插入“10A”插孔并将旋钮打到直流“10A”档；若测量小于 200mA 的电流，则将红表笔插入“200mA”插孔，将旋钮打到直流 200mA 以内的合适量程。

2）将万用表串联在电路中，保持稳定，即可读数。若显示为“1.”，那么就要加大量程；如果在数值左边出现“－”，则表明电流从黑表笔流进万用表。

3）电流测量完毕后应将红笔插回“VΩ”孔，若忘记这一步而直接测电压，万用表或电源会被烧毁。

4）若使用前不知道被测电流范围，则将功能开关置于最大量程并逐渐下降。

5）万用表最大输入电流为200mA，过大的电流将烧坏熔丝，应再更换，20A量程无熔丝保护，测量时不能超过15s。

5. 电容的测量

（1）测量步骤

将电容两端短接，对电容进行放电，确保数字万用表的安全；将功能旋转开关打至电容“F”测量档，并选择合适的量程；将电容插入万用表“Cx”插孔；读出LCD显示屏上数字。电容的测量如图2-26所示。

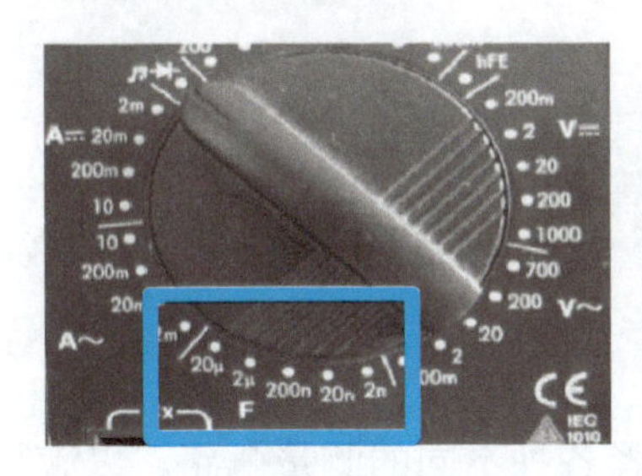
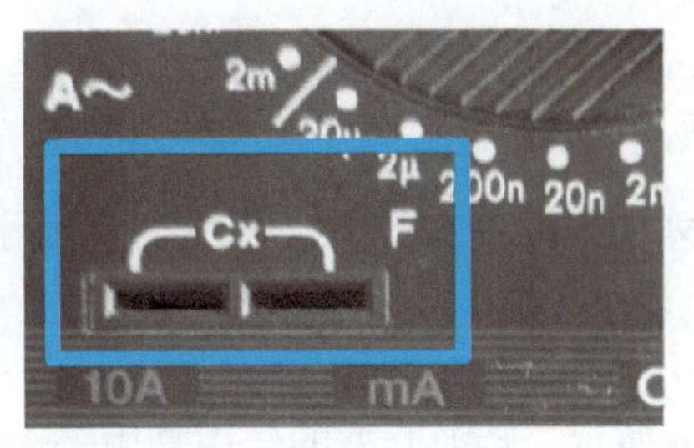

图2-26　电容的测量

（2）注意事项

1）测量前电容需要放电，否则容易损坏万用表，测量后也要放电，避免埋下安全隐患。

2）仪器本身已对电容档设置了保护，故在电容测试过程中不用考虑极性及电容充放电等情况。

3）测量电容时，将电容插入专用的电容测试座中（不要插入表笔插孔“COM”“VΩ”）。

4）测量大电容时稳定读数需要一定的时间。

5）电容的单位换算：$1\mu F = 10^6 pF$，$1\mu F = 10^3 nF$。

2.4　指针式万用表

2.4.1　指针式万用表的面板结构

指针式万用表的形式很多，但基本结构是类似的。指针式万用表的结构如图2-27a所示，其主要由表头、转换开关（又称选择开关）、测量线路等三部分组成。

（1）表头

表头是测量的显示装置，万用表的表头实际上是一个灵敏电流计。图2-27b所示表头刻度盘上共有6条刻度线，从上往下依次是：电阻刻度线、电压电流刻度线、晶体管β值刻度线、电容刻度线、电感刻度线、电平刻度线。度盘上有反光镜，以消除测量视差。

（2）测量电路

测量电路是用来把各种被测量转换到适合表头测量的微小直流电流的电路，它由电阻、半导体器件及电池组成。它能将各种不同的被测量（如电流、电压、电阻等）、不同的量

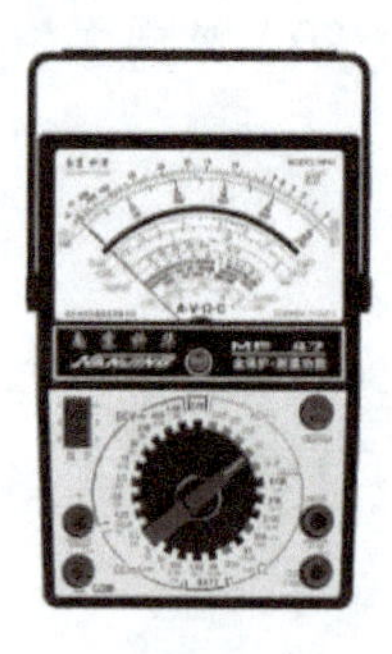
a) 整机图

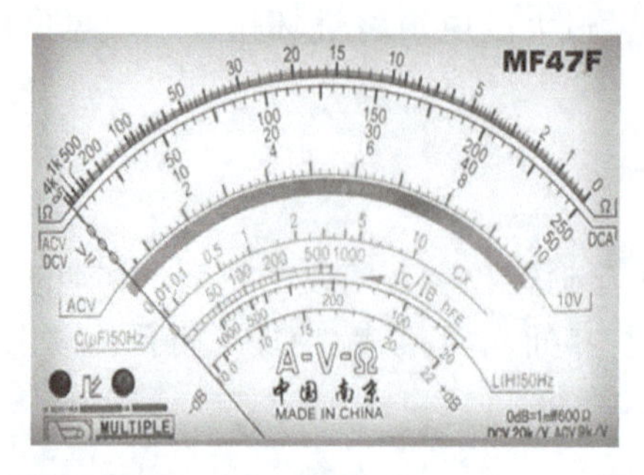

b) 表头

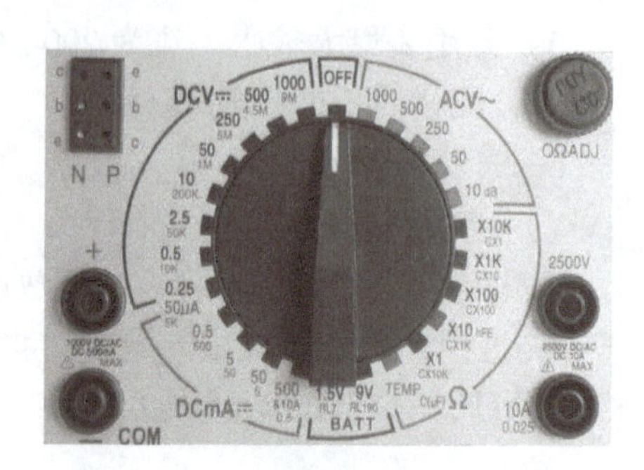

c) 转换开关

图 2-27 指针式万用表结构图

程，经过一系列的处理（如整流、分流、分压等）统一变成一定量的微小直流电流送入表头进行测量。

（3）转换开关

如图 2-27c 所示，转换开关的作用是用来选择各种不同的测量电路，以满足不同种类和不同量程的测量要求。转换开关一般有两个，分别标有不同的档位和量程。

2.4.2 指针式万用表的使用方法

1. 使用前操作

1）指针式万用表在测量参数之前，需对万用表进行调零。指针式万用表未使用时表针应指在零位，若不在零位，可用螺钉旋具微调表头机械调零旋钮，使之处于零位；在测量电阻之前，还要进行欧姆调零。

2）正确选择测量档位。测电压时应将转换开关放在相应的电压档；测电流时应放在相应的电流档等；选择电流或电压量程时，最好使指针处在标度尺三分之二以上位置；选电阻量程时，最好使指针处在标度尺的中间位置；测量时，不确定被测数值范围时，应先将转换开关转至对应的最大量程，然后根据指针的偏转程度逐步减小至合适的量程。

3）正确接线。检查红色和黑色两根表笔所接的位置是否正确，红表笔插入“+”插孔，黑表笔插入“-”插孔，有些万用表另有交直流 2500V 高压测量端，在测高压时黑表笔不动，将红表笔插入高压插口。

2. 测量直流电压

测直流电压时，表笔必须并接在被测电路中，否则极易烧表。测量步骤为：

1）把转换开关拨到直流电压档，并选择合适的量程。当被测电压数值范围不清楚时，可先选用较高的测量范围档，再逐步选用低档，测量的读数最好选在满刻度的 2/3 处附近。

2）把万用表并接到被测电路上，红表笔接到被测电压的正极，黑表笔接到被测电压的负极，不能接反。测量 1000 ~ 2500V 电压时，转换开关选至 1000V 直流电压档，红表笔接“2500V”端。**注意**，测高电压时，不能在测量的同时换档，如须换档应先断开表笔，换档后再测量，否则会使万用表毁坏。

3）根据指针稳定时的位置及所选量程，正确读数。

3. 测量交流电压

测交流电压时，表笔也必须并接在被测电路中，否则极易烧表。测量步骤为：

1）把转换开关拨到交流电压档，选择合适的量程。

2）将万用表两根表笔并接在被测电路的两端，不分正负极。

3）根据指针稳定时的位置及所选量程，正确读数。其读数为交流电压的有效值。

4. 测量电流

测电流时，表笔必须串接在被测电路中，否则极易烧表。测量步骤为：

1）把转换开关拨到直流电流档，选择合适的量程。应在指针偏转较大位置读数，以提高测量精度。同时，为减小万用表的分压作用，在保证指针偏转角度不太小的情况下尽量选择高量程档进行测量，这时表的等效内阻较小，对被测电路影响也小。

2）将被测电路断开，万用表串接于被测电路中。**注意，**正、负极性要连接正确，电流从红表笔流入，从黑表笔流出，不可接反。测量500mA以下直流电流时，选至所需的直流电流档，红表笔接“+”端，从第2条刻度盘读数，刻度值按量程折算；测量500mA～5A直流电流时，档位选至扩展电流档，红表笔接“5A”端。**必须注意的是，**测大电流时，不能在测量的同时换档。如须换档应先断开表笔，换档后再测量，否则会使万用表毁坏。

3）根据指针稳定时的位置及所选量程，正确读数。

5. 电阻的测量

1）把转换开关拨到欧姆档，合理选择量程。

2）两表笔短接，进行电调零，即转动零欧姆调节旋钮，使指针指到电阻刻度右边的“0”处。

3）将被测电阻脱离电源，用两表笔接触电阻两端，从表头指针显示的读数乘所选量程的倍率数即为所测电阻的阻值。如选用“$R\times100$”档测量，指针指示40，则被测电阻值为：$R=40\times100\Omega=4000\Omega$。

6. 电容电感测量

1）电容测量：选择C. L. dB（10V交流）档位，在C(μF) 50Hz刻度盘读取电容测量值。

2）电感测量：选择C. L. dB（10V交流）档位，在L(H) 50Hz刻度盘读取电感测量值。

【任务实施】

技能训练4　数字万用表的使用

一、训练目的

1）理解数字万用表的工作原理。

2）熟悉并掌握数字万用表的主要功能和使用操作方法。

3）使用万用表排除电路故障。

二、训练器材（见表 2-4）

表 2-4 训练器材清单

序号	名称	型号与规格	数量	备注
1	电阻	按需	若干	
2	电容	按需	若干	
3	直流电源	THE－1 型	1 个	实验台
4	数字万用表	VC9807＋	1 个	
5	直流电路实验箱	THE－1 型	1 个	实验台

三、原理说明

在电工技术中，万用表是一种进行电路测量的必备工具之一，也是实验室常用的一种仪表。数字万用表是一种多用途电子测量仪器，可用来测量交直流电压、电流以及电阻等电量及晶体管直流放大倍数等，还可用来检查电路、排除电路故障和检查常用电子元器件的性能。

四、训练内容及步骤

1）从给出的元器件中分辨出电容、电阻与电感。对电容进行检测并记录于表 2-5 中。

表 2-5 电容检测结果

序号	色环标注电容			其他种类电容	
	色环的颜色	好/坏	电容量值	好/坏	电容量值
1					
2					
3					
4					

2）对电阻的阻值进行测量，并将测量结果记录在表 2-6 中。

表 2-6 电阻阻值的测量

档位/Ω	R_1/Ω	R_2/Ω	R_3/Ω	R_4/Ω	R_5/Ω
200					
2k					
20k					
200k					
2M					
200M					

3）测量直流电压、直流电流。取用实验台中的直流测量电路如图 2-28 所示（基尔霍夫定律的验证），调整直流稳压电源，使 $U_1=6V$，$U_2=12V$，连入电路。根据表 2-7 中项目内容测量并记录测量数据。

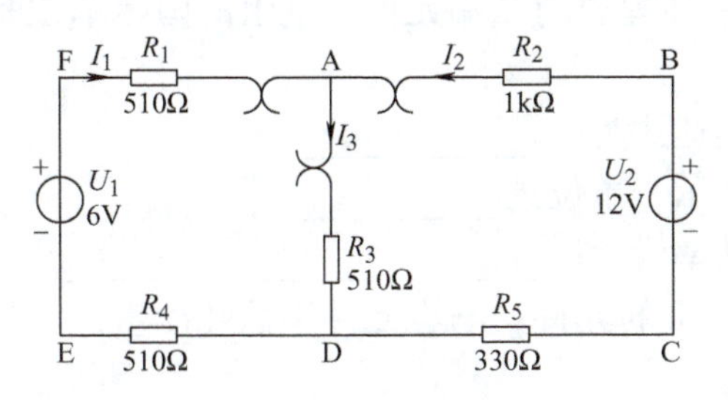

图 2-28　直流电压、直流电流测量电路图

表 2-7　直流电压、直流电流测量数据

档位选择	U_{AB}	U_{BC}	U_{AD}	档位选择	I_1	I_2	I_3

4）设置电路故障，并用万用表进行检测，排除电路故障。将故障原因记录在表 2-8 中。

表 2-8　故障排除结果

故障编号	故障原因
1	
2	
3	

五、训练注意事项及数据分析

1）电阻的测量要注意测量时避免用手握住电阻以免影响测量数值。

2）使用数字万用表测量交直流电压要选择合适的量程和不同的档位。

3）使用不同的档位，测量结果有所差异，主要体现在小数点的位数即测量精度。对表 2-7 中测量数据进行分析。

任务总结

1. 万用表有数字万用表和指针式万用表两种，是电工常用工具之一。

2. 万用表可以用来测量电阻、直流电压、直流电流、交流电压、交流电流、电容量，检测二极管和晶体管等。

自我测试 2

一、填空题

1. 电源分为独立源和________。其中独立源分为________和_________。

2. 理想电压源的电压由其_________决定，与外电路无关，但流过电压源上的电流由________决定。

3. 理想电流源的________由其自身决定，与外电路无关，但电流源两端的________由外电路决定。

4. 电阻元件是反映电路器件________电能的一种理想的二端元件。电阻的国际单位是________，常用的单位还有________、________。

5. 在电压和电流为关联方向下，欧姆定律的表达式为____________。

6. 电阻的倒数称为________，用字母______表示，单位是__________。

7. 在关联方向下，任何瞬时电阻元件吸收的功率为 $P=$ ____________________。

8. 电感元件不消耗能量，它是储存________能量的元件；电容元件不消耗能量，它是储存________能量的元件。

9. 在关联参考方向下，电容的伏安关系式为________，电感的伏安关系式为________。

10. 万用表可以用来测量__________、________、________等。

二、选择题

1. 图 2-29 所示电路中电压 U 为（　　）。

A. 2V　　B. −2V　　C. 22V　　D. −22V

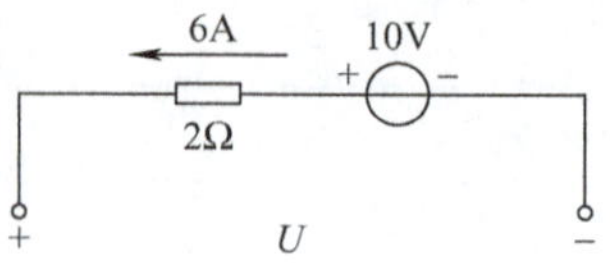

图 2-29　选择题 1 电路

2. 图 2-30 所示电路中，$U_{ab}=0$，则电流源的电压 U_S 的值为（　　）。

A. −40V　　B. 40V　　C. 60V　　D. −60V

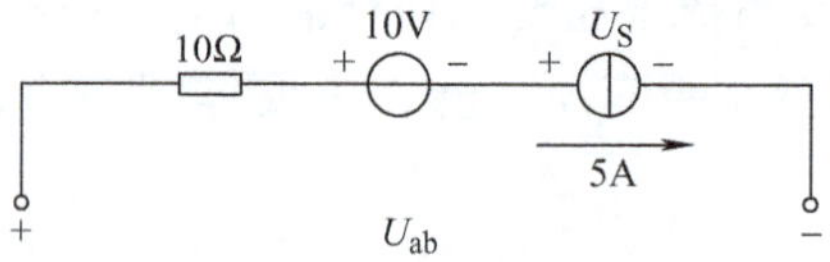

图 2-30　选择题 2 电路

3. 通常电路中的耗能元件是（　　）。

A. 电源　　B. 电阻　　C. 电容　　D. 电感

4. 图 2-31 所示电路中，发出功率的电路元件为（　　）。

A. 电流源　　B. 电压源　　C. 电流源和电压源　　D. 不能确定

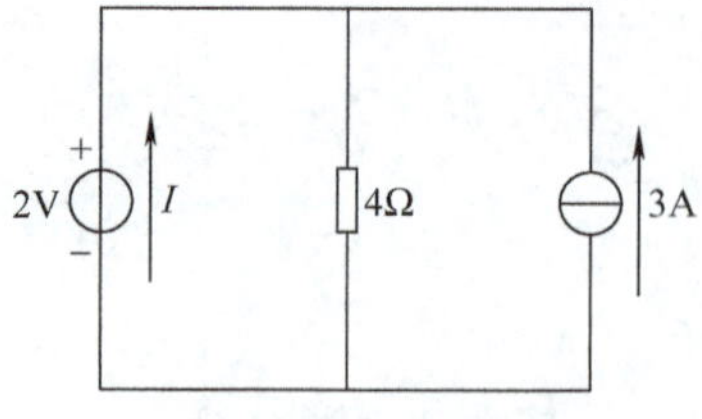

图 2-31　选择题 4 电路

5. 图 2-31 所示电路中，电压源的电流 I 的值为（　　）。

A. 2.5A　　B. −2.5A　　C. 3.5A　　D. −3.5A

三、判断题

1. 电阻一定是耗能元件。　(　　)
2. 电源在电路中一定发出功率。　(　　)
3. 电容是储存电能的装置。　(　　)
4. 电压源上的电压由外电路决定，电流源的电流由外电路决定。　(　　)
5. 关联参考方向下，电阻元件的伏安关系式为：$u = iR$。　(　　)

四、综合题

求图 2-32 中电源的功率。

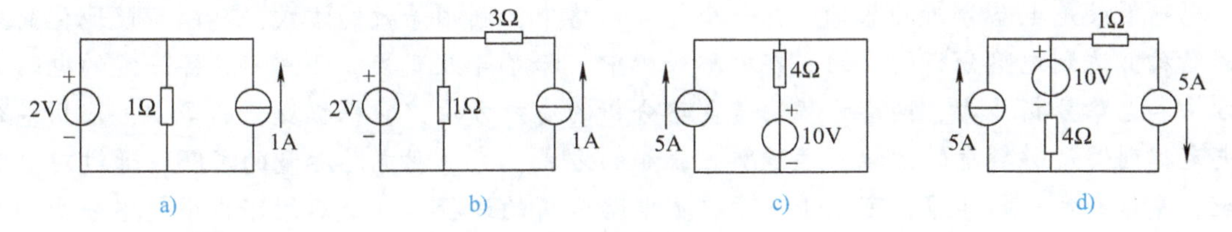

图 2-32　综合题 1 电路

项目三 直流电路的分析

引 言

电路等效是电路分析的基础。在一个复杂电路中，利用等效的方式，可以有效地化简电路的结构，达到电路分析的目的。在电路分析中，除了等效变换，还需要具备一定的电路分析方法和电路分析能力。网络方程法是电路分析的有效方法，它根据变量的多少，应用基尔霍夫定律列写足够数量的方程，通过解方程组的方式，完成对电路参量的求解；通过对叠加定理、戴维南定理的学习，可以进一步拓宽电路分析的途径，也是后续课程中电路分析的常用方法。

本项目通过两个任务，建立等效变换的电路分析思路和学习多种电路分析方法。

学习目标要求

1. 能力目标

(1) 具备对电路进行等效变换的能力。

(2) 具备使用各种分析方法分析直流电路的能力。

(3) 培养良好的电工操作习惯，提升电工操作技能。

2. 知识目标

(1) 理解电路等效的含义，掌握电阻的连接形式、特点及应用；掌握电路中电源的常见连接方式及等效。

(2) 掌握电路分析的三种方法：支路电流法、回路电流法、节点电压法。

(3) 掌握叠加定理、戴维南定理的内容和使用条件及分析电路的方法。

(4) 熟悉最大功率传输定理及应用。

3. 情感目标

(1) 培养学生触类旁通、举一反三的能力，增强团队协作精神。

(2) 培养学生的创新精神和严谨的科学态度。

任务一 电路的等效

【任务导入】

在工业生产中，其电路一般极为复杂，而在研究工业电路时，通常只需要分析出整个电路中某一部分的电流或电压即可。如果单纯地采用基尔霍夫定律，将会使得对整个电路的分析复杂化，耗费更多的人力、物力。

本次任务通过建立等效变换的思维方式，完成对无源电阻电路、有源电路和电容电路的分析计算。

【任务分析】

在对复杂电路进行分析时，我们经常会遇到很多电路的某一部分具有相同的电路结构。如果我们掌握了常见的电路结构的分析方法，在对复杂电路进行分析时，就会变得很容易。

电阻的串并联、三角形联结、星形联结，电容的串并联，电源和电阻的串联以及电源与电阻的并联，是复杂电路的常见组成部分，通过等效处理以后，可以将复杂电路转化为简单电路，使得整个电路的分析变得非常简单明了。

【知识链接】

3.1　电路等效变换的概念

所谓“等效”，是指在保持电路效果不变的情况下，为简化电路分析，将复杂的电路或概念用简单电路或已知概念来代替或转化，这种物理思想或分析方法称为“等效”变换。**需要注意的是，**“等效”概念只是应用于电路的理论分析中，是电工教学中的一个概念，与真实电路中的“替换”概念不同，即“等效”仅是应用于理论假设中，不是真实电路中的“替换”。“等效”的目的是为了在电路分析时，简化分析过程，使电路易于理解的一种电路分析手段。

图3-1所示为二端网络，端子间的电压u为端口电压，流过端子的电流i为端口电流。若一个二端网络的端口电压、电流关系和另一个二端网络的端口电压、电流关系相同（即两个二端网络具有相同的伏安特性），则这两个网络称为等效网络。

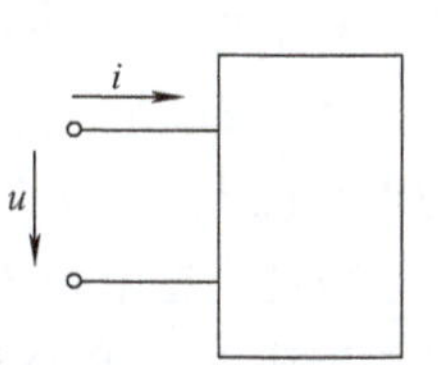

图3-1　二端网路

一个内部没有独立源（电压源或电流源）的电阻性二端网络，总可以用一个电阻元件来等效，这个电阻元件的电阻值等于该网络的端口电压和电流（关联方向）的比值，这个元件称为该网络的等效电阻或输入电阻，用R_{eq}表示。

同样，对于三端和三端以上网络，若各对应的端子电压、电流关系相同，它们也是等效的。

用结构简单的网络代替结构较复杂的网络，将使电路的分析计算简化。因此，网络的等效变换，是分析计算电路的一个重要手段。

3.2　无源电阻电路的等效变换

所谓有源电路和无源电路，在电路中是按照是否包含电源来划分的。有源电路就是包含电源的电路；无源电路就是不包含电源的电路。无源电阻电路可以理解为，不包含电源的纯电阻电路。

3.2.1　电阻的串联与并联

在电路中，几个电阻元件沿着单一路径相互连接，且连接处没有分支，当有电流流过时，它们流过同一电流，这样的连接方式称为电阻的串联。

图3-2a所示为两个电阻串联的电路。U为电路的总电压，I为流过电路的电流，U_1、

U_2分别是电阻 R_1、R_2两端的电压，根据 KVL 有

$$U=U_1+U_2=(R_1+R_2)I$$

在图 3-2b 中

$$U=R_iI$$

比较以上两式可以看出，若图 3-2 所示两个网络等效，则有

$$R_i=R_1+R_2 \tag{3-1}$$

串联电阻的等效电阻等于各电阻之和。

电阻串联时，各电阻上的电压为

$$\left.\begin{aligned}U_1&=IR_1=\frac{R_1}{R_1+R_2}U\\U_2&=IR_2=\frac{R_2}{R_1+R_2}U\end{aligned}\right\} \tag{3-2}$$

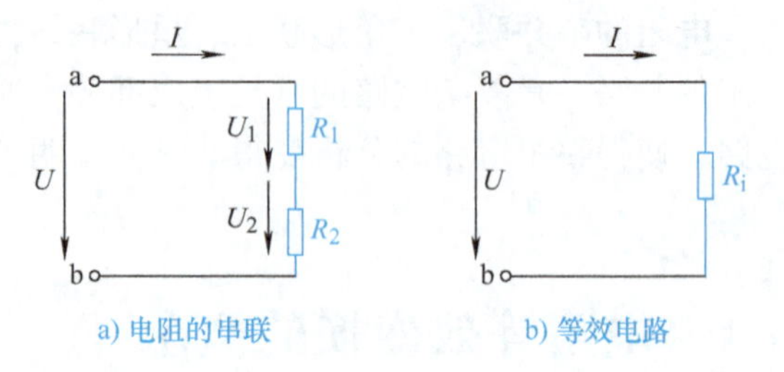

图 3-2 电阻的串联及其等效电路

串联电阻上电压的分配与电阻值成正比。

利用串联电阻的分压特性，可以在电路中串联一个可变电阻，通过调节电阻的大小得到不同的输出电压。

在电路中，把两个或两个以上电阻元件的首尾两端分别连接在两个节点上，这样的连接方式称为电阻的并联。各并联电阻元件的端电压相同。

图 3-3a 所示为两个电阻并联的电路。U 为电路的电压，I 为流过电路的总电流，I_1、I_2分别是流过电阻 R_1、R_2的电流，G_1、G_2分别为电阻 R_1、R_2的电导。根据 KCL 有

$$I=I_1+I_2=(G_1+G_2)U$$

若图 3-3 所示两个网络等效，则有

$$G_i=G_1+G_2 \tag{3-3}$$

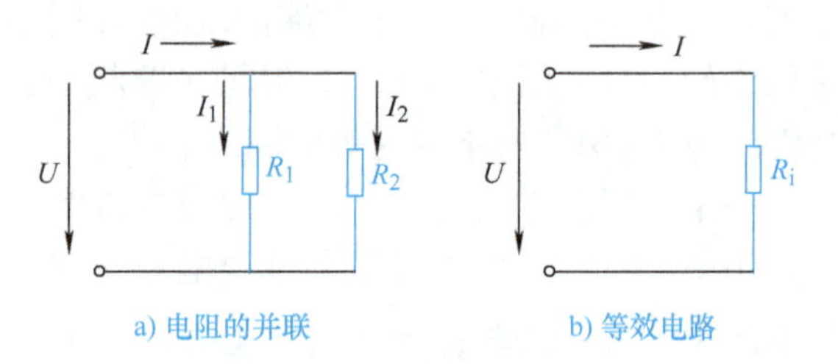

图 3-3 电阻的并联及其等效电路

并联电阻的等效电导等于各电导之和，或等效电阻的倒数等于各个并联电阻的倒数之和，即

$$\frac{1}{R_i}=\frac{1}{R_1}+\frac{1}{R_2} \tag{3-4}$$

若仅有两个电阻并联的情况，根据式（3-4），其等效电阻为

$$R_i=\frac{R_1R_2}{R_1+R_2} \tag{3-5}$$

电阻并联时，总电流和流过各电阻的电流的关系为

$$\left.\begin{aligned}I_1&=\frac{U}{R_1}=\frac{IR_i}{R_1}=\frac{R_2}{R_1+R_2}I\\I_2&=\frac{U}{R_2}=\frac{IR_i}{R_2}=\frac{R_1}{R_1+R_2}I\end{aligned}\right\} \tag{3-6}$$

并联电阻上电流的分配与电阻值的大小成反比。

并联的负载电阻越多（负载增加），总电阻越小，当外加电压不变时，电路中的总电流和总功率越大。

例题 3.1　图 3-4 所示电路为用变阻器调节负载电阻 R_L 两端电压的分压电路。$R_L = 50\Omega$，电源电压 $U_1 = 220V$，变阻器的额定值是 100Ω、3A，试求：

（1）当 $R_2 = 50\Omega$ 时，负载电压 U_2 为多少？

（2）当 $R_2 = 25\Omega$ 时，负载电压 U_2 为多少？

解：该电路中电阻的连接形式是 R_2 与 R_L 并联后与 R_1 串联，因此，负载电压就是 R_2 与 R_L 并联电阻上的电压。

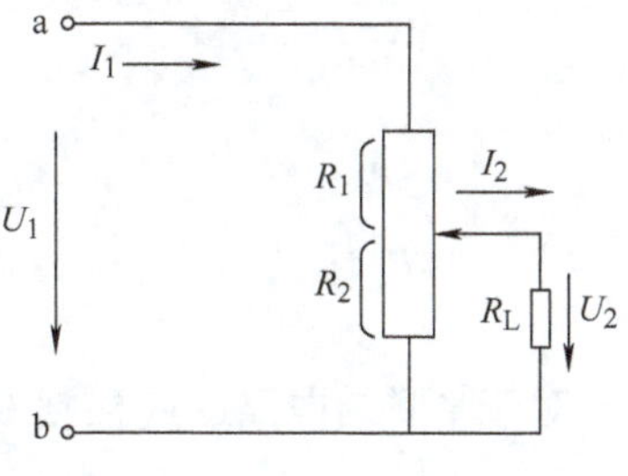

图 3-4　例题 3.1 电路图

（1）当 $R_2 = 50\Omega$ 时，$R_{ab} = R_1 + \dfrac{R_2 R_L}{R_2 + R_L} = 50\Omega + \dfrac{50 \times 50}{50 + 50}\Omega = 75\Omega$

总电流 $I_1 = \dfrac{U_1}{R_{ab}} = \dfrac{220V}{75\Omega} = 2.93A$

负载 R_L 上流过的电流 $I_2 = \dfrac{R_2}{R_2 + R_L} I_1 = \dfrac{50}{50 + 50} \times 2.93A = 1.47A$

R_L 两端的电压 $U_2 = R_L I_2 = 50\Omega \times 1.47A = 73.5V$

（2）当 $R_2 = 25\Omega$ 时，$R_{ab} = R_1 + \dfrac{R_2 R_L}{R_2 + R_L} = 75\Omega + \dfrac{25 \times 50}{25 + 50}\Omega = 75\Omega + 16.67\Omega = 91.67\Omega$

总电流 $I_1 = \dfrac{220V}{91.67\Omega} = 2.4A$

负载 R_L 上流过的电流 $I_2 = \dfrac{25}{25 + 50} \times 2.4A = 0.8A$

R_L 两端的电压 $U_2 = R_L I_2 = 50\Omega \times 0.8A = 40V$

3.2.2　电阻的三角形与星形变换

Y联结也称为星形联结，△联结也称为三角形联结，它们都具有 3 个端子与外部相连的特点。图 3-5a、b 分别表示接于端子 1、2、3 的Y联结与△联结的三个电阻。端子 1、2、3 与电路的其他部分相连，图中没有画出电路的其他部分。如果它们的对应端子之间具有相同的电压 u_{12}、u_{23} 和 u_{31}，且流入对应端子的电流分别相等，即 $i_1 = i_1'$，$i_2 = i_2'$，$i_3 = i_3'$，在这种条件下，它们彼此等效，这就是Y－△等效变换的条件。

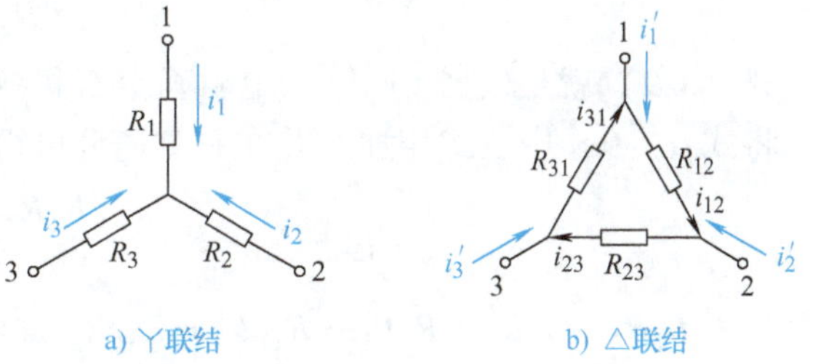

a) Y联结　　b) △联结

图 3-5　电阻的星形与三角形联结

对于△联结电路，各电阻中电流为

$$i_{12} = \frac{u_{12}}{R_{12}}, i_{23} = \frac{u_{23}}{R_{23}}, i_{31} = \frac{u_{31}}{R_{31}}$$

根据 KCL，端子电流分别为

$$\left.\begin{aligned} i_1' &= \frac{u_{12}}{R_{12}} - \frac{u_{31}}{R_{31}} \\ i_2' &= \frac{u_{23}}{R_{23}} - \frac{u_{12}}{R_{12}} \\ i_3' &= \frac{u_{31}}{R_{31}} - \frac{u_{23}}{R_{23}} \end{aligned}\right\} \tag{3-7}$$

对于Y联结电路，应根据 KCL 和 KVL 求出端子电压与电流之间的关系，方程为

$$\begin{aligned} &i_1 + i_2 + i_3 = 0 \\ &R_1 i_1 - R_2 i_2 = u_{12} \\ &R_2 i_2 - R_3 i_3 = u_{23} \end{aligned}$$

可以解出电流

$$\left.\begin{aligned} i_1 &= \frac{R_3 u_{12}}{R_1R_2 + R_2R_3 + R_3R_1} - \frac{R_2 u_{31}}{R_1R_2 + R_2R_3 + R_3R_1} \\ i_2 &= \frac{R_1 u_{23}}{R_1R_2 + R_2R_3 + R_3R_1} - \frac{R_3 u_{12}}{R_1R_2 + R_2R_3 + R_3R_1} \\ i_3 &= \frac{R_2 u_{31}}{R_1R_2 + R_2R_3 + R_3R_1} - \frac{R_1 u_{23}}{R_1R_2 + R_2R_3 + R_3R_1} \end{aligned}\right\} \tag{3-8}$$

由于不论 u_{12}、u_{23}、u_{31} 为何值，两个等效电路对应的端子电流均相等，故式（3-7）和式（3-8）中电压 u_{12}、u_{23} 和 u_{31} 前面的系数应该对应相等。于是得到

$$\left.\begin{aligned} R_{12} &= \frac{R_1R_2 + R_2R_3 + R_3R_1}{R_3} \\ R_{23} &= \frac{R_1R_2 + R_2R_3 + R_3R_1}{R_1} \\ R_{31} &= \frac{R_1R_2 + R_2R_3 + R_3R_1}{R_2} \end{aligned}\right\} \tag{3-9}$$

式（3-9）就是根据Y联结的电阻确定△联结的电阻的公式。

将式（3-9）中三式相加，并在右侧通分可得

$$R_{12} + R_{23} + R_{31} = \frac{(R_1R_2 + R_2R_3 + R_3R_1)^2}{R_1R_2R_3}$$

代入 $R_1R_2 + R_2R_3 + R_3R_1 = R_{12}R_3 = R_{31}R_2$ 就可得到 R_1 的表达式，同理可得到 R_2 和 R_3 的表达式。公式分别为

$$\left.\begin{aligned} R_1 &= \frac{R_{12}R_{31}}{R_{12} + R_{23} + R_{31}} \\ R_2 &= \frac{R_{23}R_{12}}{R_{12} + R_{23} + R_{31}} \\ R_3 &= \frac{R_{31}R_{23}}{R_{12} + R_{23} + R_{31}} \end{aligned}\right\} \tag{3-10}$$

式（3-10）就是根据△联结的电阻确定Y联结的电阻的公式。

为了便于记忆，以上互换公式可归纳为

$$\text{Y联结电阻}=\frac{\triangle\text{联结相邻电阻的乘积}}{\triangle\text{联结电阻之和}}$$

$$\triangle\text{联结电阻}=\frac{\text{Y联结电阻两两乘积之和}}{\text{Y联结不相邻电阻}}$$

若Y联结中 3 个电阻相等，即 $R_1=R_2=R_3=R_{\mathrm{Y}}$，则等效△联结中 3 个电阻也相等，它们等于

$$R_{\triangle}=R_{12}=R_{23}=R_{31}=3R_{\mathrm{Y}}$$

或

$$R_{\mathrm{Y}}=\frac{1}{3}R_{\triangle}$$

3.3 有源电路的等效变换

3.3.1 电压源的串联和电流源的并联

图 3-6 表示两个电压源 U_{S1}、U_{S2} 串联，在图示参考方向下，根据 KVL 有

$$U_S=U_{S1}+U_{S2}$$

即两个串联的电压源可以用一个等效的电压源来代替，这个等效电压源的电压等于原来两个电压源电压的代数和。若 n 个电压源相串联，等效电压源的电压等于各电压源电压的代数和，即

$$U_S=\sum_{i=1}^{n}U_{Si} \tag{3-11}$$

当 U_{Si} 与 U_S 的参考极性相同时为正，相反时为负。

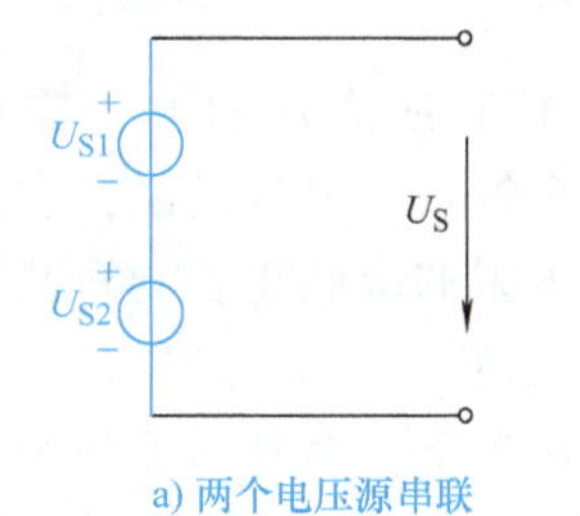

a) 两个电压源串联

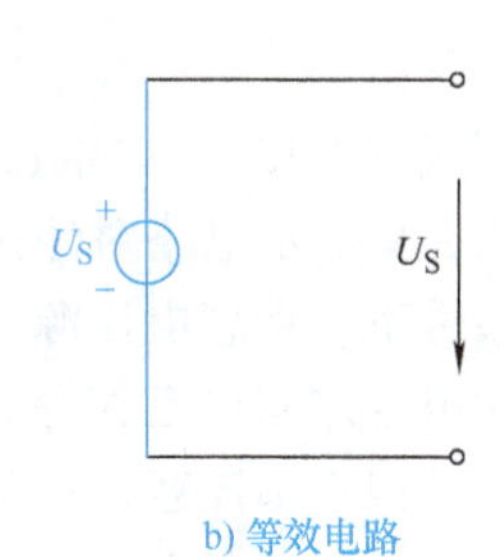

b) 等效电路

图 3-6 电压源的串联

图 3-7 表示两个电流源 I_{S1}、I_{S2} 并联，在图示参考方向下，根据 KCL 有

$$I_S=I_{S1}+I_{S2}$$

即两个并联的电流源可以用一个等效的电流源来代替，这个等效电流源的电流等于原来两个电流源电流的代数和。若 n 个电流源相并联，等效电流源的电流等于各电流源电流的代数和，即

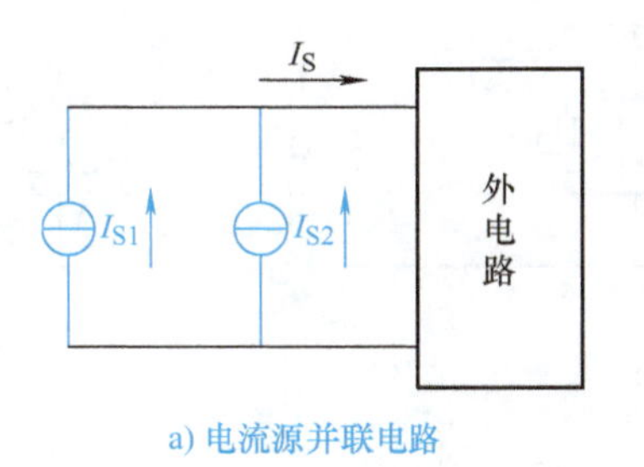

a) 电流源并联电路

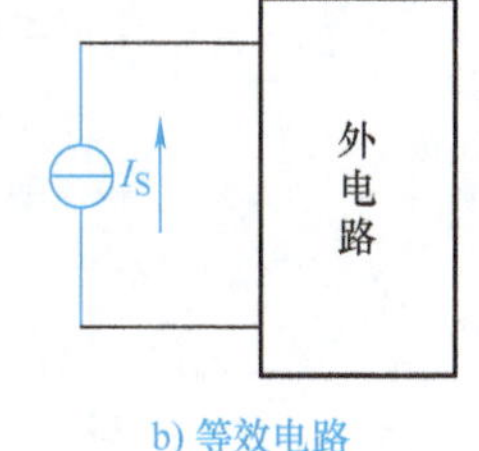

b) 等效电路

图 3-7 电流源的并联

$$I_S=\sum_{i=1}^{n}I_{Si} \tag{3-12}$$

当 I_{Si} 与 I_S 的参考方向相同时为正，相反时为负。

只有激励电压相等且极性一致的电压源才允许并联，否则违背 KVL。其等效电路为其

中任一电压源，但是这个并联组合向外部提供的电流在各个电压源之间如何分配则无法确定。

只有激励电流相等且方向一致的电流源才允许串联，否则违背 KCL。其等效电路为其中任一电流源，但是这个串联组合的总电压在各个电流源之间如何分配则无法确定。

3.3.2 实际电源模型的等效变换

一个实际的直流电压源在给电阻负载供电时，其端电压随负载电流的增大而下降，这是由于实际电压源内阻引起的内阻压降造成的。实际的直流电压源可以看成是由理想的电压源和电阻串联构成的，如图 3-8 所示。在图示参考方向下，其外特性方程为

$$U = U_S - RI \tag{3-13}$$

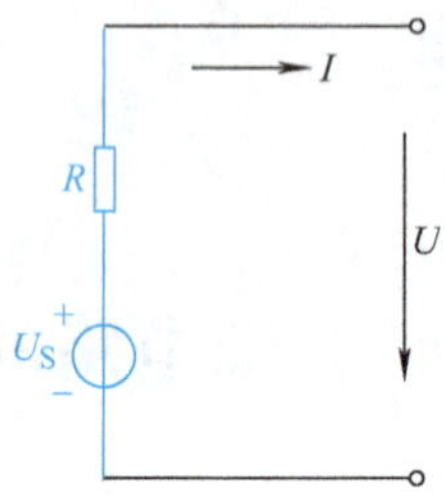

实际的直流电流源可以看成是由理想的电流源和电导并联构成的，如图 3-9 所示。在图示参考方向下，其外特性方程为

$$I = I_S - GU \tag{3-14}$$

图 3-8 实际的电压源模型

等效变换的条件是，对外电路来讲，电流、电压对应相等，吸收或发出的功率相同。比较式（3-13）和式（3-14）可知，只要满足

$$G = \frac{1}{R} \qquad I_S = GU_S \tag{3-15}$$

则式（3-13）和式（3-14）所表示的方程完全相同，图 3-8 和图 3-9 所示电路对外完全等效。也就是说，在满足式（3-15）的条件下，理想电压源、电阻的串联组合与理想电流源、电导的并联组合之间可互相等效变换。

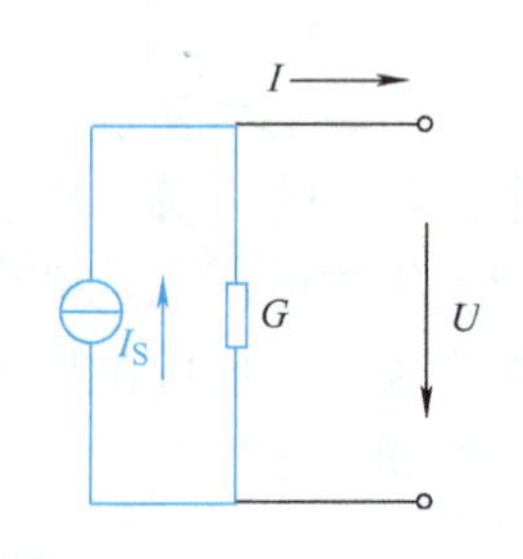

图 3-9 实际的电流源模型

但必须注意，一般情况下，两种电源模型内部的功率情况并不相同。理想电压源、理想电流源之间没有等效关系。

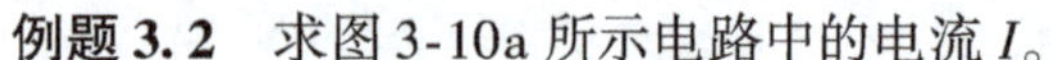

例题 3.2 求图 3-10a 所示电路中的电流 I。

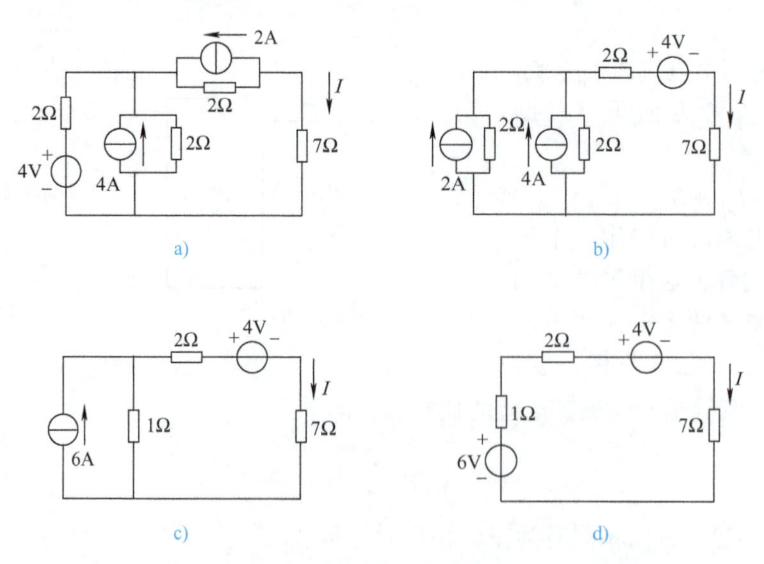

图 3-10 例题 3.2 电路图

解：利用电源模型的等效变换，将图 3-10a 的电路按图 3-10b、c、d 的顺序化简，简化成图 3-10d 所示的单回路电路，可求得电流

$$I=\frac{6-4}{2+1+7}\text{A}=0.2\text{A}$$

3.4　电容电路的等效变换

3.4.1　电容的串联

图 3-11a 所示为三个电容串联的电路。

电压 u 加在电容组合体两端的两块极板上，使这两块与外电路相连的极板分别充有等量的异性电荷 q，中间的各个极板则由于静电感应而产生感应电荷，感应电荷量与两端极板上的电荷量相等，均为 q。所以，电容串联时，各电容所带的电量相等，即

$$q=C_1u_1=C_2u_2=C_3u_3$$

每个电容所带的电量为 q，而且等效电容所带的总电量也为 q。

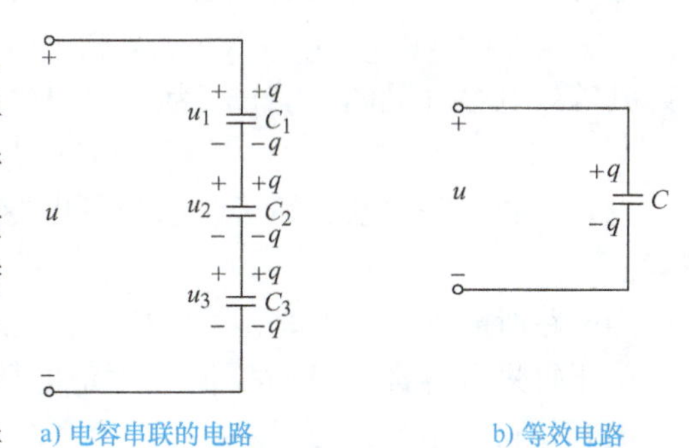

图 3-11　电容的串联

串联电路的总电压为

$$u=u_1+u_2+u_3=\frac{q}{C_1}+\frac{q}{C_2}+\frac{q}{C_3}=q\left(\frac{1}{C_1}+\frac{1}{C_2}+\frac{1}{C_3}\right)$$

由图 3-11b 所示的串联电容的等效电容的电压与电量的关系知

$$u=\frac{q}{C}$$

于是得出等效条件为

$$\frac{1}{C}=\frac{1}{C_1}+\frac{1}{C_2}+\frac{1}{C_3} \tag{3-16}$$

即电容串联时，其等效电容的倒数等于各串联电容的倒数之和。

各电容的电压之比为

$$u_1:u_2:u_3=\frac{q}{C_1}:\frac{q}{C_2}:\frac{q}{C_3}=\frac{1}{C_1}:\frac{1}{C_2}:\frac{1}{C_3} \tag{3-17}$$

即电容串联时，各电容两端的电压与其电容量成反比。

从电容串联的性质可以看出，电容串联后总的电容量减小，整体的耐压值升高。当选用电容时，如果标称电压低于外加电压，可以采用电容串联的方法，**但要注意**，电容串联之后一方面电容变小，另一方面，电容的电压与电容量成反比，电容量小的承受的电压高，应该考虑标称电压是否大于电容的耐压值。当电容量和耐压都达不到要求时，可将一些电容串并混联使用。

3.4.2　电容的并联

图 3-12a 所示为三个电容并联的电路。

C_1、C_2、C_3上加的是相同的电压 u，它们各自的电量为

$q_1 = C_1 u$，　$q_2 = C_2 u$，　$q_3 = C_3 u$

即

$$\frac{q_1}{C_1} = \frac{q_2}{C_2} = \frac{q_3}{C_3} = u$$

所以

$$q_1 : q_2 : q_3 = C_1 : C_2 : C_3 \quad (3\text{-}18)$$

即并联电容所带的电量与各电容的电容量成正比。

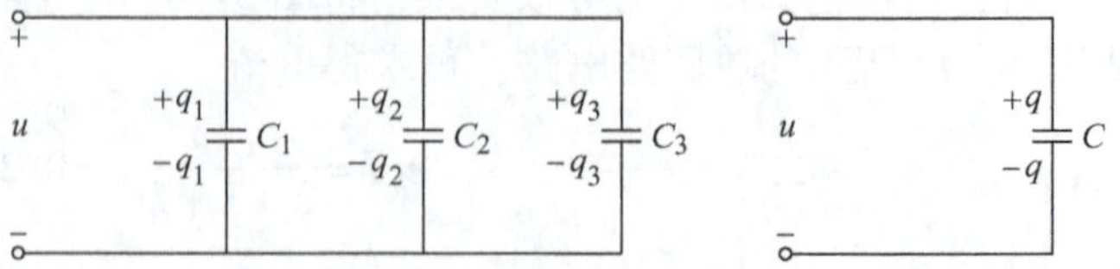

a) 电容并联的电路　　b) 等效电路

图 3-12　电容的并联

电容并联后所带的总电量为

$$q = q_1 + q_2 + q_3 = C_1 u + C_2 u + C_3 u = (C_1 + C_2 + C_3) u$$

其等效电容（见图 3-12b）为

$$C = C_1 + C_2 + C_3 \quad (3\text{-}19)$$

电容并联的等效电容等于并联的各电容的电容量之和。并联电容的数目越多，总电容越大。

当电路所需电容较大时，可以将电容量适合的几只电容相并联。

由于每只电容都有其耐压值（额定电压），电容并联时加在各电容上的电压相同，所以，电容并联使用时，为了使各个电容都能安全工作，所选择的电容的最低耐压值不得低于电路的最高工作电压。

【任务实施】

技能训练 5　电压源与电流源的等效变换

一、训练目的

1）掌握电源外特性的测试方法。

2）验证电压源与电流源等效变换的条件。

二、训练器材（见表 3-1）

表 3-1　训练器材清单

序号	名称	型号与规格	数量	备注
1	可调直流稳压电源	THE－1 型	1 个	实验台
2	可调直流恒流源	THE－1 型	1 个	实验台
3	直流数字电压表	THE－1 型	1 块	实验台
4	直流数字电流表	THE－1 型	1 块	实验台
5	电阻	51Ω	1 个	
6	电阻	1kΩ	1 个	
7	电阻	200Ω	1 个	
8	可调电阻箱		1 个	

三、原理说明

一个直流稳压电源在一定的电流范围内，具有很小的内阻，故在电路分析中，常将它视为一个理想的电压源，即其输出电压不随负载电流而变，其外特性 $u=f(i)$ 是一条平行于 i 轴的直线；一个恒流源在电路分析时，在一定的电压范围内，可视为一个理想的电流源，即其输出电流不随负载的改变而改变。

图 3-13 所示为理想电压源和理想电流源电路。

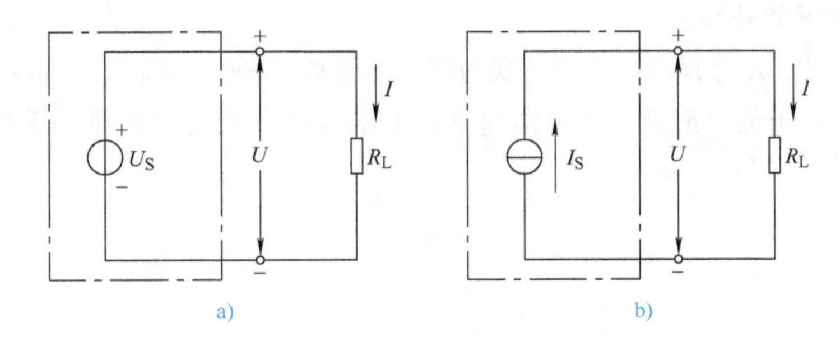

图 3-13　理想电压源和理想电流源电路

一个实际的电压源（或电流源），因为它具有一定的内阻，其端电压（或输出电流）不可能不随负载而变化，故在实验中，用一个小电阻（或大电阻）与理想电压源（或电流源）相串联（或并联）来模拟一个电压源（或电流源）的情况。

四、训练内容及步骤

1. 测定电压源的外特性

1）按图 3-14a 接线，U_S 为 +6V 直流稳压电源，视为理想电压源，R_L 为可调电阻箱，调节 R_L 阻值，记录电压表和电流表的读数，并记录在表 3-2 中。

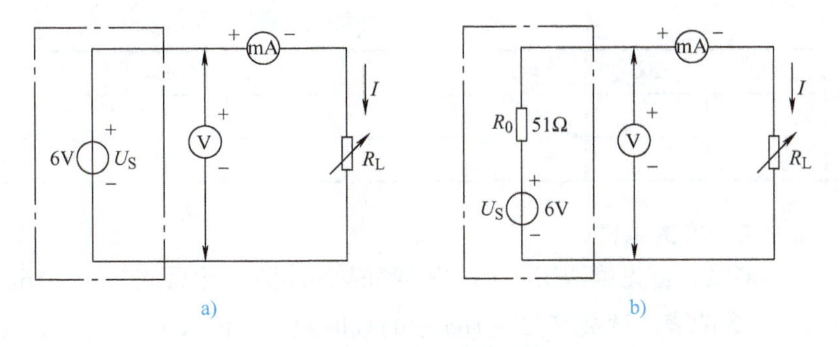

图 3-14　电压源的等效变换电路

表 3-2　理想电压源外特性测量

R_L/Ω	∞	2000	1500	1000	800	500	300	200
U/V								
I/mA								

2）按图 3-14b 接线，点画线框可模拟为一个实际的电压源，调节 R_L阻值，记录两表读数，并记录在表 3-3 中。

表 3-3 实际电压源外特性测量

R_L/Ω	∞	2000	1500	1000	800	500	300	200
U/V								
I/mA								

2. 测定电流源的外特性

按图 3-15 接线，I_S为直流恒流源，视为理想电流源，调节其输出为 5mA，令 R_0分别为 1kΩ 和∞，调节 R_L阻值，记录这两种情况下的电压表和电流表的读数，分别记录在表 3-4 和表 3-5 中。

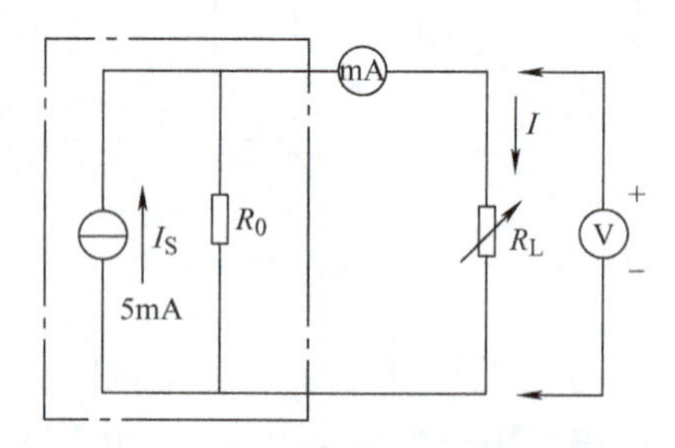

图 3-15 测定电流源外特性电路

表 3-4 R_0 = 1kΩ 时，外特性测量

R_L/Ω	0	200	400	600	800	1000	2000	5000
I/mA								
U/V								

表 3-5 R_0 = ∞ 时，外特性测量

R_L/Ω	0	200	400	600	800	1000	2000	5000
I/mA								
U/V								

3. 测定电源等效变换的条件

按图 3-16 电路接线，首先读取图 3-16a 电路两表的读数，然后调节图 3-16b 电路中恒流源 I_S（取$R_0' = R_0$），令两表的读数与图 3-16a 中的数值相等，记录 I_S 的值，验证等效变换条件的正确性。

五、注意事项及数据分析

1）分析理想电压源和电压源（理想电流源和电流源）输出端短路（或开路）情况时对电源的影响。

2）分析电压源和电流源外特性呈下降趋势的原因，理想电压源和理想电流源的输出在

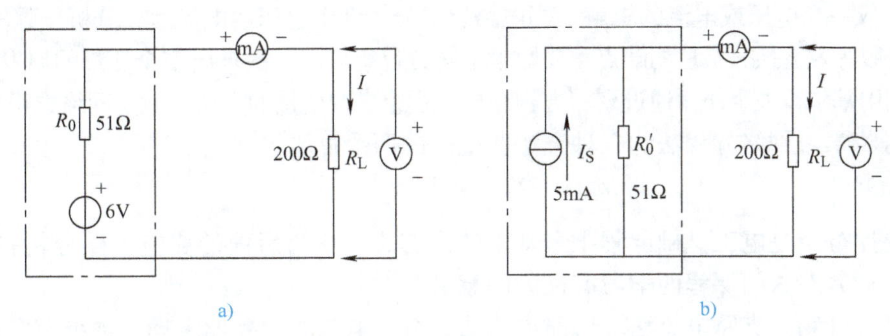

图 3-16　测定电源等效变换电路

任何负载下保持恒值的原因。

3）根据实验数据绘出电源的 4 条外特性曲线，并总结归纳各类电源的特性。

4）根据实验结果，验证电源等效变换的条件。

任务总结

1. 等效网络的概念

一个二端网络的端口电压、电流关系和另一个二端网络的端口电压、电流关系相同(即两个二端网络具有相同的伏安特性)，这两个网络称为等效网络。

2. 电阻的串联和并联等效关系

两电阻串联：　$R_i = R_1 + R_2$

两电阻并联：　$\frac{1}{R_i} = \frac{1}{R_1} + \frac{1}{R_2}$

3. 实际电源网络

1）电压源串联时，等效电压源电压 U_S 为 $U_S = \sum_{i=1}^{n} U_{Si}$

2）电流源并联时，等效电流源电流 I_S 为 $I_S = \sum_{i=1}^{n} I_{Si}$

3）电压源电阻的串联、电流源和电阻的并联的等效条件为 $G = \frac{1}{R}$　$I_S = GU_S$

注意：电流源的电流箭头方向指向电压源的正极。

4. 电容元件的串联与并联

三个电容的串联：$\frac{1}{C} = \frac{1}{C_1} + \frac{1}{C_2} + \frac{1}{C_3}$

三个电容的并联：$C = C_1 + C_2 + C_3$

任务二　直流电路的基本分析方法和定理

【任务导入】

对于复杂电路的分析，任务一采用的是等效变换的方式，将电路逐步化简。但该方法的缺点是只能完成一个电压或电流的求解。当电路要求分析多个电压或电流时，分析步骤较为繁琐。因此，为克服等效变换分析法的缺点，受数学上解方程组可以一次求出多个变量的启发，在电路分析中，利用基尔霍夫定律，通过列写方程构成方程组求取变量的方法，就是网络方程法。

本任务将学习网络方程法的三种方法和电路的两个重要定理。

【任务分析】

直流电路分析是电工基础课程中最基本的内容之一，为后面的交流电路分析打下基础。学好这部分内容对这门课程的学习有极大的意义。

本次任务介绍了支路电流法、回路电流法、节点电压法、叠加定理、戴维南定理五种直流电路的分析方法。为了进行电路分析，需要掌握各方法的方程建立规则。在学习过程中还要学会用实验去验证叠加定理和戴维南定理。

【知识链接】

3.5 支路电流法

网络方程法有三种方法：即支路电流法、回路电流法、节点电压法，其总体分析步骤就是选择一些电路变量，根据 KCL、KVL 以及元件的特性方程，列出电路变量方程组，解方程组求得电路变量。支路电流法是网络方程法中最基本的一种，是以支路电流为变量列写方程的方法。

设电路有 b 条支路，那么将有 b 个未知电流可选为变量。因而必须列出 b 个独立方程，然后解出未知的支路电流。

图 3-17 所示电路中，支路数 $b=3$，节点数 $n=2$，以支路电流 I_1、I_2、I_3 为变量，共要列出 3 个独立方程。首先，指定各支路电流的参考方向（见图 3-17 标出的电流方向）。

根据 KCL，可列出两个节点电流方程

节点 a： $$-I_1-I_2+I_3=0 \tag{3-20}$$

节点 b： $$I_1+I_2-I_3=0 \tag{3-21}$$

观察以上两个方程，可以看出只有一个是独立的。一般地，具有 n 个节点的电路，只能列出 $n-1$ 个独立的 KCL 方程。这是因为，每条支路总是接在两个节点之间，当一个支路电流在一个节点方程中取正时，在另一个节点方程中一定取负。

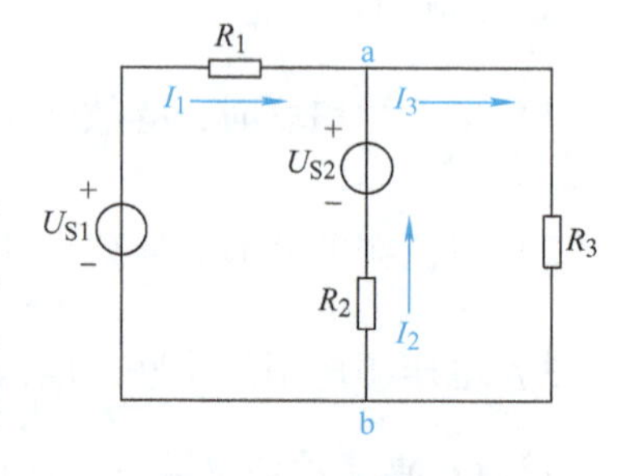

图 3-17 支路电流法

对应于独立方程的节点称为独立节点，具有 n 个节点的电路只有 $n-1$ 个独立节点，剩余的那个节点称为非独立节点。非独立节点是任意选定的。

其次，选择回路，应用 KVL 列出 $b-(n-1)$ 个方程。每次列出的 KVL 方程必须是独立的，与这些方程对应的回路称为独立回路。一般地，在选择回路时，只要这个回路中，具有至少一条在其他已选的回路中未曾出现过的新支路，这个回路就一定是独立的。在平面电路中，一个网孔就是一个独立回路，网孔数就是独立回路数，因此，一般可以选取所有的网孔列出一组独立的 KVL 方程。图 3-17 所示的电路中有两个网孔，对左侧的网孔，按顺时针方向绕行，列写 KVL 方程

$$R_1I_1-R_2I_2-U_{S1}+U_{S2}=0 \tag{3-22}$$

同理，对右侧的网孔，按顺时针方向绕行，列写 KVL 方程

$$R_2I_2 + R_3I_3 - U_{S2} = 0 \tag{3-23}$$

应用 KCL、KVL 一共可列出$(n-1)+[b-(n-1)]=b$个以支路电流为变量的独立方程，联立求解这些方程，就可以解出 b 条支路的支路电流。

综上所述，对于有 n 个节点、b 条支路的网络，用支路电流法求解的一般步骤如下：

1）以 b 条支路的支路电流为电路变量，并选定其参考方向。

2）列写 $n-1$ 个独立节点的 KCL 方程。

3）选取独立回路（通常取网孔），列出 $b-(n-1)$ 个 KVL 方程。

4）联立求解上述 b 个方程，便可求得各支路电流。

例题 3.3　图 3-17 所示电路中，$U_{S1}=25\text{V}$，$R_1=R_2=5\Omega$，$U_{S2}=10\text{V}$，$R_3=15\Omega$，求各支路电流。

解：各支路电流的参考方向如图 3-17 所示，对 a 点应用 KCL，列节点电流方程，对两个网孔，按顺时针方向绕行，应用 KVL 列回路电压方程，得方程组

$$\begin{cases} -I_1 - I_2 + I_3 = 0 \\ 5I_1 + 10 - 5I_2 - 25 = 0 \\ 5I_2 + 15I_3 - 10 = 0 \end{cases}$$

解方程组得

$$I_1 = 2\text{A},\ I_2 = -1\text{A},\ I_3 = 1\text{A}$$

3.6　回路电流法

回路电流法是在平面电路中，以回路电流为变量，根据 KVL 列出各独立回路的电压方程而求解电流的方法。所谓回路电流，是一种假想电流，假想每个独立回路中都有一个回路电流沿着回路的边界流动。电路中实际存在的电流仍是支路电流。但回路电流和支路电流存在着确定的对应关系，根据这种对应关系可以应用 KVL 列写独立回路的电压方程，在求得回路电流后根据这些关系就可以得到支路电流。下面以图 3-18 所示电路为例，说明回路电流法的解题方法。

在图 3-18 中，各回路电流和支路电流的对应关系为

$$I_1 = I_{m1}$$
$$I_2 = -I_{m1} + I_{m2}$$
$$I_3 = -I_{m2}$$

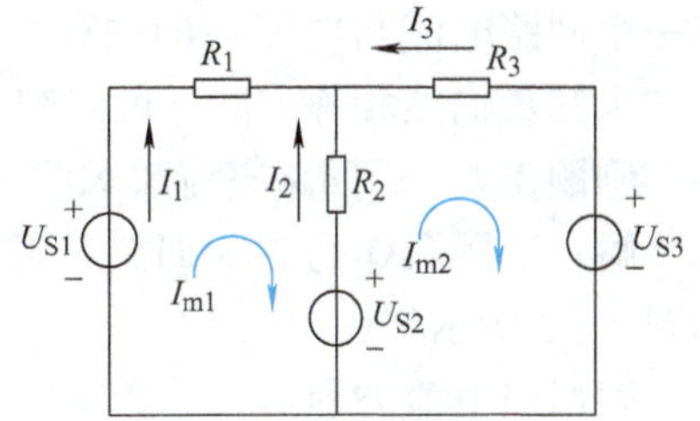

图 3-18　回路电流法

由于每个回路电流在流经电路的某一节点时，流入节点之后，又同时从该节点流出，因此各回路电流都能自动满足 KCL，这样，就不必对各独立节点另列 KCL 方程，只要列出 KVL 方程即可，使方程数目减少为$b-(n-1)$个。

列写 KVL 方程时，用回路电流法和用支路电流法本质是一样的。只是，回路电流法是用回路电流来表示各电阻上的压降，有些电阻中会有几个回路电流同时流过，列写方程时应

把各回路电流引起的电压降都计算进去。通常，选取回路的绕行方向和回路电流的绕行方向一致。对图 3-18 所示电路，以回路电流为变量列回路电压方程为

$$\left.\begin{aligned}R_1I_{m1}+R_2I_{m1}-R_2I_{m2}=U_{S1}-U_{S2}\\R_2I_{m2}-R_2I_{m1}+R_3I_{m2}=U_{S2}-U_{S3}\end{aligned}\right\}$$

整理，得

$$\left.\begin{aligned}(R_1+R_2)I_{m1}-R_2I_{m2}=U_{S1}-U_{S2}\\-R_2I_{m1}+(R_2+R_3)I_{m2}=U_{S2}-U_{S3}\end{aligned}\right\} \tag{3-24}$$

式（3-24）可进一步写成具有两个独立回路的回路方程的一般形式

$$\left.\begin{aligned}R_{11}I_{m1}+R_{12}I_{m2}=U_{S11}\\R_{21}I_{m1}+R_{22}I_{m2}=U_{S22}\end{aligned}\right\} \tag{3-25}$$

$R_{11}=R_1+R_2$、$R_{22}=R_2+R_3$分别是回路 1 和回路 2 的电阻之和，称为各回路的自电阻。当自电阻上的电压、电流为关联方向时，自电阻取正号。

$R_{12}=R_{21}=-R_2$是回路 1 和回路 2 公共支路的电阻，称为相邻回路的互电阻。互电阻可以是正号，也可以是负号，当流过互电阻的回路电流方向一致时，取正号，反之取负号。

$U_{S11}=U_{S1}-U_{S2}$、$U_{S22}=U_{S2}-U_{S3}$分别是各回路中电压源电压的代数和，称为回路电源电压。凡参考方向与回路绕行方向一致的电源电压取负号，反之取正号。

式（3-25）可以推广到具有 m 个独立回路的平面电路，其回路方程的一般形式为

$$\left.\begin{aligned}R_{11}I_{m1}+R_{12}I_{m2}+\cdots+R_{1m}I_{mm}=U_{S11}\\R_{21}I_{m1}+R_{22}I_{m2}+\cdots+R_{2m}I_{mm}=U_{S22}\\\vdots\qquad\qquad\\R_{m1}I_{m1}+R_{m2}I_{m2}+\cdots+R_{mm}I_{mm}=U_{Smm}\end{aligned}\right\} \tag{3-26}$$

如果电路中含有电流源和电阻的并联组合，可以先把它们等效变换成电压源和电阻的串联组合，再列写回路方程。如果电路中含有电流源，但没有与其并联的电阻时，可根据电路的结构形式采用下面两种方法处理：一是当电流源仅属于一个回路时，选择该回路电流等于电流源的电流，这样可减少一个回路方程，其余回路方程仍按一般方法列写；二是在建立回路方程时，将电流源的电压作为一个未知量，同时增加一个回路电流与电流源的约束方程，这样独立方程数和未知量仍然相等，同样可以解出各未知量。

例题 3.4 用回路电流法求图 3-19 中各支路电流。

解： 选网孔作为独立回路，标出回路电流的方向如图 3-19 所示。

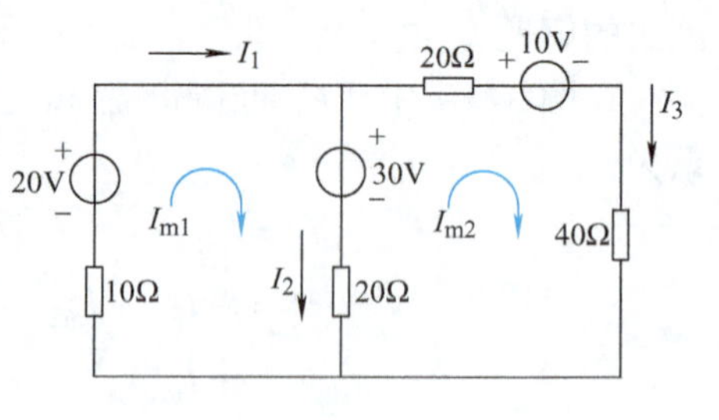

图 3-19 例题 3.4 电路图

列回路电流方程

$$(10+20)I_{m1}-20I_{m2}=20-30$$
$$-20I_{m1}+(20+20+40)I_{m2}=30-10$$

整理，得

$$\begin{cases}30I_{m1}-20I_{m2}=-10\\-20I_{m1}+80I_{m2}=20\end{cases}$$

解方程得

$$I_{m1} = -0.2A$$
$$I_{m2} = 0.2A$$

按图中各支路电流的参考方向，得

$$I_1 = I_{m1} = -0.2A$$
$$I_2 = I_{m1} - I_{m2} = -0.4A$$
$$I_3 = I_{m2} = 0.2A$$

3.7　节点电压法

节点电压法是以电路的节点电压为未知量来分析电路的一种方法，它既适用于平面电路，也适用于非平面电路。

假设电路中有 n 个节点，任选其中一个为参考点，把其余 $n-1$ 个节点对参考点的电压分别称为各节点的节点电压。以节点电压为电路变量，按 KCL 列出相应独立节点的电流方程，这种求解电路的方法称为节点电压法，简称节点法。

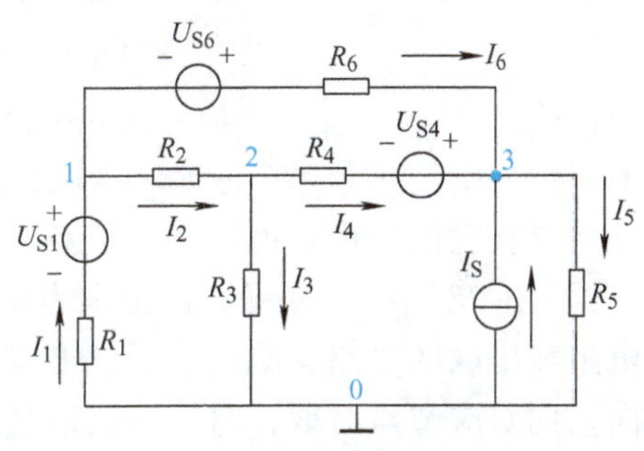

图 3-20　节点电压法

图 3-20 所示电路中有 4 个节点，选 0 点为参考点，其余三个节点为独立节点，它们的节点电压分别为 U_1、U_2、U_3。在图示参考方向下，各支路电流和节点电压间存在下列关系：

$$\left.\begin{aligned}
I_1 &= \frac{U_{S1} - U_1}{R_1} = G_1(U_{S1} - U_1) \\
I_2 &= \frac{U_1 - U_2}{R_2} = G_2(U_1 - U_2) \\
I_3 &= \frac{U_2}{R_3} = G_3 U_2 \\
I_4 &= \frac{U_2 - U_3 + U_{S4}}{R_4} = G_4(U_2 - U_3 + U_{S4}) \\
I_5 &= \frac{U_3}{R_5} = G_5 U_3 \\
I_6 &= \frac{U_1 - U_3 + U_{S6}}{R_6} = G_6(U_1 - U_3 + U_{S6})
\end{aligned}\right\} \tag{3-27}$$

对节点 1、2、3 分别列写 KCL 方程

$$I_1 - I_2 - I_6 = 0$$
$$I_2 - I_3 - I_4 = 0$$
$$I_4 + I_S - I_5 + I_6 = 0$$

将式（3-27）代入上面三式得

$$G_1(U_{S1}-U_1)-G_2(U_1-U_2)-G_6(U_1-U_3+U_{S6})=0$$
$$G_2(U_1-U_2)-G_3U_2-G_4(U_2-U_3+U_{S4})=0$$
$$G_4(U_2-U_3+U_{S4})+I_S-G_5U_3+G_6(U_1-U_3+U_{S6})=0$$

整理得

$$(G_1+G_2+G_6)U_1-G_2U_2-G_6U_3=G_1U_{S1}-G_6U_{S6}$$
$$-G_2U_1+(G_2+G_3+G_4)U_2-G_4U_3=-G_4U_{S4}$$
$$-G_6U_1-G_4U_2+(G_4+G_5+G_6)U_3=G_4U_{S4}+G_6U_{S6}+I_S$$

也可以写成

$$\left.\begin{aligned}G_{11}U_1+G_{12}U_2+G_{13}U_3=I_{S11}\\G_{21}U_1+G_{22}U_2+G_{23}U_3=I_{S22}\\G_{31}U_1+G_{32}U_2+G_{33}U_3=I_{S33}\end{aligned}\right\}\tag{3-28}$$

式中，G_{11}、G_{22}、G_{33}分别是各独立节点所连接的所有支路的电导之和，称为自电导，它们总取正值。G_{12}、G_{21}、G_{13}、G_{31}、G_{23}、G_{32}等，分别是两相关节点间的各支路电导之和，称为互电导，它们总取负值。两个节点间没有支路直接相连接时，相应的互电导为零。

式（3-28）中，方程右边分别表示流入相应节点的电流源电流的代数和（若是电压源与电阻相串联的支路，则看成是已变换了的电流源和电导相并联的支路）。当电流源的电流方向指向对应节点时取正号，反之取负号。

将式（3-28）推广到具有 n 个节点的电路，节点电压方程的一般形式为

$$\left.\begin{aligned}G_{11}U_1+G_{12}U_2+\cdots+G_{1(n-1)}U_{n-1}=I_{S11}\\G_{21}U_1+G_{22}U_2+\cdots+G_{2(n-1)}U_{n-1}=I_{S22}\\\vdots\qquad\qquad\\G_{(n-1)1}U_1+G_{(n-1)2}U_2+\cdots+G_{(n-1)(n-1)}U_{n-1}=I_{S(n-1)(n-1)}\end{aligned}\right\}\tag{3-29}$$

例题 3.5 用节点电压法求图 3-21 中的各支路电流。

解： 本电路有 3 个节点，以 0 点为参考点，节点 1、2 的节点电压分别为 U_1、U_2。节点电压方程为

$$\left.\begin{aligned}\left(\frac{1}{5}+\frac{1}{3}+\frac{1}{5}\right)U_1-\frac{1}{5}U_2=-\frac{10}{5}-\frac{70}{5}\\-\frac{1}{5}U_1+\left(\frac{1}{5}+\frac{1}{10}+\frac{1}{10}\right)U_2=\frac{70}{5}+\frac{5}{10}-\frac{15}{10}\end{aligned}\right\}$$

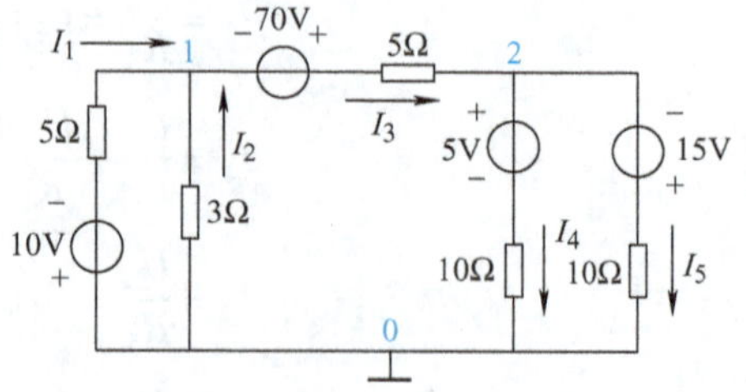

图 3-21 例题 3.5 电路图

解方程组得

$$U_1=-15\text{V},\ U_2=25\text{V}$$

根据图中标出的各支路电流的方向，计算得

$$I_1=\frac{-10-U_1}{5}=\frac{-10+15}{5}\text{A}=1\text{A}$$

$$I_2=\frac{-U_1}{3}=\frac{15}{3}\text{A}=5\text{A}$$

$$I_3 = \frac{70 + U_1 - U_2}{5} = \frac{70 - 15 - 25}{5}\text{A} = 6\text{A}$$

$$I_4 = \frac{-5 + U_2}{10} = \frac{-5 + 25}{10}\text{A} = 2\text{A}$$

$$I_5 = \frac{15 + U_2}{10} = \frac{15 + 25}{10}\text{A} = 4\text{A}$$

对于只有一个独立节点的电路，如图 3-22 所示，可用节点电压法直接求出节点电压。

$$U_1 = \frac{\dfrac{U_{S1}}{R_1} - \dfrac{U_{S2}}{R_2} + \dfrac{U_{S3}}{R_3}}{\dfrac{1}{R_1} + \dfrac{1}{R_2} + \dfrac{1}{R_3} + \dfrac{1}{R_4}} = \frac{G_1 U_{S1} - G_2 U_{S2} + G_3 U_{S3}}{G_1 + G_2 + G_3 + G_4}$$

写成一般形式

$$U_1 = \frac{\sum (G_k U_{Sk})}{\sum G_k} \qquad (3\text{-}30)$$

图 3-22 一个独立节点的电路

式（3-30）称为弥尔曼定理。当电压源的正极性端接到节点 1 时，$G_k U_{Sk}$前取“+”号，反之取“-”号。

3.8 叠加定理

叠加定理是反映线性电路基本性质的一个重要定理。线性电路是指由线性电路元件组成并满足线性性质的电路。前面讲过的电阻、电容、电感元件在没有特殊说明的情况下均为线性元件。

叠加定理基本内容是：在线性电路中，如果有两个或两个以上的独立电源（电压源或电流源）共同作用，则任意支路的电压或电流，应等于电路中各个独立电源单独作用时，在该支路上产生的电压或电流的代数和。所谓各独立电源单独作用，是指电路中仅一个独立电源作用而其他电源都取零值（电压源短路、电流源开路）。下面通过图 3-23a 中 R_2 支路上的电流 I 为例对叠加定理加以说明。

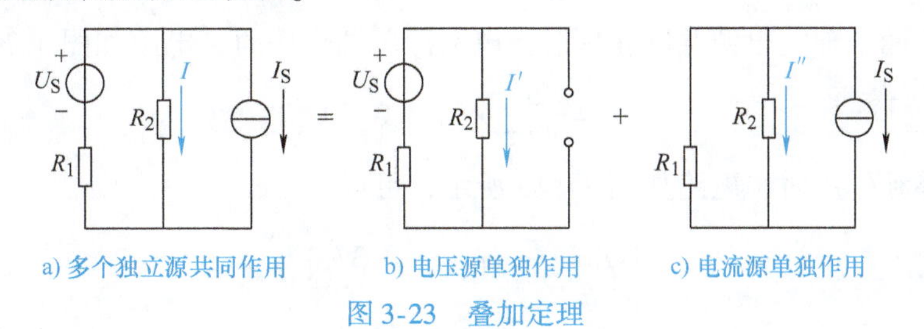

a) 多个独立源共同作用 b) 电压源单独作用 c) 电流源单独作用

图 3-23 叠加定理

图 3-23a 是一个含有两个独立电源的线性电路。

在电压源 U_S单独作用时，如图 3-23b 所示，R_2支路的电流为

$$I' = \frac{U_S}{R_1 + R_2}$$

在电流源 I_S单独作用时，如图 3-23c 所示，R_2支路的电流为

$$I'' = -\frac{R_1}{R_1 + R_2} I_S$$

R_2支路电流的代数和

$$I' + I'' = \frac{U_S}{R_1 + R_2} - \frac{R_1}{R_1 + R_2} I_S = I$$

当 I'、I''的参考方向与 I 的参考方向一致时取正号，相反时取负号。

应用叠加定理求解电路的步骤如下：

1）在原电路中标出所求量（总量）的参考方向。

2）画出各电源单独作用时的电路，并标明各分量的参考方向。

3）分别计算各分量。

4）将各分量叠加。若分量与总量方向一致取正，相反，则取负。

应用叠加定理时应注意以下几点：

1）叠加定理仅适用于线性电路，不能用于非线性电路。

2）对电流、电压叠加时要注意其参考方向。

3）叠加定理不能用来直接计算功率。

4）所谓电源单独作用，是指该独立电源作用时其他独立电源取零值，取零值的电压源处用短路代替，取零值的电流源处用开路代替。

叠加定理不局限于将独立电源逐个地单独作用后再叠加，也可将电路中的独立电源分成几组，然后按组分别计算、叠加，这样有可能使计算简化。

例题 3.6 用叠加定理求图 3-24a 所示电路中的电流 I。

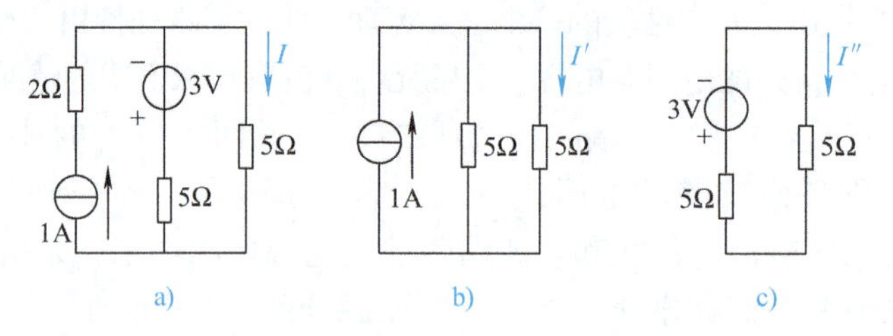

图 3-24 例题 3.6 电路图

解：电路有两个独立电源共同作用。当电流源单独作用时，电路如图 3-24b 所示，这时

$$I' = \frac{5}{5+5} \times 1\text{A} = 0.5\text{A}$$

当电压源单独作用时，电路如图 3-24c 所示，可得

$$I'' = \frac{-3}{5+5}\text{A} = -0.3\text{A}$$

叠加后得

$$I = I' + I'' = 0.5\text{A} - 0.3\text{A} = 0.2\text{A}$$

3.9 戴维南定理

3.9.1 戴维南定理的内容

工程实际中，常常碰到只需研究某一支路的电压、电流或功率的问题。对所研究的支路来说，电路的其余部分就成为一个有源二端网络，可等效变换为较简单的含源支路（电压

源与电阻串联或电流源与电阻并联支路)，使分析和计算简化。戴维南定理正是给出了等效含源支路及其计算方法。

戴维南定理是描述线性有源二端网络外部性能的一个基本定理，它特别适合于分析计算线性网络某一部分或某条支路的电流或电压。

戴维南定理的内容是：含有独立电源的线性二端网络，就其对外作用来讲，可用一个实际的电压源模型来代替，该电压源的电压等于网络的开路电压，其串联内阻等于网络内部独立电源全部取零之后该网络的等效电阻，如图 3-25 所示。

下面是戴维南定理的一般证明。

图 3-26a 所示电路中，线性有源二端网络 A 通过端子 a、b 与负载相连。设端口处的电压、电流分别为 U、I。将负载用一个电流为 I 的电流源代替，如图 3-26b 所示，网络端口的电流、电压仍分别为 U、I。

图 3-26c 是有源二端网络 A 内部的独立电源单独作用、外部电流源不作用的情况，这时有源二端网络处于开路状态。令有源二端网络的开路电压为 U_{OC}，于是有

$$I'=0,\ U'=U_{OC}$$

图 3-26d 是外部电流源单独作用、有源二端网络 A 内部的独立电源不作用的情况。即有源二端网络变成了一个无源二端网络 P，对外部来说，它可以用一个等效电阻 R_0来代替。这时有

$$I''=I,\ U''=-R_0I''=-RI$$

将图 3-26c 和图 3-26d 叠加得

$$I=I'+I''=I''$$

$$U=U'+U''=U_{OC}-R_0I$$

由上式得出的等效电路正好是一个实际电压源的模型，图 3-26e 所示。

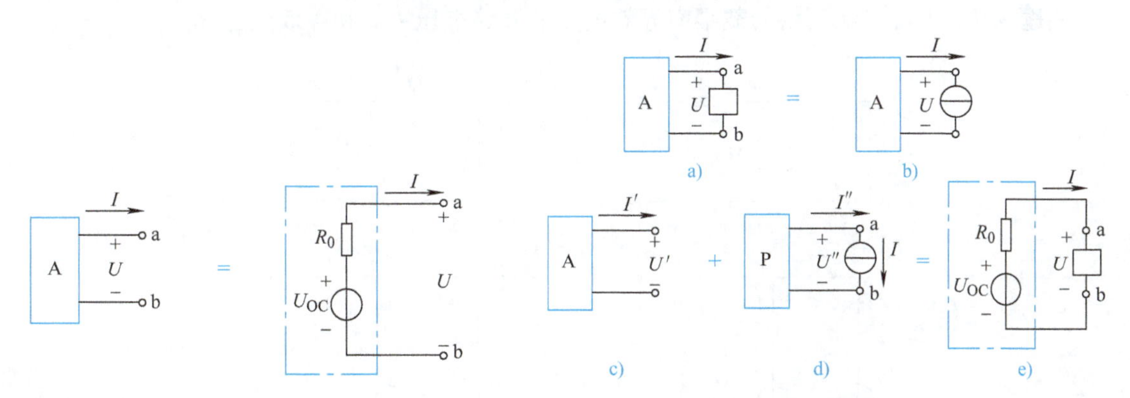

图 3-25 戴维南定理内容

图 3-26 戴维南定理的证明

从以上的论证可知，图 3-26e 和图 3-26a 对外部电路来说是等效的。

戴维南定理在应用时，对负载并无特殊要求，它可以是线性的也可以是非线性的；可以是有源的也可以是无源的；可以是一个元件也可以是一个网络。

开路电压 U_{OC}和 R_0 的计算方法如下。

(1) 开路电压 U_{OC}的计算

戴维南等效电路中电压源电压等于将外电路断开时的开路电压 U_{OC}，电压源方向与所求开路电压方向有关。可根据电路形式选择前文学过的任意方法计算 U_{OC}。在实验中，当网络

结构未知时，用电压表直接测出开路电压 U_{OC} 即可。

（2）等效电阻 R_0 的计算

等效电阻为将二端网络内部独立电源全部置零（电压源短路，电流源开路）后，所得无源二端网络的输入电阻。常用下列方法计算。

1）设网络内所有电源为零，用电阻串并联或星形三角形变换的方法化简，求得等效电阻 R_0。

2）把网络内所有的电源取零值，在端口处施以电压 U，计算或测量输入端口的电流 I，用公式 $R_0=U/I$ 求得等效电阻。

3）若电路允许，可以用实验的方法测得其开路电压 U_{OC} 和短路电流 I_{SC}，等效电阻 R_0 为

$$R_0=\frac{U_{OC}}{I_{SC}}$$

使用戴维南定理分析电路的步骤：

1）确定含源二端网络，将待求量所在的支路作为外电路从网络中移开，剩下的含源二端网络即为研究对象。

2）根据有源二端网络的具体电路，计算出二端网络的开路电压 U_{OC}，得到等效电压源的源电压。

3）将有源二端网络中的全部电源除去（即理想电压源短路，理想电流源开路），画出所得无源二端网络的电路图，计算其等效电阻 R_0。

4）画出由等效电压源与待求支路组成的简单电路，计算出待求量。

例题 3.7 求各二端网络的戴维南等效电路的开路电压 U_{OC} 和等效电阻 R_0。

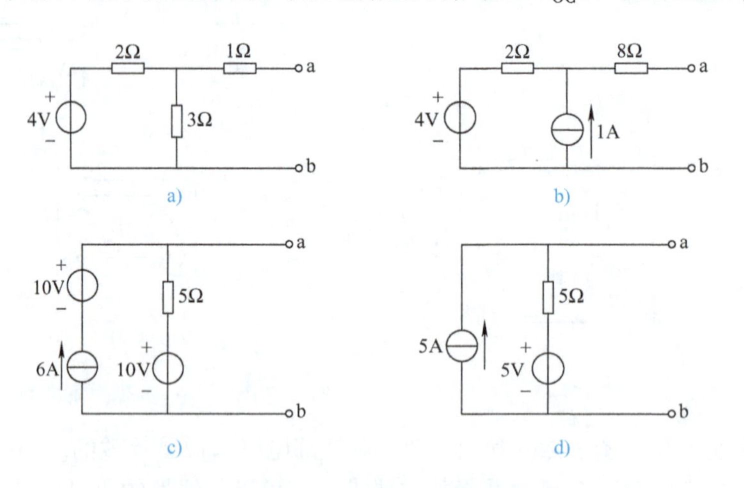

图 3-27 例题 3.7 电路图

解：对于图 3-27a 有：$U_{OC}=\frac{3}{2+3}\times4V=2.4V$ $\quad R_0=\frac{2\times3}{2+3}\Omega+1\Omega=2.2\Omega$

对于图 3-27b 有：$U_{OC}=4V+2\times1V=6V$ $\quad R_0=2\Omega+8\Omega=10\Omega$

对于图 3-27c 有：$U_{OC}=10V+5\times6V=40V$ $\quad R_0=5\Omega$

对于图 3-27d 有：$U_{OC}=5\times5V+5V=30V$　　　$R_0=5\Omega$

例题 3.8　用戴维南定理求图 3-28a 所示电路中电阻 R 上的电流 I。

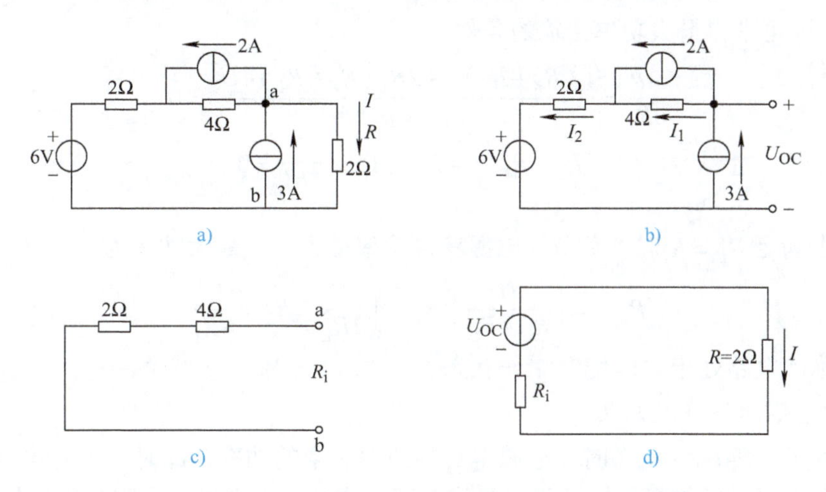

图 3-28　例题 3.8 电路图

解： 将待求支路作为外电路，其余电路作为有源二端网络（内电路），求图 3-28b 中的开路电压 U_{OC}。

$$I_1=3A-2A=1A$$

$$I_2=3A$$

$$U_{OC}=1\times4V+3\times2V+6V=16V$$

当把内电路的独立电源取零时，得到相应的无源二端网络如图 3-28c 所示，其等效电阻为

$$R_0=6\Omega$$

画出戴维南等效电路图，如图 3-28d 所示，最后求得

$$I=\frac{U_{OC}}{R_0+R}=\frac{16}{6+2}A=2A$$

3.9.2　最大功率传输定理

1. 电源与负载功率的关系

图 3-29 可视为由一个电源向负载输送电能的模型，R_i 可视为电源内阻和传输线路电阻的总和，R_L 为可变负载电阻。

负载 R_L 上消耗的功率 P 可由下式表示：

$$P=I^2R_L=\left(\frac{U}{R_i+R_L}\right)^2R_L$$

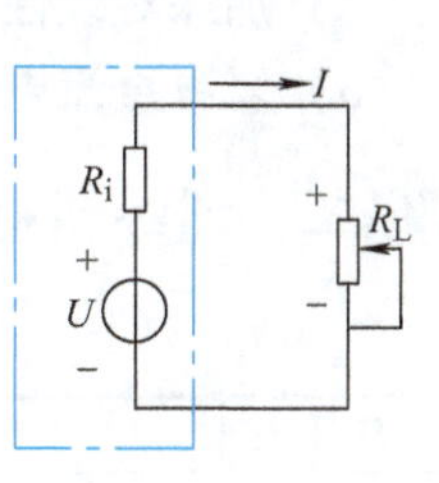

图 3-29　电源向负载供电模型

当 $R_L=0$ 或 $R_L=\infty$ 时，电源输送给负载的功率均为零。而以不同的 R_L 值代入上式可求得不同的 P 值，其中必有一个 R_L 值，使负载能从电源处获得最大的功率。

2. 负载获得最大功率的条件

根据数学求最大值的方法，令负载功率表达式中的 R_L 为自变量，P 为应变量，并使 $dP/dR_L=0$，即可求得最大功率传输的条件：

$$\frac{dP}{dR_L}=\frac{[(R_i+R_L)^2-2R_L(R_i+R_L)]U^2}{(R_i+R_L)^4}=0$$

$$(R_i+R_L)^2-2R_L(R_i+R_L)=0$$

解得

$$R_L=R_i$$

因此，当满足 $R_L=R_i$时，负载从电源获得功率最大，其最大功率为

$$P_{max}=\left(\frac{U}{R_i+R_L}\right)^2R_L=\left(\frac{U}{2R_L}\right)^2R_L=\frac{U^2}{4R_L}$$

这时，称此电路处于“匹配”工作状态。

3. 匹配电路的特点及应用

在电路处于“匹配”状态时，电源本身要消耗一半的功率，此时电源的效率只有50%。显然，这在电力系统的能量传输过程中是绝对不允许的。发电机的内阻是很小的，电路传输的最主要目标是要高效率送电，最好是100%的功率均传送给负载。为此负载电阻应远大于电源的内阻，即不允许运行在“匹配”状态。而在电子技术领域里却完全不同。一般的信号源本身功率较小，且都有较大的内阻，而负载电阻（如扬声器等）往往是较小的定值，且希望能从电源获得最大的功率输出，而电源的效率往往不予考虑。通常设法改变负载电阻，或者在信号源与负载之间加阻抗变换器（如音频功放的输出级与扬声器之间的输出变压器），使电路处于工作匹配状态，以使负载能获得最大的输出功率。

【任务实施】

技能训练6　叠加定理的验证

教学视频

一、训练目的

1）验证线性电路叠加定理的正确性。

2）加深对线性电路叠加性的认识和理解。

3）复习直流电流表、直流电压表的使用方法。

二、训练器材（见表3-6）

表3-6　训练器材清单

序号	名称	型号与规格	数量	备注
1	直流稳压电源	0~30V可调	两路	
2	万用表		1个	
3	直流数字电压表	0~200V	1个	
4	直流数字毫安表	0~200mV	1个	
5	叠加定理实验电路板	HE-12	1块	

三、原理说明

叠加定理指出：在含有多个独立源共同作用下的线性电路中，通过每一个元件的电流或其两端的电压，等于每一个独立源单独作用时在该元件上所产生的电流或电压的代数和。

电压源置零，即电压源短路；电流源置零，即电流源开路。

四、训练内容及步骤

实验电路如图 3-30 所示，用实验装置配置的“叠加定理”实验电路板进行实验。

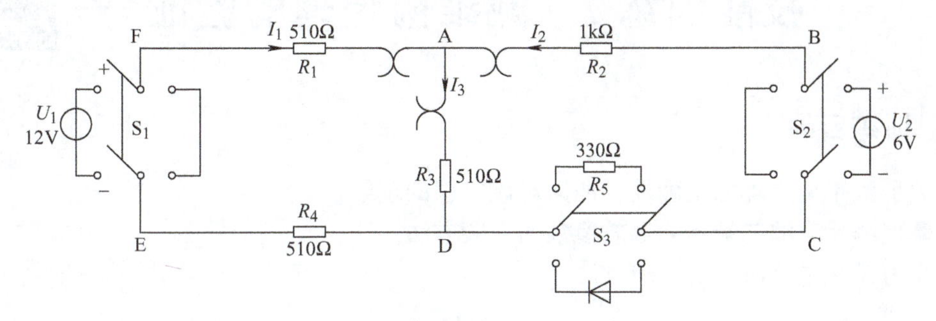

图 3-30　叠加定理实验电路图

1）将两路稳压源的输出分别调节为 12V 和 6V，接入 U_1 和 U_2 处。

2）令 U_1 电源单独作用（将开关 S_1 投向 U_1 侧，开关 S_2 投向短路侧），用直流数字电压表和毫安表（接电流插头）测量各支路电流及各电阻元件两端的电压，数据记于表 3-7 中。

表 3-7　测量内容 1

实验内容＼测量项目	U_1 /V	U_2 /V	I_1 /mA	I_2 /mA	I_3 /mA	U_{AB} /V	U_{CD} /V	U_{AD} /V	U_{DE} /V	U_{FA} /V
U_1单独作用										
U_2单独作用										
U_1、U_2共同作用										

3）令 U_2 电源单独作用（将开关 S_1 投向短路侧，开关 S_2 投向 U_2 侧），重复实验步骤 2）的测量，数据记于表 3-7 中。

4）令 U_1 和 U_2 共同作用（开关 S_1 和 S_2 分别投向 U_1 和 U_2 侧），重复实验步骤 2）的测量，数据记于表 3-7 中。

5）将 R_5（330Ω）换成二极管 1N4007（即将开关 S_3 投向二极管 1N4007 侧），重复步骤 1）~4）的测量过程，数据记于表 3-8 中。

表 3-8　测量内容 2

实验内容＼测量项目	U_1 /V	U_2 /V	I_1 /mA	I_2 /mA	I_3 /mA	U_{AB} /V	U_{CD} /V	U_{AD} /V	U_{DE} /V	U_{FA} /V
U_1单独作用										
U_2单独作用										
U_1、U_2共同作用										

五、注意事项及数据分析

1）用电流插头测量各支路电流时，或者用电压表测量电压降时，应注意仪表的极性，正确判断测得值的+、-号后，记于数据表格。

2）注意仪表量程的及时更换。

3）根据表3-7中的测量数据，分析验证叠加定理的正确性。

4）根据表3-8中的测量数据，分析叠加定理成立的条件。

技能训练7　戴维南定理的验证

教学视频

一、训练目的

1）验证戴维南定理的正确性，加深对该定理的理解。

2）掌握测量有源二端网络等效参数的一般方法。

3）学习排除电路故障的一般方法。

二、训练器材（见表3-9）

表3-9　训练器材清单

序号	名称	型号与规格	数量	备注
1	可调直流稳压电源	0～30V	1个	
2	可调直流恒流源	0～500mA	1个	
3	直流数字电压表	0～200V	1个	
4	直流数字毫安表	0～200mA	1个	
5	万用表		1个	
6	可调电阻箱	0～99999.9Ω	1个	
7	电位器	1kΩ/2W	1个	
8	戴维南定理实验电路板		1块	

三、原理说明

1）任何一个线性含源网络，如果仅研究其中一条支路的电压和电流，则可将电路的其余部分看作是一个有源二端网络。

戴维南定理指出：任何一个线性有源网络，总可以用一个电压源与一个电阻的串联来等效代替，此电压源的电动势 U_S 等于这个有源二端网络的开路电压 U_{OC}，其等效内阻 R_0 等于该网络中所有独立源均置零（理想电压源视为短接，理想电流源视为开路）时的等效电阻。

$U_{OC}(U_S)$ 和 R_0 或者 $I_{SC}(I_S)$ 和 R_0 称为有源二端网络的等效参数。

2）有源二端网络等效参数的测量可以采用开路电压、短路电流法测 R_0。

在有源二端网络输出端开路时，用电压表直接测其输出端的开路电压 U_{OC}，然后再将其输出端短路，用电流表测其短路电流 I_{SC}，则等效内阻为

$$R_0=\frac{U_{OC}}{I_{SC}}$$

如果二端网络的内阻很小，将其输出端口短路，则易损坏其内部元件，因此不宜用此法。

四、训练内容及步骤

被测有源二端网络电路图如图 3-31 所示。

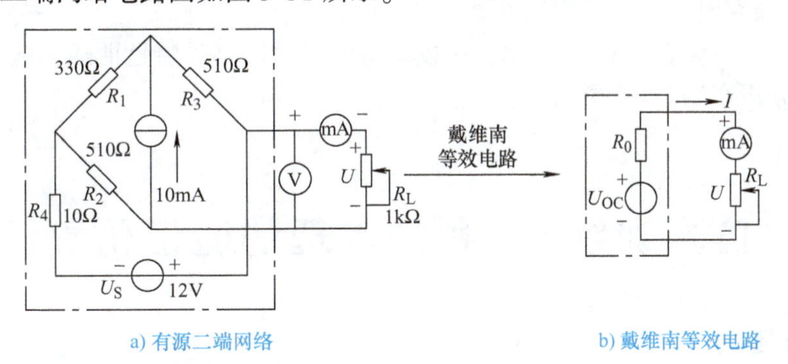

a) 有源二端网络　　b) 戴维南等效电路

图 3-31　被测有源二端网络电路图

1）用开路电压、短路电流法测定戴维南等效电路的 U_{OC}、R_0。

按图 3-31a 接入稳压电源 $U_S=12V$ 和恒流源 $I_S=10mA$，不接入 R_L。测出 U_{OC}和 I_{SC}，并计算出 R_0（测 U_{OC}时，不接入毫安表），数据填入表 3-10 中。

表 3-10　测量内容 1

U_{OC}/V	I_{SC}/mA	$R_0=\frac{U_{OC}}{I_{SC}}/\Omega$

2）负载实验。按图 3-31a 接入负载 R_L（取 9 组不同负载），测量有源二端网络的外特性，即负载两端的电压 U 和通过负载的电流 I，数据填入表 3-11 中，画出外特性曲线。

表 3-11　二端网络外特性测量记录表

R_L/Ω									
U/V									
I/mA									

3）验证戴维南定理：从电阻箱上取得按步骤 1）所得的等效电阻 R_0的值，然后令其与直流稳压电源（调到步骤 1）时所测得的开路电压 U_{OC}之值）相串联，如图 3-31b 所示，仿照步骤 2）测其外特性，对戴维南定理进行验证。数据填入表 3-12 中，并画出外特性曲线。

表 3-12　等效电路外特性测量记录表

R_L/Ω									
U/V									
I/mA									

五、注意事项及数据分析

1）测量时应注意电流表量程的更换。

2）用万用表直接测 R_0 时，网络内的独立源必须先置零，以免损坏万用表。其次，欧姆档必须经调零后再进行测量。

3）在改接线路时，一定要首先关掉电源，然后接线。

4）分析表 3-11 和表 3-12 的数据，比较获得的二端网络外特性曲线，验证戴维南定理的正确性，并分析产生误差的原因。

【任务拓展】

仿真训练 4　叠加定理的验证仿真

一、仿真目的

1）验证线性电路叠加定理的正确性，加深对叠加定理内容的理解。

2）掌握单刀双掷开关（SPDT）的使用方法。

二、叠加定理的验证

叠加定理验证仿真电路如图 3-32 所示。

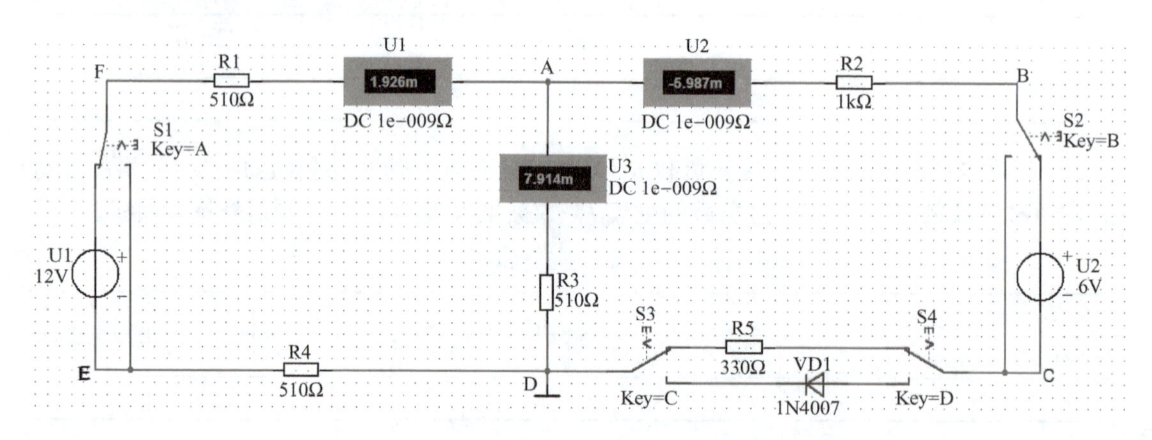

图 3-32　叠加定理验证仿真电路图

两路直流稳压电源 $U_1=12V$，$U_2=6V$，单刀双掷开关 S_1、S_2、S_3、S_4 可通过“选择元件”对话框中的“Basic”/“SWITCH”/“SPDT”放置。为方便操作开关，需将开关的控制按键重新设置一下。例如，双击单刀双掷开关 S_1，在弹出的“开关”对话框的“参数”中，将“Key for Switch”设置为 A，则通过键盘上的 A 键可以快捷地控制开关的动作。同理，可以分别设置其他开关的控制按键。

1）将开关 S_3、S_4 投向电阻 R_5 侧。令 U_1 电源单独作用（将开关 S_1 投向 U_1 侧，开关 S_2 投向短路侧），测量各支路电流及各电阻元件两端的电压。令 U_2 电源单独作用（将开关 S_1 投向短路侧，开关 S_2 投向 U_2侧），重复测量。令 U_1和 U_2共同作用（开关 S_1和 S_2分别投向 U_1和 U_2侧），重复测量。将所有测量结果列于表 3-13 中，分析实验记录数据，验证叠加定理的正确性。

表 3-13　测量内容 1

测量项目 实验内容	U_1 /V	U_2 /V	I_1 /mA	I_2 /mA	I_3 /mA	U_{AB} /V	U_{CD} /V	U_{AD} /V	U_{DE} /V	U_{FA} /V
U_1单独作用										
U_2单独作用										
U_1、U_2共同作用										

2）根据实验数据计算电阻 R_3上的功率，验证是否符合叠加定理。

3）将 R_5（330Ω）换成二极管 1N4007（即将开关 S_3、S_4 投向二极管 1N4007 侧），重复上述测量过程，将所有测量结果列于表 3-14 中，分析实验记录数据，验证叠加定理是否还成立。

表 3-14　测量内容 2

测量项目 实验内容	U_1 /V	U_2 /V	I_1 /mA	I_2 /mA	I_3 /mA	U_{AB} /V	U_{CD} /V	U_{AD} /V	U_{DE} /V	U_{FA} /V
U_1单独作用										
U_2单独作用										
U_1、U_2共同作用										

仿真训练 5　戴维南定理的验证仿真

一、仿真目的

1）验证戴维南定理的正确性，加深对戴维南定理内容的理解。

2）了解直流恒流源的使用方法。

3）掌握测量有源二端网络等效参数的一般方法。

二、戴维南定理的验证

戴维南定理验证仿真电路如图 3-33 所示。

直流恒流源 I_1 可通过“选择元件”对话框的“Sources”/“SIGNAL_CURRENT_SO...”/“DC_CURRENT”放置，并令 $U_1=12V$，$I_1=10mA$。虚线框内电路为待测参数的有源二端网络。

1）用开路电压、短路电流法测定戴维南等效电路的开路电压 U_{OC}、等效电阻 R_0。

不接负载 R_L，使用直流电压表测得该有源二端网络的端口开路电压 U_{OC}。将负载 R_L短接，使用直流电流表测此时电路中的短路电流 I_{SC}。根据 U_{OC}、I_{SC}，计算 R_0，并将测量与计算结果列于表 3-15 中。

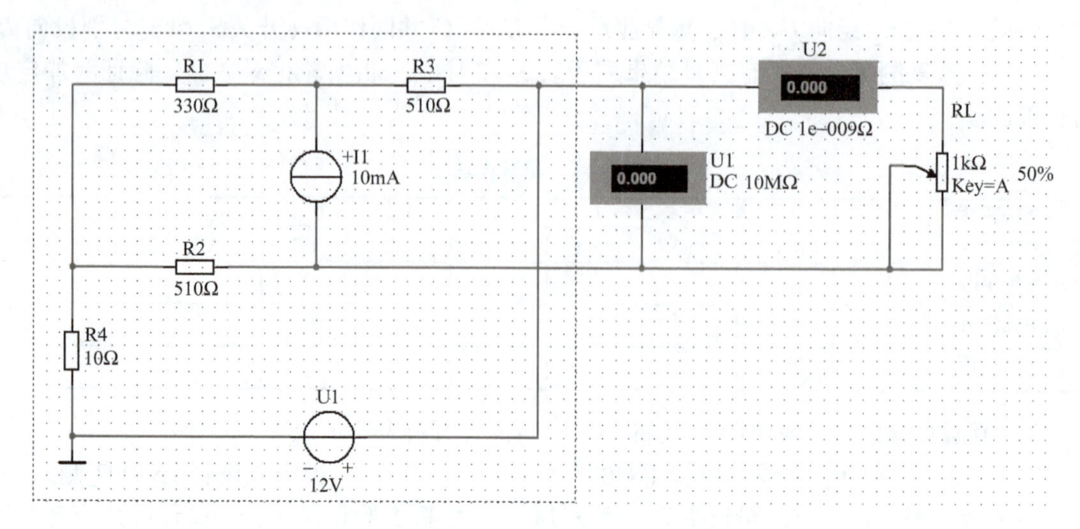

图 3-33　戴维南定理验证仿真电路图

表 3-15　等效电阻 R_0 的计算

U_{OC}/V	I_{SC}/mA	$R_0=\frac{U_{OC}}{I_{SC}}/\Omega$

2）等效电阻 R_0 的另外一种测量方法是令有源二端网络内部电压源 $U_1=0V$，电流源 $I_1=0mA$，使用万用表测有源二端网络等效电阻 R_0。仿真电路图如图 3-34 所示。

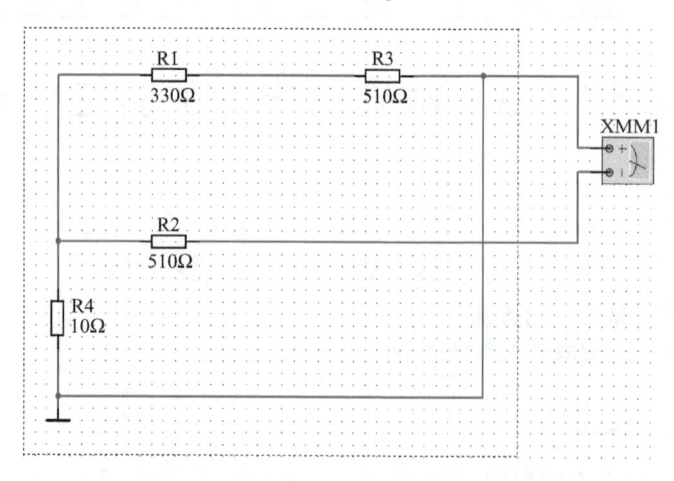

图 3-34　测量有源二端网络等效电阻 R_0

3）改变 R_L 的阻值，测量有源二端网络的端口电压、端口电流，将测得的数值列入表 3-16中，并根据测量结果绘制其外特性曲线。

表 3-16　二端网络外特性测量记录表

R_L/Ω									
U/V									
I/mA									

4）根据开路电压 U_{OC}、等效电阻 R_0 搭建等效电路，测量该等效电路的端口电压、端口电流，将测得的数值列入表3-17中，并根据测量结果绘制其外特性曲线。

表3-17　等效电路外特性测量记录表

R_L/Ω									
U/V									
I/mA									

5）对比步骤3）、4）中所绘制的外特性曲线，验证戴维南定理的正确性。

任务总结

1. 网络方程法

（1）支路电流法

支路电流法是以支路电流为变量列写方程的方法。支路电流法以 b 条支路的电流为未知量，列 $n-1$ 个节点电流方程，用支路电流表示电阻电压，列 $m=b-(n-1)$ 个网孔回路电压方程，共列 b 个方程联立求解。

（2）回路电流法

回路电流法只适用于平面电路，以 m 个网孔电流为未知数，用网孔电流表示支路电流、支路电压，列 m 个回路电压方程联立求解。

（3）节点电压法

节点电压法是以电路的节点电压为未知量分析电路的一种方法。用节点电压表示支路电压、支路电流，列 $n-1$ 个节点电流方程联立求解。

2. 网络定理法

（1）叠加定理

叠加定理是反映线性电路基本性质的一个重要定理。其基本内容是：在线性电路中，如果有两个或两个以上的独立电源（电压源或电流源）共同作用，则任意支路的电流或电压，应等于电路中各个独立电源单独作用时，在该支路上产生的电压或电流的代数和。

（2）戴维南定理

含有独立电源的线性二端网络，就其对外作用来讲，可用一个实际的电压源模型来代替，该电压源的电压等于网络的开路电压，其串联内阻等于网络内部独立电源全部取零之后该网络的等效电阻。

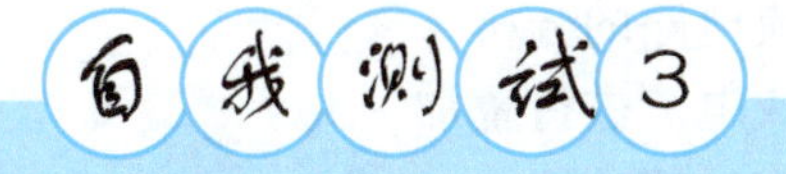

自我测试3

一、填空题

1. 无源二端理想电路元件包括________元件、________元件和________元件。

2. 两个电阻 R_1、R_2 串联，等效电阻公式为：________________________。若 $R_1=3\Omega$，

$R_2=6\ \Omega$，串联后的等效电阻 $R=$________Ω。

3. 两个电阻 R_1、R_2并联，等效电阻公式为：________________。若 $R_1=3\Omega$，$R_2=6\ \Omega$，并联后的等效电阻 $R=$________Ω。

4. 电容元件中，电流与电压的关系为________，电容的单位是________。

5. 某电容表面标有 105，则该电容电容量为________。

6. 理想电压源输出的________值恒定，输出的________由它本身和外电路共同决定；理想电流源输出的________值恒定，输出的________由它本身和外电路共同决定。

7. 如图 3-35 所示，若 $U_{S1}=5\text{V}$，$U_{S2}=10\text{V}$，则 $U_S=$____________V；$I_{S1}=5\text{A}$，$I_{S2}=3\text{A}$，则 $I_S=$________A。

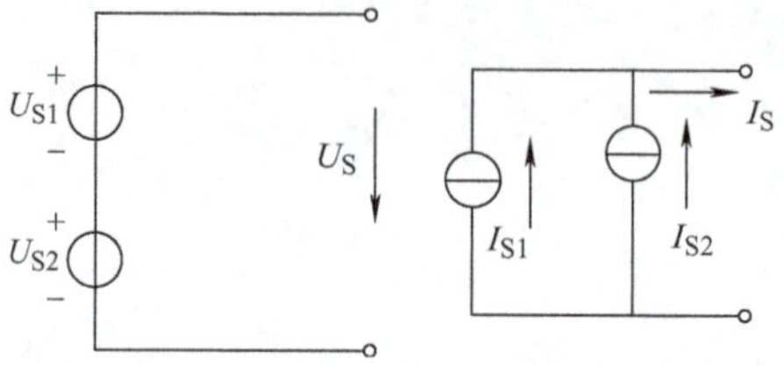

图 3-35 第一题 7 小题电路图

8. 电阻均为 9Ω 的△形电阻网络，若等效为Y形网络，各电阻的阻值应为________Ω。

9. 实际电压源模型“20V、1Ω”等效为电流源模型时，其电流源 $I_S=$______A，内阻 $R_i=$______Ω。

10. 以客观存在的支路电流为未知量，直接应用________定律和________定律求解电路的方法，称为________法。

11. 叠加定理的适用条件是：________________________。

12. 电压源置零（电压源不作用）即电压源看作________处理，电流源置零（电流源不作用）即电流源看作________处理。

13. 叠加定理的内容是：____。

14. 戴维南定理的内容是：____。

15. 负载上获得最大功率的条件是______等于______，获得的最大功率 $P_{max}=$______。

二、判断题

1. 理想电压源和理想电流源可以等效互换。（　）
2. 两个电路等效，即无论其内部还是外部都相同。（　）
3. 电路等效变换时，如果一条支路的电流为零，可按短路处理。（　）
4. 叠加定理只适合于直流电路的分析。（　）
5. 叠加定理可以对电压或电流进行叠加。（　）
6. 叠加定理可以直接用来计算功率。（　）

三、简答题

1. 额定电压相同、额定功率不等的两个白炽灯，能否串联使用？
2. 电路等效变换时，电压为零的支路可以去掉吗？为什么？

3. 试述“电路等效”的概念。

四、求图 3-36 所示电路的等效电阻 R_{ab}。

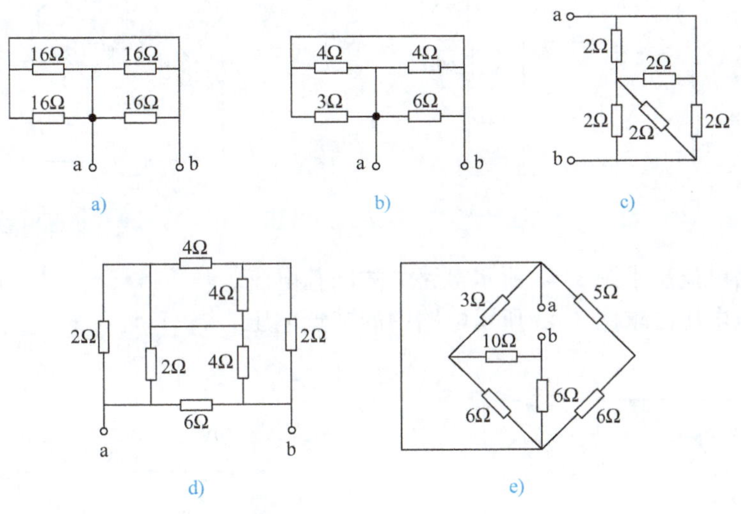

图 3-36　第四题电路图

五、求图 3-37 所示电路中的等效电阻 R_{ab}。

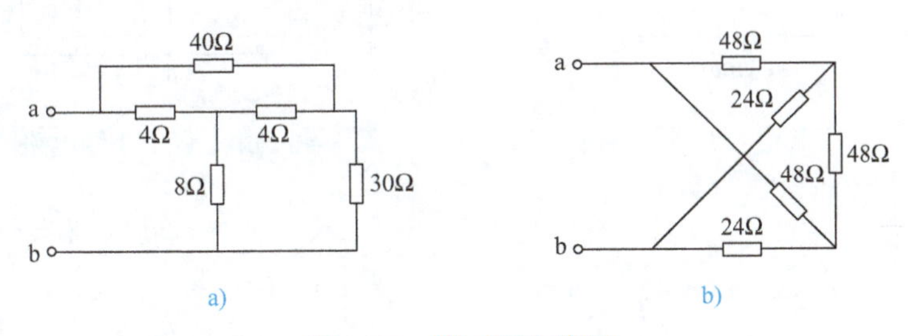

图 3-37　第五题电路图

六、试等效简化图 3-38 所示各网络。

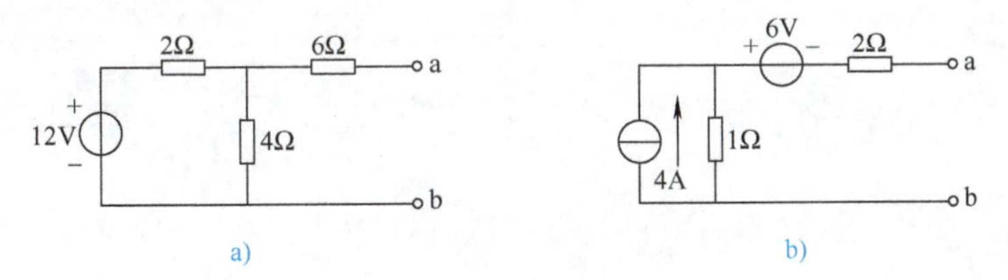

图 3-38　第六题电路图

七、计算分析题

1. 试用支路电流法分析图 3-39 所示电路。
2. 试用叠加定理求图 3-40 所示电路中的 U。
3. 试用戴维南定理求图 3-41 所示电路中的电压 U。

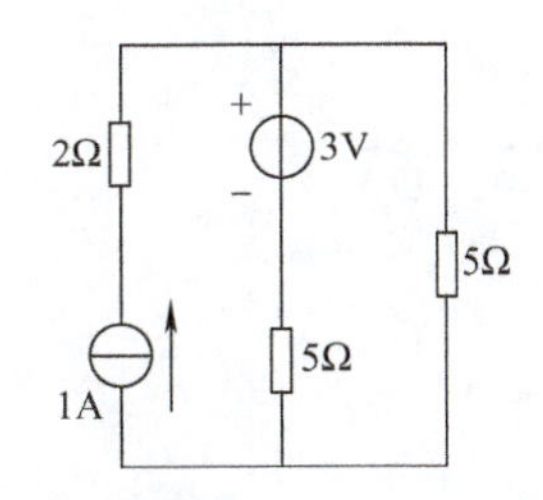

图 3-39　第七题 1 小题电路图

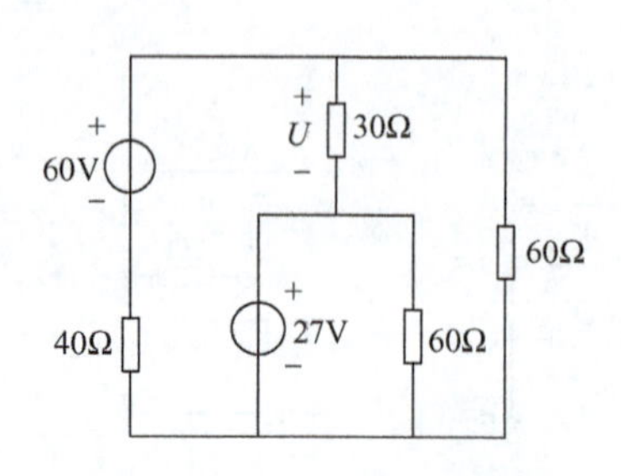

图 3-40 第七题 2 小题电路图

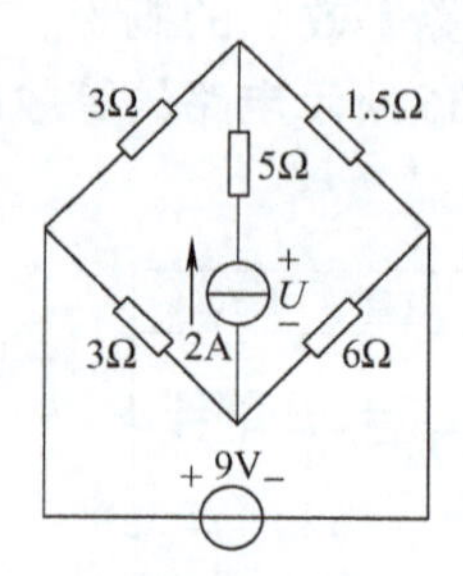

图 3-41 第七题 3 小题电路图

4. 试用回路电流法求图 3-42 所示电路中的网孔电流。

5. 试用节点电压法求图 3-43 所示电路中的节点电压。

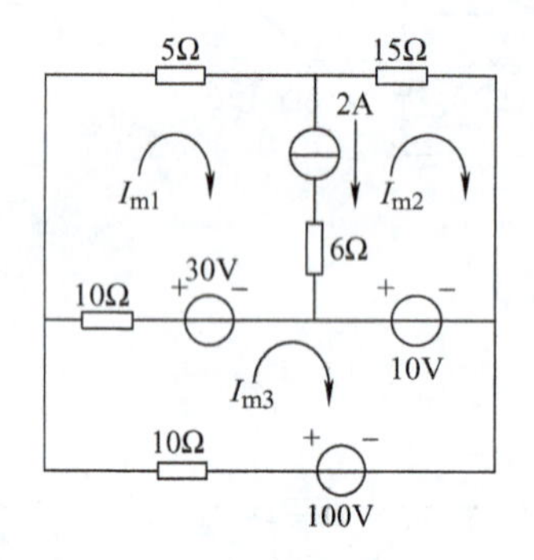

图 3-42 第七题 4 小题电路图

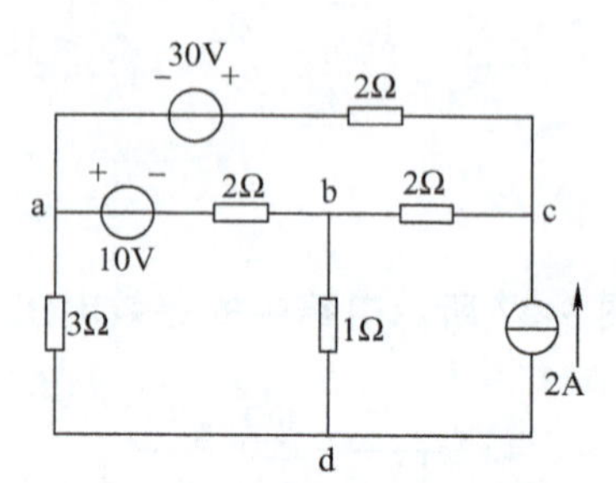

图 3-43 第七题 5 小题电路图

项目四 照明电路的安装与测量

引　言

实际工作中，交流电路的应用范围极其广泛，一般照明电路中的白炽灯电路和荧光灯电路是交流电路应用的典型实例，通过对这两种电路的分析、安装及维护，能更好地了解和掌握交流电路的相关知识。

学习目标要求

1. 能力目标

(1) 掌握单相交流电路元件参数的测量与计算方法。

(2) 掌握交流电流表、电压表和功率表的使用方法。

(3) 掌握白炽灯电路的安装方法及其电路的故障检修方法。

(4) 掌握荧光灯电路的安装方法及其电路的故障检修方法。

(5) 培养良好的电工操作习惯，提升电工操作技能。

2. 知识目标

(1) 了解正弦交流电的产生原理及其特征。

(2) 掌握正弦量的三要素、正弦量的各种表示方法。

(3) 学会用相量分析法求解正弦交流电路。

(4) 理解单一参数正弦交流电路的特点，掌握其相量计算方法。

(5) 理解正弦电路中阻抗、阻抗角的含义及计算方法。

(6) 理解串联谐振的意义，掌握串联谐振的条件及电路特点，了解并联谐振的意义及条件。

(7) 理解正弦交流电路中各功率的含义及各功率的关系，会计算电路的功率及功率因数。

3. 情感目标

(1) 树立安全用电意识，掌握正确解决问题的思路。

(2) 培养学生相互合作能力。

任务一　单相交流电路基础

【任务导入】

问题1：手电筒电路的电源和教室里的照明线路电源是一样的吗？区别在哪里？可以互换使用吗？

问题2：假如你毕业后成为一名企业电工，该企业承担了我校校区教室照明线路的施工，作为负责人的你将怎样完成线路的连接与设计？

本任务通过学习单相正弦交流电的基础知识，为照明线路的安装与维护奠定基础。

【任务分析】

日常生活中，电路中输送电能和传递电信号的电流和电压，根据它们按时间变化的规律，可分为两大类：一类是直流电量；另一类是交流电量。在交流电量中，正弦交流电量应用最为典型，也最为广泛。

正弦交流电获得广泛应用的原因有三点：第一，正弦交流电具有易于产生、成本低廉的优点；第二，就正弦交流电的用电设备来说，如三相交流异步电动机，因其具有结构简单、价格便宜、使用维护方便等特点，成为企业中常用的电气设备；第三，在需要使用直流电的地方，利用整流设备可以方便地将交流电转换为直流电。正弦交流电不仅是交流电机和变压器工作的理论基础，同时也是电类专业必要的理论储备，是电工基础的学习重点之一。

【知识链接】

4.1 单相正弦交流电基础

4.1.1 认识单相交流电

1. 交流电概述

在日常生产和生活中所用的交流电，一般都是指正弦交流电。因为交流电能够方便地用变压器改变电压，用高压输电，可将电能远距离输送，而且损耗小。所以，现在发电厂输出的都是交流电，工农业生产和日常生活中广泛应用的也是交流电。

交流电与直流电的区别在于：直流电的方向、大小不随时间变化；而交流电的方向、大小都随时间做周期性变化，并且在一个周期内的平均值为零。图 4-1 所示为直流电和交流电的电流波形。

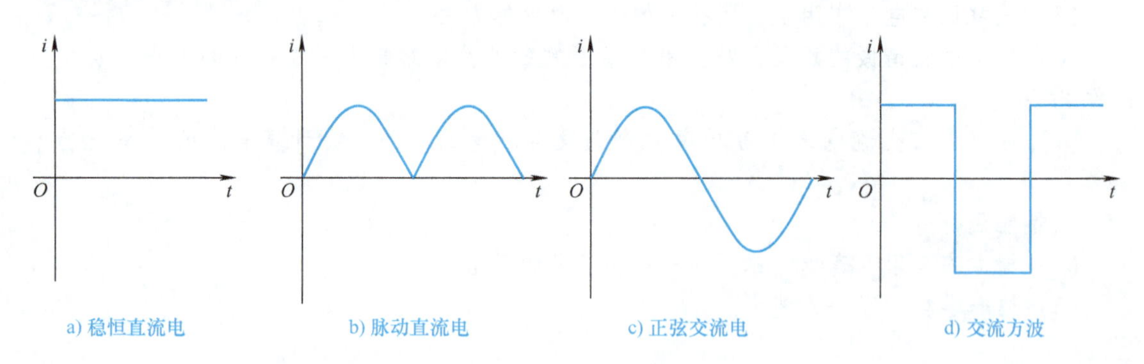

图 4-1 直流电和交流电的电流波形

2. 单相正弦交流电概述

电工技术中常见到随时间变化的电压和电流，如图 4-2 所示。若给定参考方向及 u 和 i 的时间函数，就可以确定出任一时间 t 下电压和电流的数值及实际方向。在交流电路中，时变电压和电流在任一时刻的数值称为瞬时值。时变电压和电流分非周期电压和电流（见

图 4-2a）以及周期电流和电压（见图 4-2b、c、d）。周期电压和电流是指随时间做周期性变化的电压和电流。

a) 非周期信号波形　b) 锯齿波　c) 梯形波　d) 正弦波

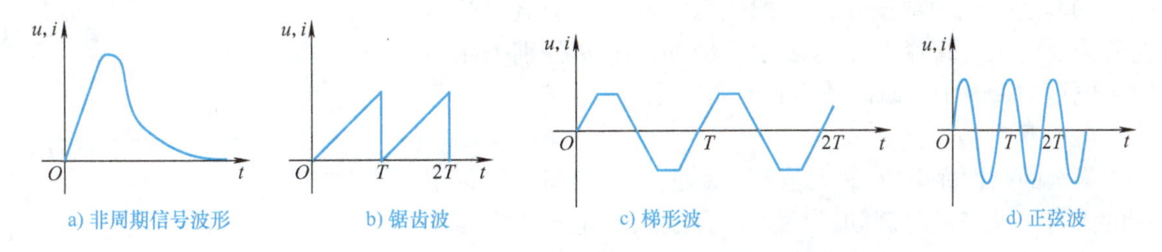

图 4-2　多种随时间变化的电压和电流的波形

随时间按正弦规律变化的交流电压、电流称为正弦电压、电流。通常，把电压、电流均随时间按正弦规律变化的电路称为正弦交流电路。正弦电压、电流统称为正弦量或正弦交流电。目前世界上电力工业中绝大多数都采用正弦交流电。正弦波是周期波形的基本形式，在电工技术中非正弦的周期波形可以分解为无穷多个频率为整数倍的正弦波，因此这类问题也可以按正弦交流电路的方法来分析。

4.1.2　正弦交流电的三要素

把市电（交流电压 220V，频率 50Hz）接入示波器，就会看到如图 4-3 所示的正弦波形。

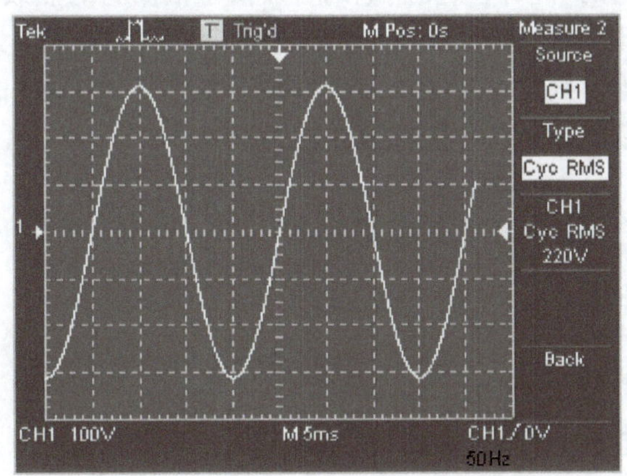

图 4-3　示波器显示的市电波形

正弦量的特征表现在变化的大小、快慢及初始值三个方面，而它们分别由振幅（或有效值）、频率（或周期）和初相位来确定。因此，振幅、频率和初相位就称为确定正弦量的三要素。

下面以电流为例介绍正弦量的三要素。依据正弦量的概念，设某支路中正弦电流 i 在选定参考方向下的瞬时值表达式为

$$i(t)=I_m\sin(\omega t+\theta) \tag{4-1}$$

式中，I_m、ω 和 θ 分别称为振幅、角频率和初相。已知这三个要素，则该正弦量就可以完全地描述出来了。其波形如图 4-4 所示。

(1) 瞬时值

正弦交流电随时间按正弦规律变化，某时刻的数值不一定和其他时刻的数值相同。把任意时刻正弦交流电的数值称为瞬时值，用小写字母表示。例如，i、u 分别表示电流、电压的瞬时值。瞬时值有正有负，也可能为零。

(2) 最大值

最大的瞬时值称为最大值，又称振幅、峰值，用带下标的大写字母表示。例如，I_m、U_m 分别表示电流、电压的最大值。最大值虽然有正有负，但习惯上最大值都以绝对值表示。

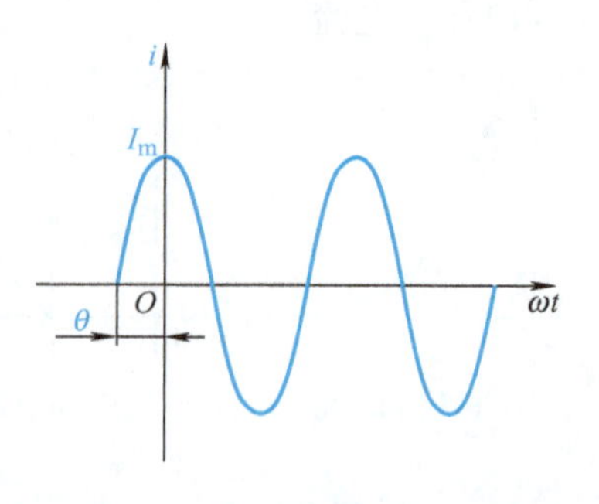

图 4-4 正弦电流 $i(t)$ 的波形

正弦量是一个等幅振荡的、正负交替变化的周期函数。$u=U_m\sin(\omega t+\theta)$ 中的 U_m 为电压 u 的振幅。

(3) 有效值

在工程中，有时人们并不关心交流电是否变化和怎样变化，而是关心交流电做功所产生的效果，这种效果常用有效值和平均值来表示。正弦电流、电压的瞬时值是随时间而变化的，最大值也仅是特定瞬间的大小，它们都不能确切反映在转换能量方向的效果。正弦波是一种周期波，对周期波，我们可以用有效值来表征它的大小。在日常生活和生产中常提到的 220V、380V 及常用于测量交流电压和交流电流的各种仪表所指示的数字，电气设备铭牌上的额定值都指的是交流电的有效值。交流电的有效值是根据它的热效应确定的。

交流电流 i 通过电阻 R 在一个周期内所产生的热量和直流电流 I 通过同一电阻 R 在相同时间内所产生的热量相等，则这个直流电流 I 的数值称为交流电流 i 的有效值。

当周期电流为正弦量时，可得电流的有效值为

$$I=\frac{I_m}{\sqrt{2}}=0.707I_m \tag{4-2}$$

正弦电压的有效值为

$$U=\frac{U_m}{\sqrt{2}}=0.707U_m \tag{4-3}$$

例题 4.1 已知某交流电压为 $u=220\sqrt{2}\sin\omega t\text{V}$，这个交流电压的最大值和有效值分别为多少？

解： 最大值为

$$U_m=220\sqrt{2}\text{V}\approx 311\text{V}$$

有效值为

$$U=\frac{U_m}{\sqrt{2}}=\frac{220\sqrt{2}}{\sqrt{2}}\text{V}=220\text{V}$$

例题 4.2 电容的耐压值为 250V，问能否用在 220V 的单相交流电源上？

解： 因为 220V 的单相交流电源为正弦电压，其最大值为 311V，大于其耐压值 250V，电容可能被击穿，所以不能接在 220V 的单相电源上。

总结： 各种元器件和电器设备的绝缘水平（耐压值），要按最大值考虑。

(4) 频率、周期和角频率

交流电随时间变化的快慢可以用周期来描述。正弦量变化一次所需的时间称为周期

(T)，周期的单位是秒（s）。

正弦量在单位时间内变化的次数称为频率（f），它的单位是赫兹（Hz），简称赫。

频率是周期的倒数，即

$$f=\frac{1}{T} \tag{4-4}$$

正弦量变化的快慢除用周期和频率表示外，还可用角频率（ω）来表示，角频率 $\omega=\frac{\mathrm{d}}{\mathrm{d}t}(\omega t+\theta)$，即 ω 是相位随时间的变化率。角频率反映了正弦量变化的快慢程度，其单位为弧度/秒（rad/s）。角频率与频率的关系为

$$\omega=2\pi f \tag{4-5}$$

由于正弦量变化一个周期（T），相位变化 2π，可以得出 ω 与 T 及 f 的关系式为

$$\omega=\frac{2\pi}{T}=2\pi f \tag{4-6}$$

式（4-6）表明，T、f、ω 三个物理量只要知道其中之一，则其余量均可求出。

ω 与 f 为正比关系，它们都表示了正弦量变化的快慢程度，两者的单位名称不同，但量纲是相同的，所以也常常把 ω 称为频率。

在工程实际中各种不同的交流电频率使用在不同的场合。例如我国电力系统使用的交流电频率标准（简称工频）是50Hz，美国为60Hz；广播电视载波频率为30～300MHz。

（5）初相位和相位

式（4-1）中的 $\omega t+\theta$ 称为正弦量的相位角或相位，它反映正弦量变化的进程。$t=0$ 时的相位称为初相位（初相）。式（4-1）中的 θ 就是电流的初相，即

$$\theta=(\omega t+\theta)\big|_{t=0} \tag{4-7}$$

初相的正负和大小与计时起点的选择有关，通常在 $|\theta|\leqslant\pi$ 的主值范围内取值。如果离坐标原点最近的正弦量的最大值出现在时间起点之前，则式中的 $\theta>0$；如果离坐标原点最近的正弦量的最大值出现在时间起点之后，则式中的 $\theta<0$。

已知某正弦量的三要素，该正弦量就被唯一地确定了。正弦量的三要素还是正弦量之间进行区分和比较的依据。

例题 4.3　已知选定参考方向下正弦量的波形图如图 4-5 所示，写出正弦量 u_1、u_2 的数学表达式。

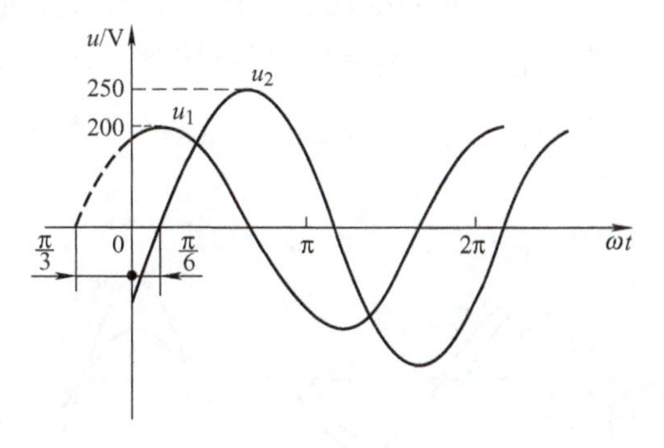

图 4-5　例题 4.3 图

解： $u_1=200\sin\left(\omega t+\frac{\pi}{3}\right)\text{V}$　　$u_2=250\sin\left(\omega t-\frac{\pi}{6}\right)\text{V}$

例题 4.4　图 4-6 所示为几种计时起点不同的正弦电流的表达式，求它们的初相。

解： 图 4-6 所示波形初相分别为：图 4-6a 中 $\theta=0°$，图 4-6b 中 $\theta=\frac{\pi}{2}$，图 4-6c 中 $\theta=\frac{\pi}{6}$，图 4-6d 中 $\theta=-\frac{\pi}{6}$。

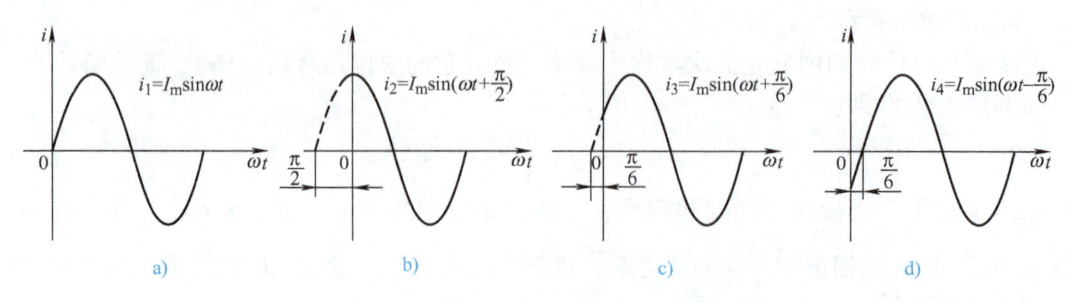

图 4-6　几种不同计时起点的正弦电流波形

4.1.3　正弦交流量的相位差

两个同频率正弦量的相位之差，称为相位差，用字母“φ”表示。

有两个正弦量

$$u_1=U_{m1}\sin(\omega t+\theta_1);u_2=U_{m2}\sin(\omega t+\theta_2)$$

它们的相位差为

$$\varphi_{12}=(\omega t+\theta_1)-(\omega t+\theta_2)=\theta_1-\theta_2 \tag{4-8}$$

即两个同频率正弦量的相位差，等于它们的初相之差。

下面分别加以讨论：

1）$\varphi_{12}=\theta_1-\theta_2>0$ 且 $|\varphi_{12}|\leqslant\pi$，如图 4-7a 所示，$u_1$ 达到零值或最大值后，u_2 需经过一段时间才能达到零值或最大值。因此，u_1 超前于 u_2，或称 u_2 滞后于 u_1。u_1 超前于 u_2 的角度为 φ_{12}，超前的时间为 φ_{12}/ω。

2）$\varphi_{12}=\theta_1-\theta_2<0$ 且 $|\varphi_{12}|\leqslant\pi$，则 u_1 滞后于 u_2，滞后的角度为 $|\varphi_{12}|$。

3）$\varphi_{12}=\theta_1-\theta_2=0$，称这两个正弦量同相，如图 4-7b 所示。

4）$\varphi_{12}=\theta_1-\theta_2=\pi$，称这两个正弦量反相，如图 4-7c 所示。

5）$\varphi_{12}=\theta_1-\theta_2=\frac{\pi}{2}$，称这两个正弦量正交，如图 4-7d 所示。

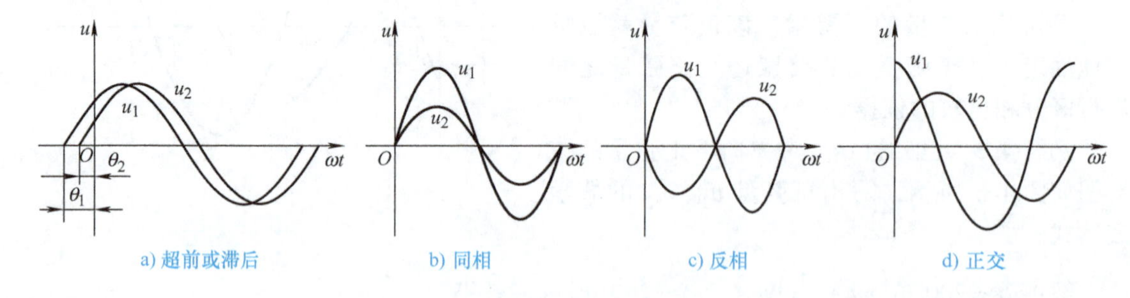

图 4-7　同频率正弦量的几种相位关系

例题 4.5　已知 $u=220\sqrt{2}\sin(\omega t+235°)$ V，$i=10\sqrt{2}\sin(\omega t+45°)$ A。求 u 和 i 的初相及两者间的相位关系。

解： $u=220\sqrt{2}\sin(\omega t+235°)=220\sqrt{2}\sin(\omega t-125°)$ V

所以，电压 u 的初相角为 $-125°$，电流 i 的初相角为 $45°$。

$\varphi_{ui}=\theta_u-\theta_i=-125°-45°=-170°<0$，表明电压 u 滞后于电流 i 170°。

例题 4.6　分别写出图 4-8 中各电流 i_1、i_2的相位差，并说明 i_1、i_2的相位关系。

解：(1) 由图 4-8a 知 $\theta_1=0$，$\theta_2=\frac{\pi}{2}$，$\varphi_{12}=\theta_1-\theta_2=-\frac{\pi}{2}$，表明 i_1 滞后于 i_2 $\frac{\pi}{2}$。

(2) 由图 4-8b 知 $\theta_1=\theta_2$，$\varphi_{12}=\theta_1-\theta_2=0$，表明两者同相。

(3) 由图 4-8c 知 $\theta_1-\theta_2=\pi$，表明两者反相。

(4) 由图 4-8d 知 $\theta_1=0$，$\theta_2=-\frac{3\pi}{4}$，$\varphi_{12}=\theta_1-\theta_2=\frac{3\pi}{4}$，表明 i_1 超前于 i_2 $\frac{3\pi}{4}$。

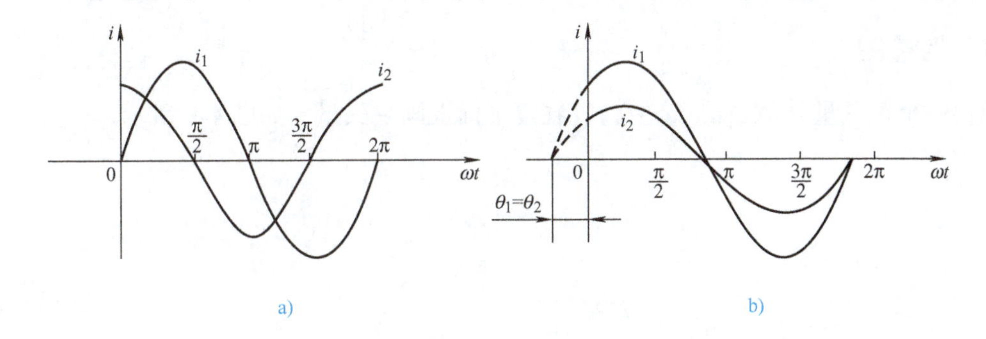

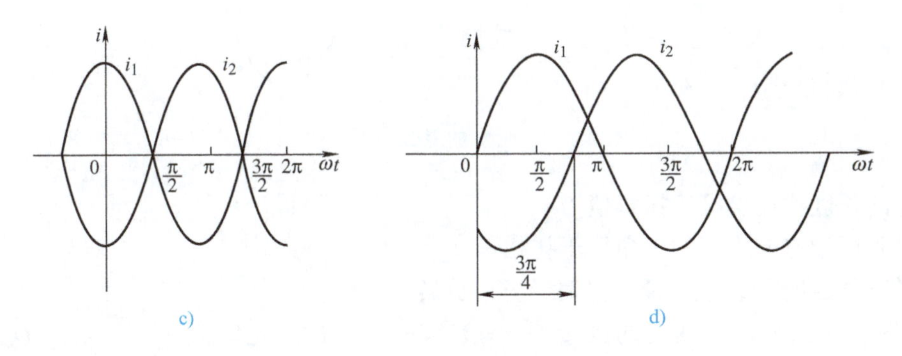

图 4-8　例题 4.6 图

4.2　正弦交流电的表示方法

正弦交流电的表示方法一般有解析式、波形图和相量图三种表示方法。

4.2.1　解析式

用三角函数式表示正弦交流电随时间变化的关系，这种方法称为解析法。大小与方向均随时间按正弦规律做周期性变化的电流、电压称为正弦交流电流、电压，它们在某一时刻 t 的瞬时值可用三角函数式（解析式）来表示。

$$u(t)=U_m\sin(\omega t+\varphi_u)$$

$$i(t)=I_m\sin(\omega t+\varphi_i)$$

只要给出时间 t 的数值，就可以求出该时刻 u、i 相应的值。

例题 4.7　已知某正弦交流电流的最大值是 2A，频率为 100Hz，设初相位为 30°，则该电流的瞬时表达式是多少？

解：由题目可知 $I_m=2A$，$\varphi_i=30°$，$f=100Hz$。

由 $\omega=2\pi f$ 得 $\omega=2\times3.14\times100rad/s=628rad/s$。

则该电流的瞬时表达式为 $i(t)=I_m\sin(\omega t+\varphi_i)=2\sin(628t+30°)A$

4.2.2 波形图

在平面直角坐标系中，将时间 t 或角度 ωt 作为横坐标，与之对应的 u、i 的值作为纵坐标，作出 u、i 随时间 t 或角度 ωt 变化的曲线，这种方法称为图像法，这种曲线称为交流电的波形图，其优点是可以直观地看出交流电的变化规律。图 4-4 和图 4-7 就是波形图。

4.2.3 相量图

给出一个正弦量 $u=U_m\sin(\omega t+\theta)$，在复平面上画一矢量，如图 4-9 所示。

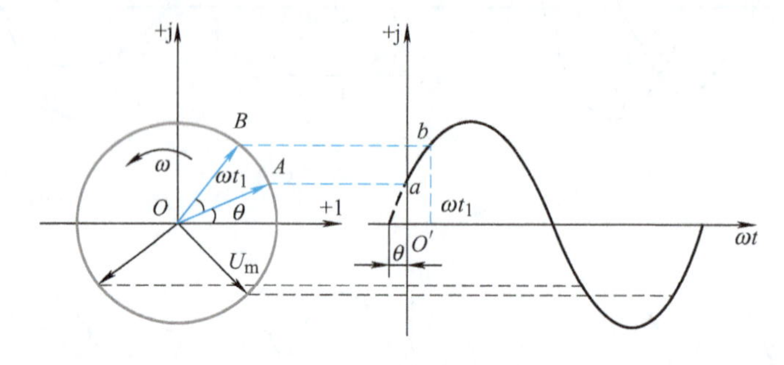

图 4-9 正弦量的复数表示

1）矢量的长度按比例等于振幅值 U_m。

2）矢量和横轴方向之间的夹角等于初相角 θ。

3）矢量以角速度 ω 绕坐标原点逆时针方向旋转。

当 $t=0$ 时，该矢量在纵轴上的投影 $O'a=U_m\sin\theta$。经过一定时间 t_1，矢量从 OA 转到 OB，这时矢量在纵轴上的投影为 $U_m\sin(\omega t_1+\theta)$，等于 t_1 时刻正弦量的瞬时值 $O'b$。由此可见，上述旋转矢量既能反映正弦量的三要素，又能通过它在纵轴上的投影确定正弦量的瞬时值，所以复平面上一个旋转矢量可以完整地表示一个正弦量。

复平面上的矢量与复数是一一对应的，用复数 $U_m e^{j\theta}$ 来表示复数的起始位置，再乘以旋转因子 $e^{j\omega t}$ 便为上述旋转矢量，即

$$U_m e^{j\theta}e^{j\omega t}=U_m e^{j(\omega t+\theta)}=U_m\cos(\omega t+\theta)+jU_m\sin(\omega t+\theta)$$

该矢量的虚部即为正弦量的解析式，由于复数本身并不是正弦函数，因此用复数对应地表示一个正弦量并不意味着两者相等。

在正弦交流电路中，角频率 ω 常为一定值，各电压和电流都是同频率的正弦量，因此，便可用起始位置的矢量来表示正弦量，即把旋转因子 $e^{j\omega t}$ 省去，而用复数 $U_m e^{j\theta}$ 对应地表示一个正弦量。

把模等于正弦量的有效值或振幅值，辐角等于正弦量的初相的复数称为该正弦量的相量。常用正弦量的大写符号顶上加一圆点来表示。正弦电压 $u=U_m\sin(\omega t+\theta)=\sqrt{2}U\sin(\omega t+\theta)$ 的振幅值相量和有效值相量分别为

$$\dot{U}_{\mathrm{m}}=U_{\mathrm{m}}\underline{/\theta}\qquad \dot{U}=U\underline{/\theta} \tag{4-9}$$

其中，U_{m} 为正弦电压的振幅值，U 为有效值，本书中的相量若无特殊说明均为有效值相量。

正弦量的相量和复数一样，可以在复平面上用矢量表示。画在复平面上表示相量的图形称为相量图。显然，只有同频率的多个正弦量对应的相量画在同一复平面上才有意义。

只有同频率的正弦量才能相互运算，运算方法按复数的运算法则进行。把用相量表示的正弦量进行运算的方法称为相量法。

例题 4.8　已知同频率的正弦量的解析式分别为 $i=10\sin(\omega t+30°)\mathrm{A}$，$u=220\sqrt{2}\sin(\omega t-45°)\mathrm{V}$，写出电流和电压的相量 $\dot{U}$、$\dot{I}$，并绘出相量图。

解：由解析式可得

$$\dot{I}=\frac{10}{\sqrt{2}}\underline{/30°}\mathrm{A}=5\sqrt{2}\underline{/30°}\mathrm{A}$$

$$\dot{U}=\frac{220\sqrt{2}}{\sqrt{2}}\underline{/-45°}\mathrm{V}=220\underline{/-45°}\mathrm{V}$$

相量图如图 4-10 所示。

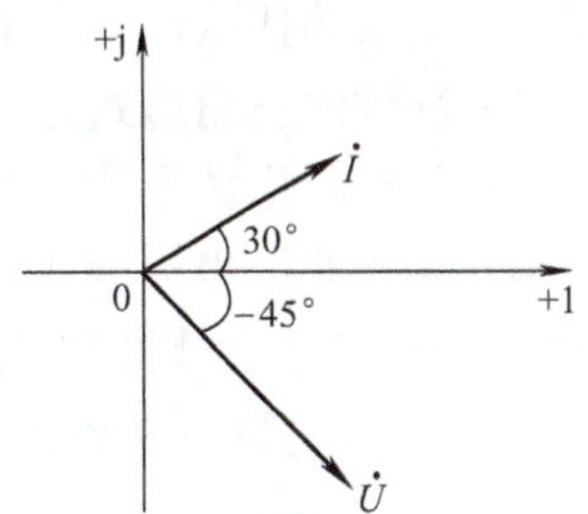

图 4-10　例题 4.8 图

由于相量法要涉及复数的运算，接下来先简要复习一下复数的运算。

4.2.4　复数及四则运算

1. 复数

在数学中常用 $A=a+b\mathrm{i}$ 表示复数，其中 a 为实部，b 为虚部，$\mathrm{i}=\sqrt{-1}$ 称为虚单位。在电工技术中，为区别于电流的符号，虚单位常用 j 表示。

当已知一个复数的实部和虚部时，这个复数就可以确定。

我们取一直角坐标系，其横轴称为实轴，纵轴称为虚轴，这两个坐标轴所在的平面即为复平面。这样，每一个复数在复平面上都可以找到唯一的点与之对应，而复平面上每一点也都对应着唯一的复数。如复数 $A=4+\mathrm{j}3$，所对应的点即为图 4-11 上的 A 点。

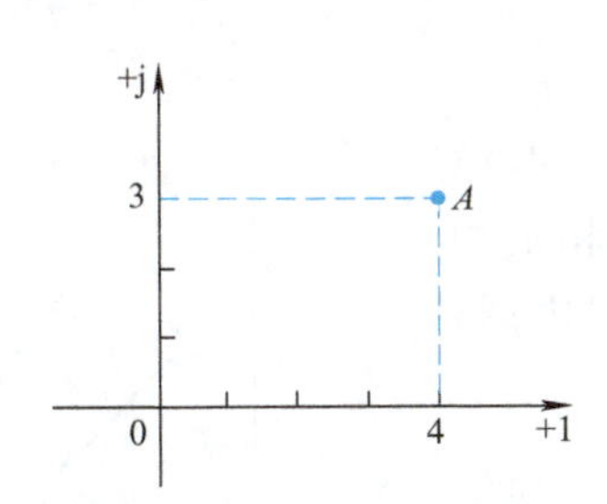

图 4-11　复数在复平面上的表示

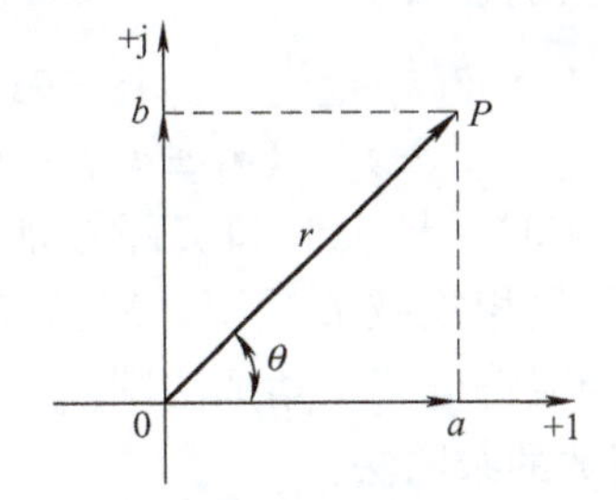

图 4-12　复数的矢量表示

复数还可以用复平面上的一个矢量来表示。复数 $A=a+\mathrm{j}b$，可以用一个从 0 点到 P 点的矢量来表示，如图 4-12 所示，这种矢量称为复矢量。矢量的长度 r 为复数的模。

$$r=|A|=\sqrt{a^2+b^2} \tag{4-10}$$

矢量和实轴正方向的夹角 θ 称为复数 A 的辐角。

$$\theta=\arctan\frac{b}{a}\quad(\theta\leqslant 2\pi)\tag{4-11}$$

不难看出，复数 A 的模 $|A|$ 在实轴上的投影就是复数 A 的实部，在虚轴上的投影就是复数 A 的虚部。

$$\left.\begin{aligned}a&=r\cos\theta\\b&=r\sin\theta\end{aligned}\right\}\tag{4-12}$$

2. 复数的四种形式

复数的四种形式如下：

1）复数的代数形式：$A=a+\mathrm{j}b$

2）复数的三角形式：$A=r\cos\theta+\mathrm{j}r\sin\theta$

3）复数的指数形式：$A=r\mathrm{e}^{\mathrm{j}\theta}$

4）复数的极坐标形式：$A=r\underline{/\theta}$

在以后的运算中，代数形式和极坐标形式是常用的，对它们的换算应熟练掌握。

例题 4.9 写出复数 $A_1=4-\mathrm{j}3$、$A_2=-3+\mathrm{j}4$ 的极坐标形式。

解：A_1 的模 $r_1=\sqrt{4^2+(-3)^2}=5$

辐角 $\theta_1=\arctan\dfrac{-3}{4}=-36.9°$　　（在第四象限）

则 A_1 的极坐标形式为 $A_1=5\underline{/-36.9°}$

A_2 的模 $r_2=\sqrt{(-3)^2+4^2}=5$

辐角 $\theta_2=\arctan\dfrac{4}{-3}=126.9°$　　（在第二象限）

则 A_2 的极坐标形式为 $A_2=5\underline{/126.9°}$

例题 4.10 写出复数 $A=220\underline{/60°}$ 的三角形式和代数形式。

解：三角形式为 $A=220(\cos60°+\mathrm{j}\sin60°)$

代数形式 $A=220(\cos60°+\mathrm{j}\sin60°)=110+\mathrm{j}190.5$

3. 复数的四则运算

（1）复数的加减法

设 $A_1=a_1+\mathrm{j}b_1=r_1\underline{/\theta_1}$　　$A_2=a_2+\mathrm{j}b_2=r_2\underline{/\theta_2}$

则

$$A_1\pm A_2=(a_1\pm a_2)+\mathrm{j}(b_1\pm b_2)\tag{4-13}$$

即复数相加减时，将实部和实部相加减，虚部和虚部相加减。图 4-13 为复数相加减矢量图。复数相加符合“平行四边形法则”，复数相减符合“三角形法则”。

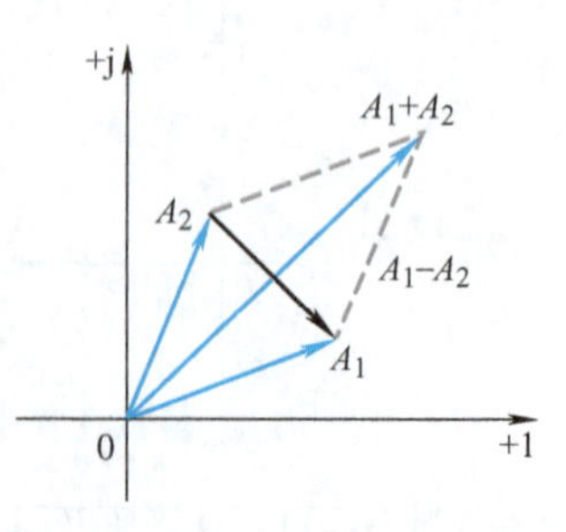

图 4-13　复数相加减矢量图

（2）复数的乘除法

$$AB=r_1\underline{/\theta_1}\,r_2\underline{/\theta_2}=r_1r_2\underline{/\theta_1+\theta_2}\tag{4-14}$$

$$\frac{A}{B}=\frac{r_1\underline{/\theta_1}}{r_2\underline{/\theta_2}}=\frac{r_1}{r_2}\underline{/\theta_1-\theta_2}\tag{4-15}$$

即复数相乘，模相乘，辐角相加；复数相除，模相除，辐角相减。

例题 4.11　求复数 $A=8+\mathrm{j}6$、$B=6-\mathrm{j}8$ 的和 $A+B$ 及积 AB。

解：

$$A+B=(8+\mathrm{j}6)+(6-\mathrm{j}8)=14-\mathrm{j}2$$

$$AB=(8+\mathrm{j}6)(6-\mathrm{j}8)=10\underline{/36.9^\circ}\,10\underline{/-53.1^\circ}=100\underline{/-16.2^\circ}$$

例题 4.12　已知工频条件下，两正弦量的相量分别为$\dot{U}_1=10\sqrt{2}\underline{/60^\circ}\mathrm{V}$，$\dot{U}_2=20\sqrt{2}\underline{/-30^\circ}\mathrm{V}$。试求两正弦电压的解析式。

解：由于

$$\omega=2\pi f=2\pi\times 50\mathrm{rad/s}=100\pi\mathrm{rad/s}$$

$$U_1=10\sqrt{2}\mathrm{V},\ \theta_1=60^\circ$$

$$U_2=20\sqrt{2}\mathrm{V},\ \theta_2=-30^\circ$$

所以

$$u_1=\sqrt{2}U_1\sin(\omega t+\theta_1)=20\sin(100\pi t+60^\circ)\mathrm{V}$$

$$u_2=\sqrt{2}U_2\sin(\omega t+\theta_2)=40\sin(100\pi t-30^\circ)\mathrm{V}$$

教学视频

4.3　正弦电路中的电阻元件

电阻元件、电感元件及电容元件是交流电路的基本元件，日常生活中的交流电路多是由这三个元件组合起来的。为了分析这种交流电路，我们先来分析单个元件上电压与电流的关系，及能量的转换和储存。

4.3.1　电阻元件上电压与电流的关系

纯电阻电路如图 4-14 所示，当线性电阻 R 两端上加正弦电压 u_R 时，电阻中便有电流 i_R 通过。在任意瞬间，电压 u_R 和电流 i_R 的瞬时值仍满足欧姆定律。图 4-14 中的电压和电流为关联参考方向，交流电路中电阻元件的关系式如下。

1）电阻元件上电流和电压之间的瞬时关系：

$$i_\mathrm{R}=\frac{u_\mathrm{R}}{R}\tag{4-16}$$

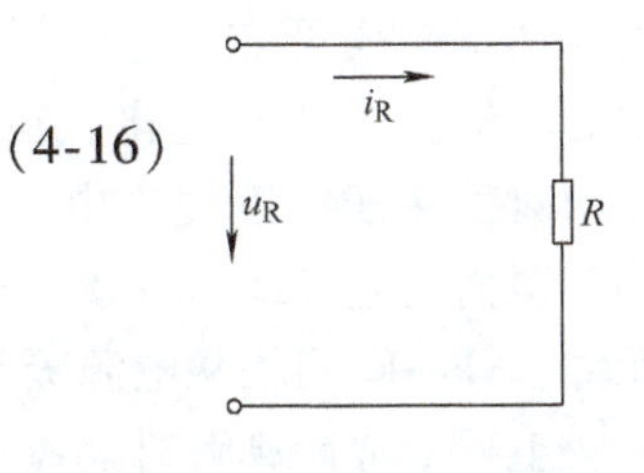

图 4-14　纯电阻电路

2）电阻元件上电流和电压之间的有效值关系。

若 $u_\mathrm{R}=U_\mathrm{Rm}\sin(\omega t+\theta)$，则

$$i_\mathrm{R}=\frac{u_\mathrm{R}}{R}=\frac{U_\mathrm{Rm}}{R}\sin(\omega t+\theta)=I_\mathrm{Rm}\sin(\omega t+\theta)$$

式中，$I_\mathrm{Rm}=\dfrac{U_\mathrm{Rm}}{R}$或 $U_\mathrm{Rm}=I_\mathrm{Rm}R$。

把上式中电流和电压的振幅各除以$\sqrt{2}$便可以得到

$$I_\mathrm{R}=\frac{U_\mathrm{R}}{R}\tag{4-17}$$

3）电阻元件上电流和电压之间的相位关系。

因为电阻是纯实数，在电压和电流为关联参考方向时，电流和电压同相。图 4-15 所示为电阻元件上电流与电压的波形图和相量图。

4）电阻元件上电压与电流的相量关系。

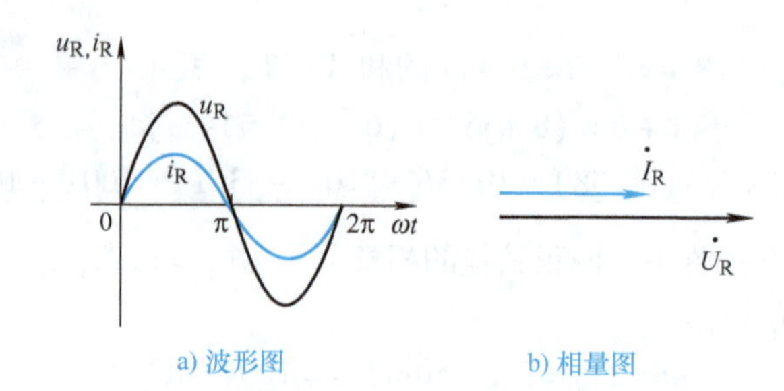

图 4-15 电阻元件上电流与电压之间的相位关系

在关联参考方向下，流过电阻元件的电流为 $i_R = I_{Rm}\sin(\omega t+\theta)$

对应的相量为 $\dot{I}_R = I_R\angle\theta$

加在电阻元件两端的电压为 $u_R = U_{Rm}\sin(\omega t+\theta)$

对应的相量为 $\dot{U}_R = U_R\angle\theta = I_R R\angle\theta$

所以有

$$\dot{U}_R = \dot{I}_R R \tag{4-18}$$

式（4-19）就是电阻元件上电压和电流的相量关系，也就是相量形式的欧姆定律。图 4-15b 是电阻元件上电流和电压的相量图，两者是同相关系。

4.3.2 电阻元件的功率

交流电路中，任意瞬间，元件上的电压的瞬时值与电流的瞬时值的乘积称为该元件的瞬时功率，用小写字母 p 表示，即

$$p = ui \tag{4-19}$$

图 4-16 画出了电阻元件的瞬时功率曲线。由上式和功率曲线可知，电阻元件的瞬时功率以电源频率的两倍做周期性变化。在电压和电流为关联参考方向时，在任一瞬间，电压与电流同号，所以瞬时功率恒为正值，即 $p_R \geqslant 0$，表明电阻元件是一个耗能元件，任一瞬间均从电源吸收功率。

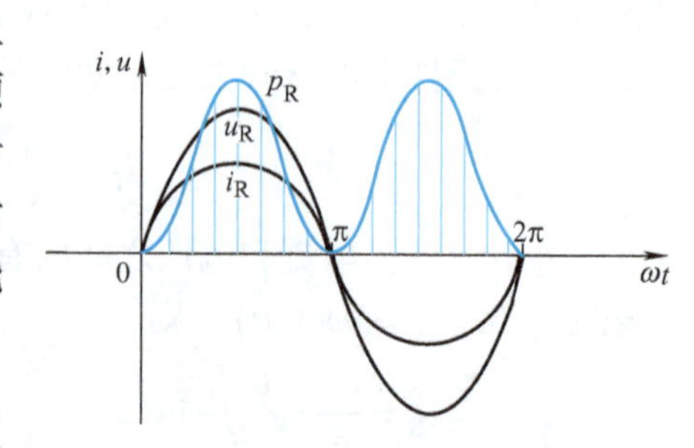

图 4-16 电阻元件的功率曲线

工程上常计算瞬时功率的平均值，即平均功率，用大写字母 P 表示。周期性交流电路中的平均功率就是其瞬时功率在一个周期内的平均值，即

$$P = U_R I_R = I_R^2 R = \frac{U_R^2}{R} \tag{4-20}$$

功率的单位为瓦（W），工程上也常采用千瓦（kW），即

$$1\text{kW} = 1000\text{W}$$

由于平均功率反映了电阻元件实际消耗电能的情况，所以又称有功功率。习惯上常把“平均”或“有功”二字省略，简称功率。例如，60W 的灯泡、1000W 的电炉等都是指平均功率。

例题 4.13 电阻 $R=100\Omega$，R 两端的电压 $u_R = 100\sqrt{2}\sin(\omega t - 30°)$ V，求：

（1）通过电阻 R 的电流 I_R 和 i_R。

（2）电阻 R 消耗的功率 P_R。

（3）画出 $\dot{U}_R$、$\dot{I}_R$ 的相量图。

解：（1）$i_R=\dfrac{u_R}{R}=\dfrac{100\sqrt{2}\sin(\omega t-30°)}{100}\text{A}=\sqrt{2}\sin(\omega t-30°)\text{A}$

$$I_R=\frac{\sqrt{2}}{\sqrt{2}}\text{A}=1\text{A}$$

（2）$P_R=U_RI_R=100\times1\text{W}=100\text{W}$ 或 $P_R=I_R^2R=1^2\times100\text{W}=100\text{W}$

（3）相量图如图 4-17 所示。

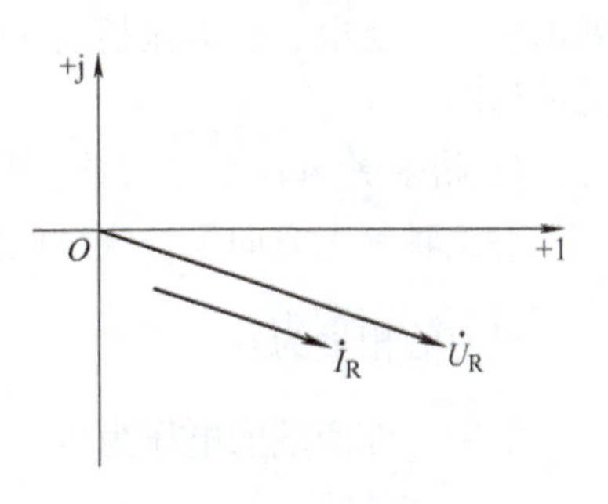

图 4-17　例题 4.13 图

4.4　正弦电路中的电感元件

教学视频

4.4.1　电感元件上电压和电流的关系

1. 瞬时关系

在图 4-18 所示的关联参考方向下，电感元件上的伏安关系为

$$u_L=L\frac{\mathrm{d}i_L}{\mathrm{d}t} \tag{4-21}$$

式（4-21）是电感元件上电压和电流的瞬时关系，电压和电流两者为微分关系，而不是正比关系。

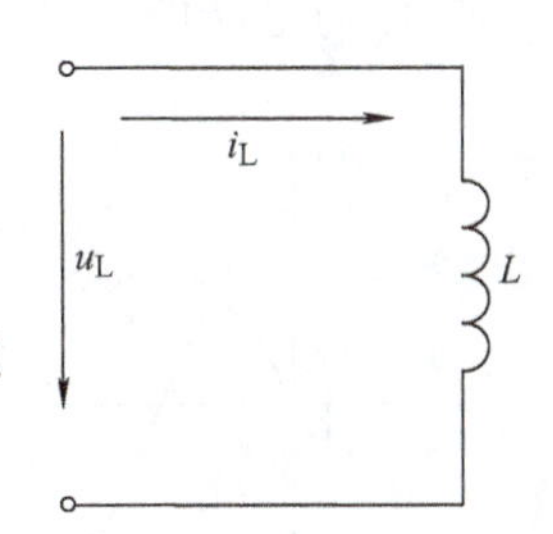

图 4-18　纯电感电路

2. 大小关系

设 $i_L=I_{Lm}\sin(\omega t+\theta_i)$，将其代入式（4-21）得

$$u_L=L\frac{\mathrm{d}(I_{Lm}\sin(\omega t+\theta_i))}{\mathrm{d}t}=I_{Lm}\omega L\cos(\omega t+\theta_i)=I_{Lm}\omega L\sin\left(\omega t+\frac{\pi}{2}+\theta_i\right)$$

即
$$u_L=U_{Lm}\sin\left(\omega t+\frac{\pi}{2}+\theta_i\right)=U_{Lm}\sin(\omega t+\theta_u)\quad\left(\theta_u=\frac{\pi}{2}+\theta_i\right) \tag{4-22}$$

式中
$$U_{Lm}=I_{Lm}\omega L \tag{4-23}$$

两边同除以 $\sqrt{2}$ 便得有效值关系为

$$U_L=I_L\omega L\quad 或\quad I_L=\frac{U_L}{\omega L}=\frac{U_L}{X_L} \tag{4-24}$$

其中
$$X_L=\omega L=2\pi fL \tag{4-25}$$

式中，X_L 称为感抗；ω 的单位为 rad/s；L 的单位为 H；X_L 的单位为 Ω。感抗是用来表示电感线圈对电流阻碍作用的一个物理量。在电压一定的条件下，ωL 越大，电路中的电流越小。式（4-25）表明感抗 X_L 与电源的频率（角频率）成正比。电源频率越高，感抗越大，即电感对电流的阻碍越大。反之，频率越低，线圈的感抗也越小。对直流电来说，频率 $f=0$，感抗也就为零，即电感元件在直流电路中相当于短路。

3. 相位关系

由式（4-22）可得出电感元件上电压和电流的相位关系为

$$\theta_u = \theta_i + \frac{\pi}{2} \tag{4-26}$$

即电感元件上电压较电流超前 90°，或者说，电流滞后电压 90°。图 4-19 给出了电流和电压的波形图。

4. 相量关系

在关联参考方向下，流过电感的电流为 $i_L = I_{Lm}\sin(\omega t + \theta_i)$

对应的相量为 $\dot{I}_L = I_L\angle\theta_i$

电感元件两端的电压为 $u_L = I_{Lm}\omega L\sin\left(\omega t + \frac{\pi}{2} + \theta_i\right)$

对应的相量为

$$\dot{U}_L = I_L\omega L\angle\theta_i + \frac{\pi}{2} = \mathrm{j}\omega L I_L\angle\theta_i$$

所以

$$\dot{U}_L = \mathrm{j}\omega L\dot{I}_L = \mathrm{j}X_L\dot{I}_L \tag{4-27}$$

电流与电压的相量图如图 4-20 所示。

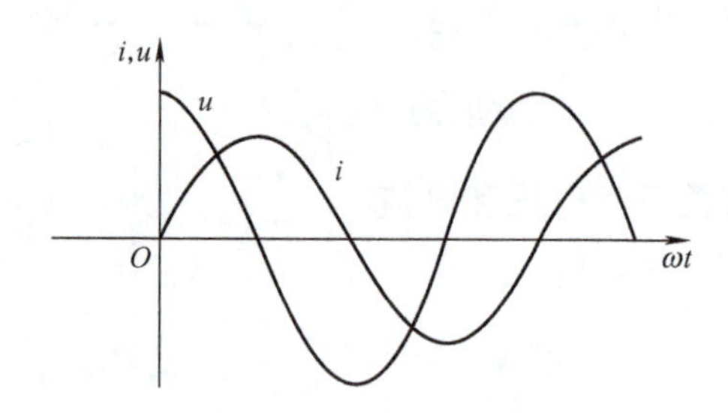

图 4-19 电感元件上电流和电压的波形图

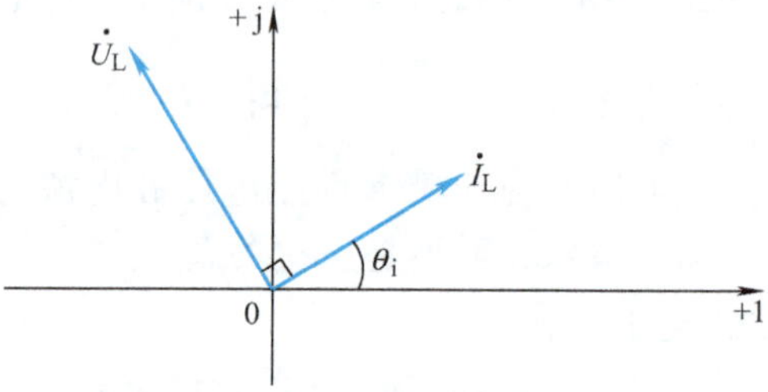

图 4-20 电感元件上电流和电压的相量图

4.4.2 电感元件的功率

1. 瞬时功率

设通过电感元件的电流为 $i_L = I_{Lm}\sin\omega t$

则 $u_L = U_{Lm}\sin\left(\omega t + \frac{\pi}{2}\right)$

$$\begin{aligned}p &= u_L i_L = U_{Lm}\sin\left(\omega t + \frac{\pi}{2}\right)\cdot I_{Lm}\sin\omega t = I_{Lm}U_{Lm}\sin\omega t\cos\omega t\\ &= \frac{1}{2}I_{Lm}U_{Lm}\sin 2\omega t\\ &= I_L U_L\sin 2\omega t\end{aligned} \tag{4-28}$$

式（4-28）说明电感元件的瞬时功率 p 也是随着时间按正弦规律变化的，其频率为电流频率的两倍。图 4-21 为电感元件功率曲线。

2. 平均功率

平均功率的计算公式为

$$P = \frac{1}{T}\int_0^T p\mathrm{d}t = \frac{1}{T}\int_0^T U_L I_L \sin 2\omega t\mathrm{d}t = 0$$

由图4-21可以看到，在第一及第三个1/4周期内，瞬时功率为正值，电感元件从电源吸收功率，在第二及第四个1/4周期内，瞬时功率为负值，电感元件释放功率。在一个周期内，吸收功率和释放功率是相等的，即平均功率为零。这说明电感元件不是耗能元件，而是储能元件。

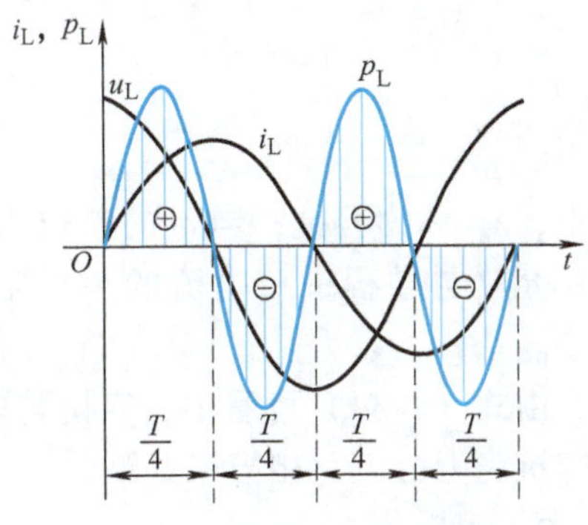

图4-21　电感元件的功率曲线

3. 无功功率

我们把电感元件上电压的有效值和电流的有效值的乘积称为电感元件的无功功率，用 Q_L 表示。

$$Q_L = U_L I_L = I_L^2 X_L = \frac{U_L^2}{X_L} \tag{4-29}$$

从上式可以看出 $Q_L > 0$，表示电感元件是接收无功功率的。无功功率的单位为“乏”(var)，工程中也常用“千乏”(kvar)，1kvar = 1000var。

例题4.14　已知一个电感 $L = 2\mathrm{H}$，接在 $u_L = 220\sqrt{2}\sin(314t - 60°)\mathrm{V}$ 的电源上，求：(1) X_L。(2) 通过电感的电流 i_L。(3) 电感上的无功功率 Q_L。

解：(1) $X_L = \omega L = 314 \times 2\Omega = 628\Omega$

(2) $\dot{I} = \dfrac{\dot{U}_L}{\mathrm{j}X_L} = \dfrac{220\angle -60°}{628\mathrm{j}}\mathrm{A} = 0.35\angle -150°\mathrm{A}$

$i_L = 0.35\sqrt{2}\sin(314t - 150°)\mathrm{A}$

(3) $Q_L = UI = 220 \times 0.35\mathrm{var} = 77\mathrm{var}$

4.5　正弦电路中的电容元件

4.5.1　电容元件上电压和电流的关系

1. 瞬时关系

在图4-22所示的关联参考方向下，电容元件上的伏安关系为

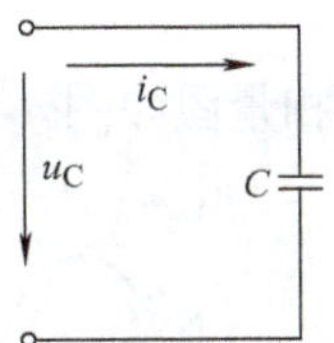

图4-22　纯电容电路

$$i_C = C\frac{\mathrm{d}u_C}{\mathrm{d}t} \tag{4-30}$$

电容元件上电压和电流的瞬时关系也是微分关系。

2. 大小关系

设
$$u_C = U_{Cm}\sin(\omega t + \theta_u)$$

则
$$i_C = C\frac{\mathrm{d}u_C}{\mathrm{d}t} = \omega C U_{Cm}\cos(\omega t + \theta_u) = \omega C U_{Cm}\sin\left(\omega t + \theta_u + \frac{\pi}{2}\right)$$

所以
$$i_C = I_{Cm}\sin\left(\omega t + \theta_u + \frac{\pi}{2}\right) = I_{Cm}\sin(\omega t + \theta_i) \quad \left(\theta_i = \theta_u + \frac{\pi}{2}\right) \tag{4-31}$$

式中
$$I_{Cm} = \omega C U_{Cm} \tag{4-32}$$

两边同除以$\sqrt{2}$可得有效值关系为
$$I_C=\omega CU_C=\frac{U_C}{\frac{1}{\omega C}}=\frac{U_C}{X_C} \tag{4-33}$$

其中
$$X_C=\frac{1}{\omega C}=\frac{1}{2\pi fC} \tag{4-34}$$

式中，X_C 称为容抗，当 ω 的单位为 rad/s，C 的单位为 F 时，X_C 的单位为 Ω。容抗表示电容在充放电过程中对电流的一种阻碍作用。在一定的电压下，容抗越大，电路中的电流越小。

由式（4-34）可看出，容抗与电源的频率（角频率）成反比。在直流电路中电容元件的容抗为无穷大，相当于开路。

3. 相位关系

由式（4-31）可得出电容元件上电压和电流的相位关系，即
$$\theta_i=\theta_u+\frac{\pi}{2} \tag{4-35}$$

即电容元件上电流较电压超前 90°，或电压滞后于电流 90°。图 4-23 给出了电流和电压的波形图。

4. 相量关系

在关联参考方向下，选定电容两端的电压为
$$u_C=U_{Cm}\sin(\omega t+\theta_u)$$

对应的相量为
$$\dot{U}_C=U_C\underline{/\theta_u}$$

通过电容上的电流为
$$i_C=I_{Cm}\sin\left(\omega t+\theta_u+\frac{\pi}{2}\right)$$

对应的相量为
$$\dot{I}_C=I_C\underline{/\theta_u+\frac{\pi}{2}}=\frac{U_C}{X_C}\underline{/\theta_u+\frac{\pi}{2}}=\omega CU_C\underline{/\theta_u+\frac{\pi}{2}}$$

所以
$$\dot{U}_C=-jX_C\dot{I}_C \quad 或 \quad \dot{I}_C=\frac{\dot{U}_C}{-jX_C} \tag{4-36}$$

相量图如图 4-24 所示，$\dot{I}_C$ 超前于$\dot{U}_C$90°。

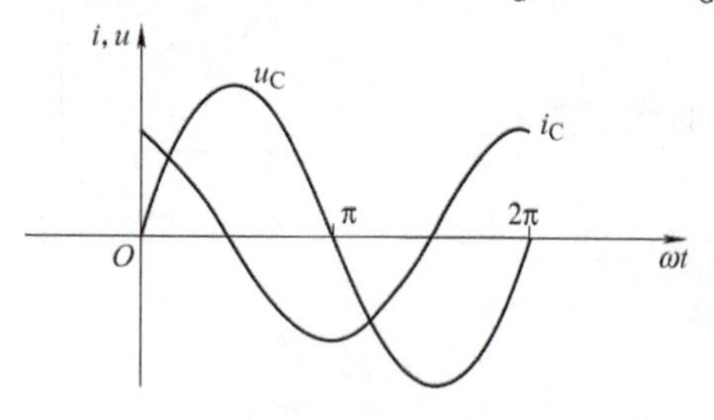

图 4-23 电容元件上电流和电压的波形图

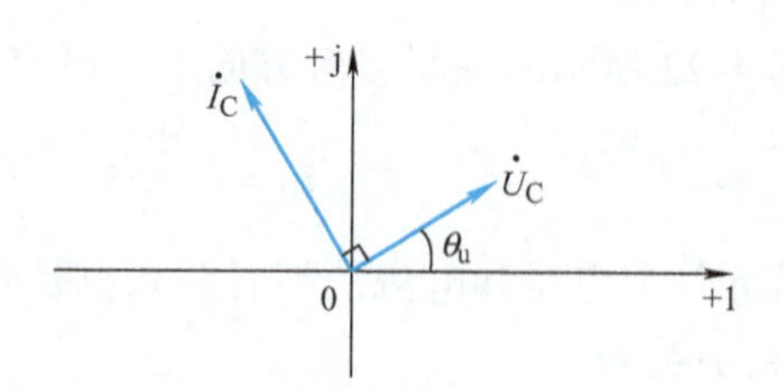

图 4-24 电容元件上电流和电压的相量图

4.5.2 电容元件的功率

1. 瞬时功率

在电压和电流为关联参考方向时，电容元件上的瞬时功率为

$$p = u_C i_C = U_{Cm}\sin\omega t I_{Cm}\sin\left(\omega t + \frac{\pi}{2}\right)$$
$$= U_C I_C \sin 2\omega t \qquad (4\text{-}37)$$

由式（4-37）可知，电容元件上的瞬时功率也是随时间变化的正弦函数，其频率为电流的两倍。图4-25为电容元件的功率曲线。

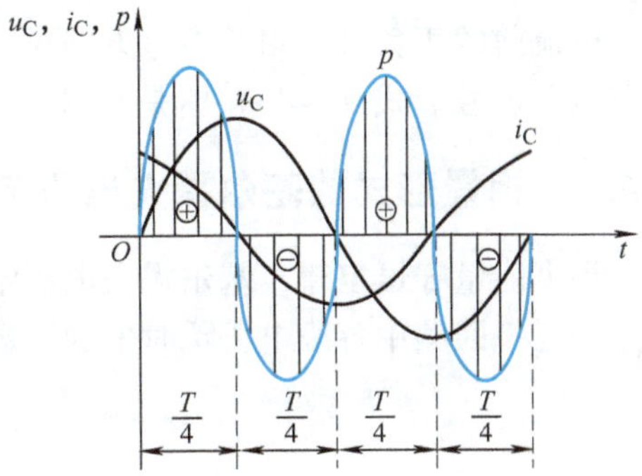

2. 平均功率

电容元件的平均功率为

$$P = \frac{1}{T}\int_0^T p\mathrm{d}t = \frac{1}{T}\int_0^T u_C i_C \sin 2\omega t\mathrm{d}t = 0$$

与电感元件一样，电容元件也不是耗能元件，而是储能元件。

3. 无功功率

图4-25　电容元件功率曲线

我们把电容元件上电压的有效值与电流的有效值乘积的负值，称为电容元件的无功功率，用 Q_C 表示，即

$$Q_C = -U_C I_C = -I_C^2 X_C = -\frac{U_C^2}{X_C} \qquad (4\text{-}38)$$

由上式可得 $Q_C < 0$，表示电容元件是发出无功功率的，Q_C 和 Q_L 一样，单位也是乏（var）或千乏（kvar）。

例题4.15　已知一电容 $C = 50\mu F$，接到220V、50Hz的正弦交流电源上，求：

（1）X_C。（2）电路中的电流 I_C 和无功功率 Q_C。（3）电源频率为1000Hz时的容抗。

解：（1）$X_C = \frac{1}{\omega C} = \frac{1}{2\pi f C} = \frac{1}{2 \times 3.14 \times 50 \times 50 \times 10^{-6}}\Omega = 63.7\Omega$

（2）$I_C = \frac{U_C}{X_C} = \frac{220}{63.7}A = 3.45A$

$Q_C = -U_C I_C = -220 \times 3.45\text{var} = -759\text{var}$

（3）当 $f = 1000\text{Hz}$ 时，容抗为

$$X_C = \frac{1}{2\pi f C} = \frac{1}{2 \times 3.14 \times 1000 \times 50 \times 10^{-6}}\Omega = 3.18\Omega$$

4.6　基尔霍夫定律的相量形式

4.6.1　相量形式的基尔霍夫电流定律

基尔霍夫电流定律的实质是电流的连续性原理。在交流电路中，任一瞬间电流总是连续的，因此，基尔霍夫定律也适用于交流电路的任一瞬间。任一瞬间流过电路的一个节点（闭合面）的各电流瞬时值的代数和等于零，即

$$\sum i = 0 \qquad (4\text{-}39)$$

同样，解析式也适用，即流过电路中的一个节点的各电流解析式的代数和等于零。

正弦交流电路中各电流都是与电源同频率的正弦量，把这些同频率的正弦量用相量表示，即得

$$\sum \dot{I} = 0 \tag{4-40}$$

电流前的正负号是由其参考方向决定的。若支路电流的参考方向流出节点，取正号，流入节点取负号。式（4-40）就是相量形式的基尔霍夫电流定律（KCL）。

4.6.2 相量形式的基尔霍夫电压定律

根据能量守恒定律，基尔霍夫电压定律也同样适用于交流电路的任一瞬间。同一瞬间，电路的任一回路中各段电压瞬时值的代数和等于零，即

$$\sum u = 0 \tag{4-41}$$

在正弦交流电路中，各段电压都是同频率的正弦量，所以表示一个回路中各段电压相量的代数和也等于零，即

$$\sum \dot{U} = 0 \tag{4-42}$$

这就是相量形式的基尔霍夫电压定律（KVL）。

例题 4.16 在图 4-26 所示电路中，已知电流表 A_1、A_2、A_3 都是 10A，求电路中电流表 A 的读数。

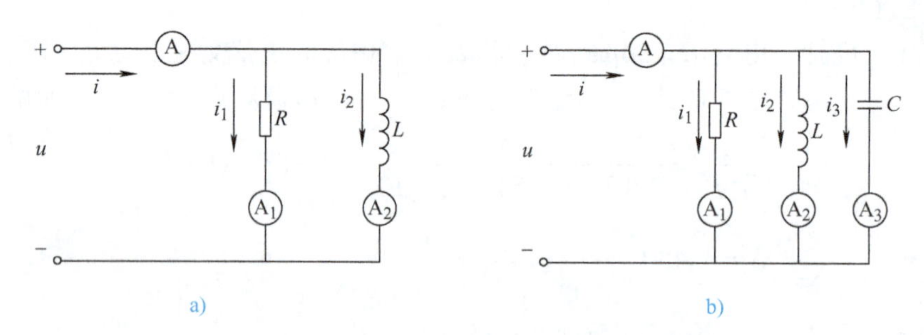

图 4-26 例题 4.16 图

解： 设端电压 $\dot{U} = U\angle 0°\text{V}$。

（1）选定电流的参考方向如图 4-26a 所示，则

$$\dot{I}_1 = 10\angle 0°\text{A} \qquad （与电压同相）$$

$$\dot{I}_2 = 10\angle -90°\text{A} \qquad （滞后于电压 90°）$$

由 KCL 可得

$$\dot{I} = \dot{I}_1 + \dot{I}_2 = 10\angle 0°\text{A} + 10\angle -90°\text{A} = (10 - 10\text{j})\text{A} = 10\sqrt{2}\angle -45°\text{A}$$

电流表 A 的读数为 7A。**注意：** 这与直流电路是不同的，总电流并不是 20A。

（2）选定电流的参考方向如图 4-26b 所示，则

$$\dot{I}_2 = 10\angle -90°\text{A} \qquad \dot{I}_1 = 10\angle 0°\text{A}$$

$$\dot{I}_3 = 10\angle 90°\text{A}（超前于电压 90°）$$

由 KCL 可得　$\dot{I}=\dot{I}_1+\dot{I}_2+\dot{I}_3=(10\underline{/0^\circ}+10\underline{/-90^\circ}+10\underline{/90^\circ})\text{A}=(10-10\text{j}+10\text{j})\text{A}=10\text{A}$

电流表 A 的读数为 10A。

例题 4.17　在图 4-27 所示电路中，电压表 V_1、V_2、V_3 的读数都是 50V，试分别求电路中电压表 V 的读数。

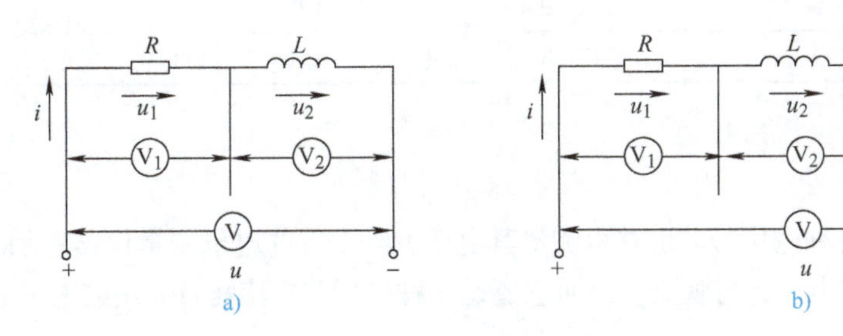

图 4-27　例题 4.17 图

解：设电流为参考相量，即 $\dot{I}=I\underline{/0^\circ}\text{A}$。

(1) 选定电流、电压的参考方向如图 4-27a 所示，则

$$\dot{U}_1=50\underline{/0^\circ}\text{V}\qquad(\text{与电流同相})$$

$$\dot{U}_2=50\underline{/90^\circ}\text{V}\qquad(\text{超前于电流 }90^\circ)$$

由 KVL 可得

$$\dot{U}=\dot{U}_1+\dot{U}_2=50\underline{/0^\circ}\text{V}+50\underline{/90^\circ}\text{V}=(50+50\text{j})\text{V}=50\sqrt{2}\underline{/45^\circ}\text{V}$$

所以电压表 V 的读数为 35.2V。

(2) 选定电流、电压的参考方向如图 4-27b 所示，则

$$\dot{U}_1=50\underline{/0^\circ}\text{V}$$

$$\dot{U}_2=50\underline{/90^\circ}\text{V}$$

$$\dot{U}_3=50\underline{/-90^\circ}\text{V}\ (\text{滞后于电流 }90^\circ)$$

由 KVL 可得

$$\dot{U}=\dot{U}_1+\dot{U}_2+\dot{U}_3=(50\underline{/0^\circ}+50\underline{/90^\circ}+50\underline{/-90^\circ})\text{V}=(50+50\text{j}-50\text{j})\text{V}=50\text{V}$$

电压表 V 的读数为 50V。

【任务实施】

技能训练 8　示波器观察单相正弦交流电路

一、训练目的

1）了解示波器的主要结构和显示波形的基本原理。

2）学会使用信号发生器。

3）学会正确使用示波器观察波形以及测量电压、周期和频率。

二、训练器材（见表4-1）

表4-1 训练器材清单

序号	名称	型号与规格	数量	备注
1	数字式示波器	DS6104	1个	
2	信号发生器	HDX801	1个	

三、原理说明

示波器是一种能观察各种电信号波形并可测量其电压、频率等的电子测量仪器。示波器还能对一些能转化成电信号的非电量进行观测，因而它还是一种应用非常广泛且通用的电子显示器。

（1）测量前的调节

接通电源开关，预热。设定示波器各旋钮和按钮。

调节INTEN“辉度”使扫描线亮度适中，过亮容易缩短示波器的使用寿命；调节“聚焦”使扫描线清晰；调节X轴与Y轴位移使扫描线位置居中。按照说明书在显示屏调出一个方波。

（2）对示波器的校正

利用“CAL”（校正）、CH1的“VOLTS/DIV”（垂直衰减选择钮，即灵敏度选择）及“TIME/DIV”（扫描时间旋钮，即“时基”）对示波器的X轴（时间）和Y轴（电压）方向的测量精确度进行校正。

使显示屏上显示一列方波，测量其电压峰-峰值，即波顶到波底的垂直距离与Y轴灵敏度旋钮档位的乘积；再测量其频率，即显示屏上一个周期的宽度与扫描时间的乘积的倒数。与“CAL”上给出的标准校正值$2V_{P-P}$（电压峰-峰值为2V）、1kHz（频率为1kHz）进行比较。如有误差，应进行调整。但校正后应锁定CH1的“VAR”（灵敏度微调），在以后的参数测量过程中不再改变，以免影响测量精确性。

改变“扫描时间”与CH1的“VOLTS/DIV”的档位，共测量三组数据，并描出一个完整周期的图形。

例如，在CH1的“VOLTS/DIV”档位为0.5V/cm，而“TIME/DIV”的档位为0.5ms/cm的条件下，测出一个方波电压的波顶到波底的垂直距离为4cm，一个周期宽度为2cm，则峰-峰电压为$4\text{cm}\times0.5\text{V/cm}=2\text{V}$，而周期$T=2\text{cm}\times0.5\text{ms/cm}=1\text{ms}=1\times10^{-3}\text{s}$，于是频率为$f=1/T=1\text{kHz}$。

四、训练内容及步骤

1）参照原理说明进行测量前的调节。

2）对示波器进行校正（2V、1kHz的信号，两个通道）。结果填入表4-2。

表4-2 校正信号

待校通道	灵敏度选择 VOLTS/DIV	峰-峰垂直距离/cm	V_{P-P}/V	扫描档位选择 TIME/DIV	n	n个周期长度/cm	周期 T/s	频率f/kHz
CH1								
CH2								

3）测量正弦交流电压，结果填入表4-3。

表 4-3　示波器测量正弦交流电压

待测正弦电压 V_{P-P}/V	灵敏度选择 VOLTS/DIV	峰-峰垂直距离 /cm	电压 V_{P-P} /V	交流电压有效值 /V
10.0				
1.0				
0.100				

其中，电压有效值 $U=V_{P-P}/(2\sqrt{2})$。

4）测量信号频率与周期，结果填入表4-4。

表 4-4　示波器测量信号频率与周期

待测频率 /kHz	周期个数 n	n 个周期长度 /cm	扫描档位选择 TIME/DIV	周期 T/s	频率f /kHz

五、注意事项及数据分析

1）双通道示波器使用说明书和函数信号发生器使用说明书放在实验桌上，不得拿走。

2）不要频繁开关机，示波器上光点的亮度不可调得太强，也不能让亮点长时间停在荧光屏的一点上，如果暂时不用，把辉度降到最低即可。

3）拨动旋钮和按键时必须有的放矢，不要将开关和旋钮强行旋转、死拉硬拧，以免损坏按键、旋钮和示波器，电缆与插座的配合方式类似于挂口灯泡与灯座的配合方式，切忌生拉硬拽。

4）示波器的标尺刻度盘与荧光屏不在同一平面上，之间有一定距离，读数时要尽量减小视差，即眼睛垂视屏幕。

5）分析测量数据与波形的关系。

任务总结

1. 正弦交流电的基本概念

1）正弦量的三要素：正弦交流电可由最大值、角频率 ω 和初相 θ 来描述它的大小、变化快慢及初始时刻的大小和变化进程。

2）有效值和最大值的关系：$I=\dfrac{I_m}{\sqrt{2}}=0.707I_m$，$U=\dfrac{U_m}{\sqrt{2}}=0.707U_m$

2. 正弦交流电路的表示方法

1）解析式表示法：$u=U_m\sin(\omega t+\theta)$

2）波形图表示法：用正弦量解析式的函数图形表示正弦量的方法。

3）相量图表示法：正弦量可以用振幅相量或有效值相量表示，但通常用有效值相量表示。

把模等于正弦量的有效值，辐角等于正弦量的初相的复数称为该正弦量的相量。用正弦量的大写符号顶上加一圆点来表示。

$$\dot{U}=U\underline{/\theta} \quad \dot{I}=I\underline{/\theta}$$

3. 复数及其运算法则

复数的四种形式如下。

1）复数的代数形式：$A=a+\mathrm{j}b$

2）复数的三角形式：$A=r\cos\theta+\mathrm{j}r\sin\theta$

3）复数的指数形式：$A=r\mathrm{e}^{\mathrm{j}\theta}$

4）复数的极坐标形式：$A=r\underline{/\theta}$

复数的加减法：$A_1\pm A_2=(a_1\pm a_2)+\mathrm{j}(b_1\pm b_2)$

复数的乘除法：$AB=r_1\underline{/\theta_1}r_2\underline{/\theta_2}=r_1r_2\underline{/\theta_1+\theta_2}$ $\quad \dfrac{A}{B}=\dfrac{r_1\underline{/\theta_1}}{r_2\underline{/\theta_2}}=\dfrac{r_1}{r_2}\underline{/\theta_1-\theta_2}$

4. 电阻、电感、电容元件的特性（见表 4-5）

表 4-5 电阻、电感、电容元件的特性表

		电阻 R	电感 L	电容 C
阻抗特性	阻抗	电阻 R	感抗 $X_L=\omega L$	容抗 $X_C=1/(\omega C)$
	直流特性	呈现一定的阻碍作用	通直流（相当于短路）	隔直流（相当于开路）
	交流特性	呈现一定的阻碍作用	通低频，阻高频	通高频，阻低频
伏安关系	大小关系	$U_R=RI_R$	$U_L=X_LI_L$	$U_C=X_CI_C$
	相位关系	$\varphi_{ui}=0°$	$\varphi_{ui}=90°$	$\varphi_{ui}=-90°$
功率情况		耗能元件，存在有功功率 $P_R=U_RI_R$（W）	储能元件（$P_L=0$），存在无功功率 $Q_L=U_LI_L$（var）	储能元件（$P_C=0$），存在无功功率 $Q_C=-U_CI_C$（var）

任务二 *RLC* 串联电路的分析

【任务导入】

常见照明电路中有白炽灯还有荧光灯，这样的电路可以当作单一性电路处理吗？

【任务分析】

在实际的电路中，除了白炽灯照明电路为纯电阻电路外，其他电路几乎都包含了电感或电容。实际的交流电路往往不只是 *RLC* 串联电路，它可能是同时包含电阻、电感和电容的复杂的混联电路。在这些交流电路中，若用复阻抗来表示电路各部分对电流与电压的作用，就可以用相量法像分析直流电路一样来分析正弦交流电路。

【知识链接】

4.7 复阻抗、复导纳及其等效变换

4.7.1 复阻抗与复导纳

1. 复阻抗

前面我们分析了电路中的电阻、电感和电容元件上的电流和电压的相量关系，分别为

$$\frac{\dot{U}_R}{\dot{I}_R}=R;\quad \frac{\dot{U}_L}{\dot{I}_L}=j\omega L;\quad \frac{\dot{U}_C}{\dot{I}_C}=-j\frac{1}{\omega C}$$

以上各式可以用如下统一形式来表示，即

$$\frac{\dot{U}}{\dot{I}}=Z \tag{4-43}$$

式中，Z 称为元件的阻抗。

以上对元件上电流和电压的相量关系的讨论可推广到正弦交流电路，如图 4-28 所示。

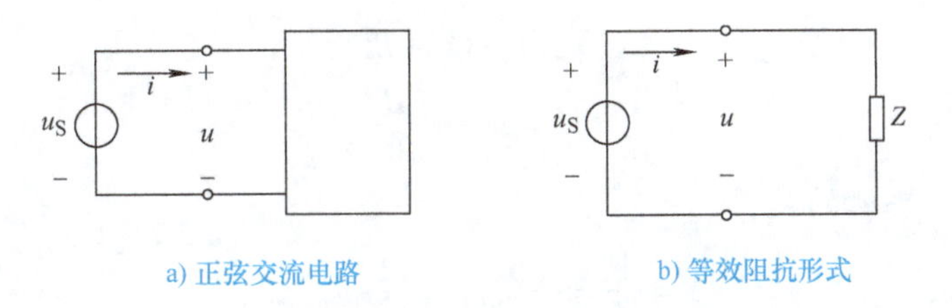

a) 正弦交流电路　　b) 等效阻抗形式

图 4-28　正弦交流电路的复阻抗

设加在电路中的端电压为 $u=\sqrt{2}U\sin(\omega t+\theta_u)$，对应的相量为 $\dot{U}=U\underline{/\theta_u}$，通过电路端口的电流为 $I=\sqrt{2}I\sin(\omega t+\theta_i)$，对应的相量为 $\dot{I}=I\underline{/\theta_i}$。$\dot{U}$ 和 $\dot{I}$ 之比用 Z 表示，则有

$$\frac{\dot{U}}{\dot{I}}=Z=|Z|\underline{/\varphi}=\frac{U\underline{/\theta_u}}{I\underline{/\theta_i}} \tag{4-44}$$

式中，Z 称为该电路的阻抗，由上式还可得

$$|Z|=\frac{U}{I} \tag{4-45}$$

$$\varphi=\theta_u-\theta_i \tag{4-46}$$

Z 是一个复数，所以又称为复阻抗，$|Z|$ 是阻抗的模，φ 为阻抗角。复阻抗的图形符号与电阻的图形符号相似。复阻抗的单位为 Ω。

阻抗 Z 用代数形式表示时，可写为 $Z=R+jX$，Z 的实部为 R，称为“电阻”，Z 的虚部为 X，称为“电抗”，它们之间符合阻抗三角形，如图 4-29 所示，从而有下列关系：

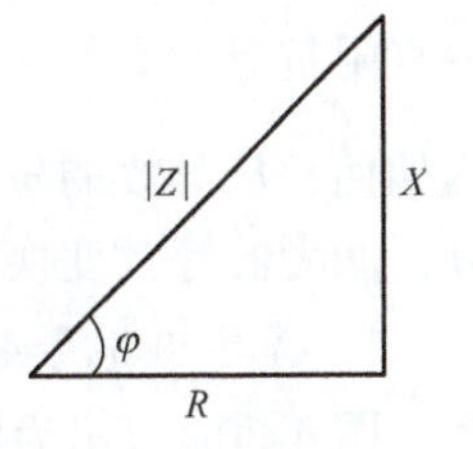

图 4-29　阻抗三角形

$$|Z|=\sqrt{R^2+X^2} \tag{4-47}$$

$$\varphi = \arctan \frac{X}{R} \tag{4-48}$$

2. 复导纳

复阻抗的倒数叫复导纳，用大写字母 Y 表示，即

$$Y = \frac{1}{Z} \tag{4-49}$$

在国际单位制中，Y 的单位是西门子，用“S”表示，简称“西”。由于 $Z = R + \mathrm{j}X$，所以

$$Y = \frac{1}{Z} = \frac{1}{R + \mathrm{j}X} = \frac{R - \mathrm{j}X}{R^2 + X^2} = \frac{R}{|Z|^2} + \mathrm{j}\frac{-X}{|Z|^2} = G + \mathrm{j}B$$

复导纳 Y 的实部称为电导，用 G 表示；复导纳的虚部称为电纳，用 B 表示，由上式可知

$$\left.\begin{aligned} G &= \frac{R}{|Z|^2} \\ B &= \frac{-X}{|Z|^2} \end{aligned}\right\} \tag{4-50}$$

复导纳的极坐标形式为

$$Y = G + \mathrm{j}B = |Y|\underline{/\varphi'}$$

$|Y|$ 为复导纳的模，φ' 为复导纳的导纳角，所以有

$$|Y| = \sqrt{G^2 + B^2} \tag{4-51}$$

$$\varphi' = \arctan \frac{B}{G} \tag{4-52}$$

3. 复阻抗与复导纳的关系

$$Y = \frac{1}{Z} = \frac{1}{|Z|\underline{/\varphi}} = \frac{1}{|Z|}\underline{/-\varphi}$$

又

$$Y = |Y|\underline{/\varphi'}$$

可以看出

$$|Y| = \frac{1}{|Z|} \tag{4-53}$$

$$\varphi' = -\varphi \tag{4-54}$$

即复导纳的模等于对应复阻抗模的倒数，导纳角等于对应阻抗角的负值。

当电压和电流的参考方向一致时，用复导纳表示的欧姆定律为

$$\dot{I} = \dot{U}Y \tag{4-55}$$

4.7.2 复阻抗与复导纳的等效变换

上节我们分别讨论了复阻抗和复导纳，在交流电路中，有时为了分析电路时方便，常要将复阻抗等效为复导纳，或将复导纳等效为复阻抗。对于一个无源二端网络，不论其内部结构如何，从等效的角度来看，只要端口间电压 $\dot{U}$ 和电流 $\dot{I}$ 保持不变，两者即可等效，下面来分析两者的等效变换。

1. 将复阻抗等效为复导纳

图 4-30a 所示为电阻 R 与电抗 X 串联组成的复阻抗，即 $Z = R + \mathrm{j}X$。图 4-30b 所示为电导 G 与电纳 B 组成的复导纳，即 $Y = G + \mathrm{j}B$。根据等效的含义：两个二端口网络只要端口处

具有完全相同的电压电流关系，两者便是互为等效的。于是有

$$Y=\frac{1}{Z}=\frac{1}{R+\mathrm{j}X}=\frac{R}{R^2+X^2}-\mathrm{j}\frac{X}{R^2+X^2}=G+\mathrm{j}B$$

$$\left.\begin{aligned}G&=\frac{R}{R^2+X^2}\\B&=-\frac{X}{R^2+X^2}\end{aligned}\right\}\qquad(4\text{-}56)$$

可见，式（4-56）就是由复阻抗等效为复导纳的参数条件。

2. 将复导纳等效为复阻抗

与上述类似，同样如图 4-30 所示，其端口的电压$\dot{U}$和电流$\dot{I}$保持不变时，有

$$Z=\frac{1}{Y}=\frac{1}{G+\mathrm{j}B}=\frac{G-\mathrm{j}B}{G^2+B^2}=\frac{G}{G^2+B^2}-\frac{\mathrm{j}B}{G^2+B^2}=R+\mathrm{j}X$$

所以

$$\left.\begin{aligned}R&=\frac{G}{G^2+B^2}\\X&=\frac{-B}{G^2+B^2}\end{aligned}\right\}\qquad(4\text{-}57)$$

式（4-57）就是由复导纳等效变换为复阻抗的参数条件。

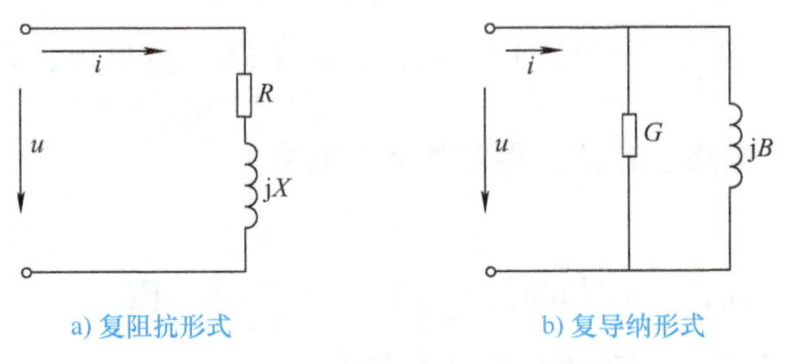

图 4-30　复阻抗与复导纳的等效变换

例题 4.18　已知加在电路上的端电压为 $u=311\sin(\omega t+60°)\mathrm{V}$，通过电路中的电流为 $\dot{I}=10\underline{/-30°}\mathrm{A}$。求 $|Z|$、阻抗角 φ 和导纳角 φ'。

解： 电压的相量为$\dot{U}=\frac{311}{\sqrt{2}}\underline{/60°}\mathrm{V}$，所以

$$|Z|=\frac{U}{I}=\frac{220}{10}\Omega=22\Omega$$

$$\varphi=\theta_{\mathrm{u}}-\theta_{\mathrm{i}}=60°-(-30°)=90°$$

$$\varphi'=-\varphi=-90°$$

4.8　*RLC* 串联电路

电阻、电感、电容串联时，是具有一般意义的典型电路。它包含了三个不同的电路参数。常用的串联电路，都可认为是这种电路的特例。

4.8.1 电压与电流的关系

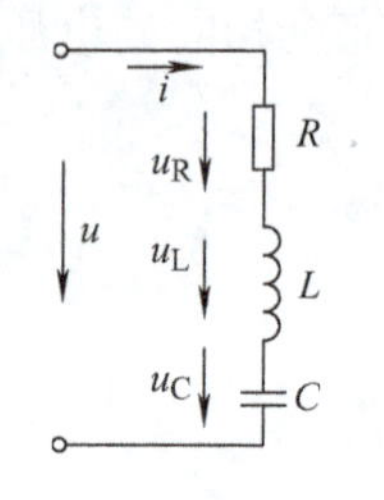

图 4-31 RLC 串联电路

图 4-31 给出了 RLC 串联电路。电路中流过各元件的电流是同一个电流 i，若电流 $i=I_m\sin\omega t$，则其相量为：$\dot{I}=I\angle 0°$

电阻元件上的电压为：$\dot{U}_R=\dot{I}R$

电感元件上的电压为：$\dot{U}_L=\dot{I}\,jX_L$

电容元件上的电压为：$\dot{U}_C=-\dot{I}\,jX_C$

由 KVL 可得 $\dot{U}=\dot{U}_R+\dot{U}_L+\dot{U}_C=\dot{I}R+\dot{I}\,jX_L-\dot{I}\,jX_C=\dot{I}[R+j(X_L-X_C)]$

所以
$$\dot{U}=\dot{I}(R+jX)=\dot{I}Z \tag{4-58}$$
式中，$X=X_L-X_C$ 称为 RLC 串联电路的电抗，X 的正负关系到电路的性质。

4.8.2 电路的性质

以电流 $\dot{I}$ 为参考方向，$\dot{U}_R$ 和电流 $\dot{I}$ 同相，$\dot{U}_L$ 超前于电流 $\dot{I}$ 90°，$\dot{U}_C$ 滞后于电流 $\dot{I}$ 90°。将各电压相量相加，即得总电压 $\dot{U}$。RLC 串联电路相量图如图 4-32 所示。

（1）感性电路

在图 4-32a 中，$U_L>U_C$，说明此时 $X_L>X_C$，则 $X>0$，阻抗角 $\varphi=\arctan\dfrac{X}{R}>0$。电路端电压 $\dot{U}$ 比电流 $\dot{I}$ 超前 φ，电路呈感性，称之为感性电路。

（2）容性电路

在图 4-32b 中，$U_L<U_C$，说明此时 $X_L<X_C$，则 $X<0$，阻抗角 $\varphi<0$，电路端电压 $\dot{U}$ 滞后电流 $\dot{I}$ $|\varphi|$ 角，电路呈容性，称之为容性电路。

（3）阻性电路

在图 4-32c 中，$U_L=U_C$，此时 $X_L=X_C$，$\varphi=0$，端电压 $\dot{U}$ 与电流 $\dot{I}$ 同相，电路呈阻性，称之为阻性电路。

注意： 这种电路相当于纯电阻电路，但与纯电阻电路不同，因为它本质上是有感抗和容抗的，只是作用相互抵消而已。

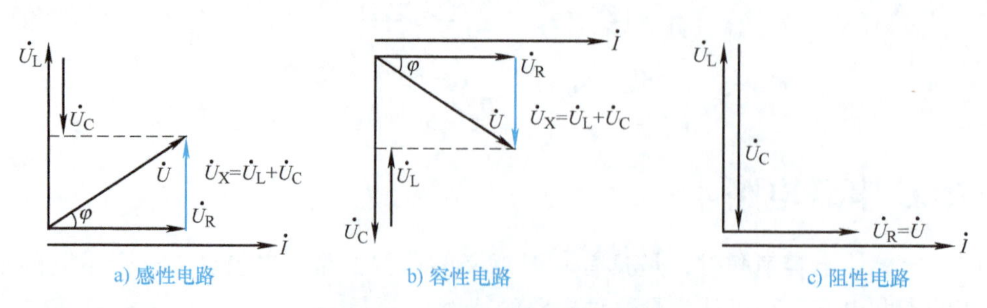

图 4-32 RLC 串联电路的相量图

4.8.3　阻抗串联电路

图4-33给出了多个复阻抗（每个复阻抗都是由 R、L、C 组合而成的）串联的电路，电流和电压的参考方向如图中所示。

由 KVL 可得

$$\dot{U} = \dot{U}_1 + \dot{U}_2 + \cdots + \dot{U}_n = \dot{I} Z_1 + \dot{I} Z_2 + \cdots + \dot{I} Z_n$$

$$= \dot{I}(Z_1 + Z_1 + \cdots + Z_n) = \dot{I} Z$$

其中 Z 为串联电路的等效阻抗，由上式可得

$$Z = Z_1 + Z_2 + \cdots + Z_n \tag{4-59}$$

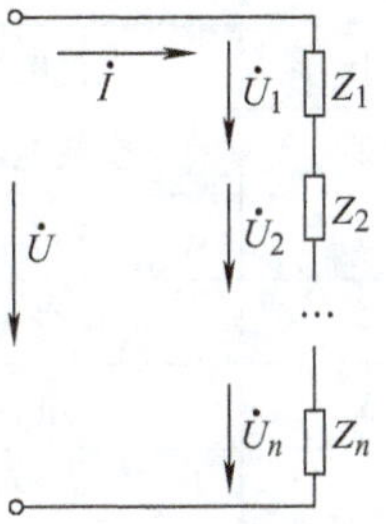

图4-33　阻抗串联电路

即串联电路的等效复阻抗等于各串联复阻抗之和。

例题4.19　有一 RLC 串联电路，其中 $R=30\Omega$，$L=382\text{mH}$，$C=39.8\mu\text{F}$，外加电压 $u=220\sqrt{2}\sin(314t+60°)\text{V}$，试求：

（1）复阻抗 Z，并确定电路的性质。（2）$\dot{I}$、$\dot{U}_\text{R}$、$\dot{U}_\text{L}$、$\dot{U}_\text{C}$。

解：（1）$Z = R + \text{j}(X_\text{L} - X_\text{C}) = R + \text{j}\left(\omega L - \dfrac{1}{\omega C}\right) = \left[30 + \text{j}\left(314 \times 0.382 - \dfrac{10^6}{314 \times 39.8}\right)\right]\Omega$

$$= [30 + \text{j}(120 - 80)]\Omega = [30 + 40\text{j}]\Omega = 50\angle 53.1°\Omega$$

阻抗角 $\varphi = 53.1° > 0$，所以此电路为感性电路。

（2）$\dot{I} = \dfrac{\dot{U}}{Z} = \dfrac{220\angle 60°}{50\angle 53.1°}\text{A} = 4.4\angle 6.9°\text{A}$

$$\dot{U}_\text{R} = \dot{I} R = 4.4\angle 6.9° \times 30\text{V} = 132\angle 6.9°\text{V}$$

$$\dot{U}_\text{L} = \dot{I}\,\text{j}X_\text{L} = 4.4\angle 6.9° \times 120\angle 90°\text{V} = 528\angle 96.9°\text{V}$$

$$\dot{U}_\text{C} = -\dot{I}\,\text{j}X_\text{C} = 4.4\angle 6.9° \times 80\angle -90°\text{V} = 352\angle -83.1°\text{V}$$

本节讨论了电路参数 RLC 相互串联的各种情况，实际上还有电路参数 RLC 及其组合相互并联的一些情况，请读者自行演算，此处不再一一介绍。

【任务实施】

技能训练9　线圈参数的测量

一、训练目的

1）掌握用交流电压表、交流电流表和功率表测量元件的交流等效参数的方法。

2）掌握功率表的接法和使用。

二、训练器材（见表 4-6）

表 4-6　训练器材清单

序号	名称	型号与规格	数量	备注
1	交流电压表	0～500V	1 块	
2	交流电流表	0～5A	1 块	
3	功率表		1 块	
4	线圈	与 30W 荧光灯配用的镇流器	1 个	DGJ－04 实验箱
5	电容	1μF/2.2μF/4.7μF	3 个	
6	白炽灯	15W	3 个	DGJ－04 实验箱

三、原理说明

在正弦交流信号的激励下，可以用交流电压表、交流电流表及功率表分别测量出元件两端的电压 U、流过该元件的电流 I 和它所消耗的功率 P，然后通过计算得到所求的各参数值，这种方法称为三表法。实验电路如图 4-34 所示。

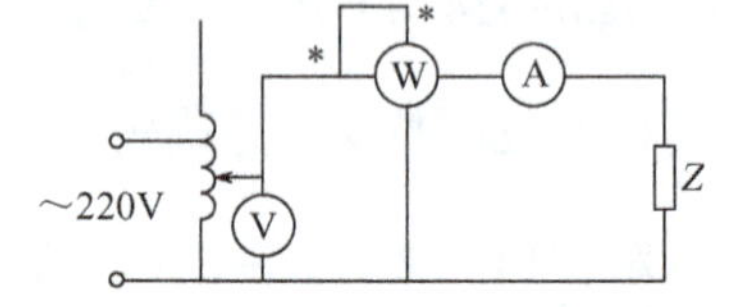

图 4-34　三表法测试电路

计算的基本公式为：阻抗的模 $|Z|=\frac{U}{I}$，功率因数 $\cos\varphi=\frac{P}{UI}$，等效电阻 $R=\frac{P}{I^2}=|Z|\cos\varphi$，等效电抗 $X=|Z|\sin\varphi$。

四、训练内容及步骤

1）按图 4-34 接线，组装实验电路，并经指导教师检查后，缓慢调节调压器使电压升至 220V。

2）按照表 4-7 分别测量 R（15W 的 3 个白炽灯）、L（30W 荧光灯镇流器）的等效参数，并将数值填入表 4-7 中。

表 4-7　测量 R、L 串联后的等效参数

被测阻抗	测量值				计算值		电路等效参数		
	U/V	I/A	P/W	$\cos\varphi$	Z/Ω	$\cos\varphi$	R/Ω	L/mH	C/μF
R（白炽灯电阻）									
L（镇流器电感）									
电容 C									
L 与 C 串联									
L 与 C 并联									

五、注意事项及数据分析

1）本次训练直接用 220V 交流电源供电，操作中要特别注意人身安全，不可用手直接

触摸带电线路的裸露部分，以免触电，进实训室应穿绝缘鞋。

2）自耦调压器在接通电源前，应将其手柄置在零位上，调节时，使其输出电压从零开始逐渐升高。每次改接线路及操作完毕，都必须先将其旋柄慢慢调回零位，再断电源。必须严格遵守这一安全操作规程。

3）操作前应详细阅读智能交流功率表的使用说明书，熟悉其使用方法。

4）数据分析时，重点查看功率表的测量值，分析功率因数 $\cos\varphi$ 的变化与电路性质的关系。

【任务拓展】

仿真训练 6　三表法测量电路等效参数

一、仿真目的

1）学会用交流电压表、交流电流表和功率表测量元件的交流等效参数的方法。

2）加深对单一参数正弦交流电路特点的理解，掌握其相量计算方法。

3）加深对 R、L、C 组合电路特点的理解，掌握其相量计算方法。

二、用三表法测量电路等效参数

用三表法测量电路等效参数电路仿真图如图 4-35 所示。

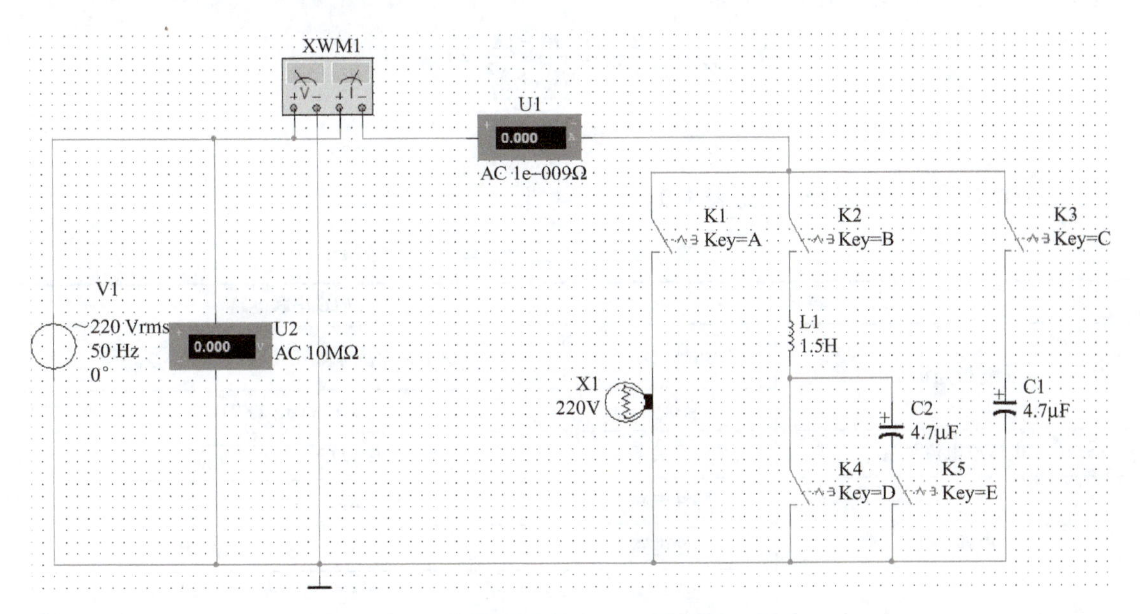

图 4-35　三表法测量电路等效参数电路仿真图

分别测量 15W 白炽灯（R）、1.5H 电感线圈（L）和 4.7μF 电容（C）的等效参数，将测量数据列于表 4-8 中。测量 L、C 串联与并联后的等效参数，将测量数据列于表 4-8 中。

表 4-8 测量内容及数据

被测阻抗	测量值				计算值		电路等效参数		
	U/V	I/A	P/W	$\cos\varphi$	Z/Ω	$\cos\varphi$	R/Ω	L/mH	C/μF
15W 白炽灯 R									
电感线圈 L									
电容 C									
L 与 C 串联									
L 与 C 并联									

任务总结

1. 复阻抗 Z

$$Z=\frac{\dot U}{\dot I}=R+\mathrm{j}X=|Z|\angle\varphi=\frac{U\angle\theta_{\mathrm{u}}}{I\angle\theta_{\mathrm{i}}}=\frac{U}{I}\angle\theta_{\mathrm{u}}-\theta_{\mathrm{i}}$$

2. 复导纳 Y

$$Y=\frac{\dot I}{\dot U}=G+\mathrm{j}B=|Y|\angle\varphi'=\frac{I\angle\theta_{\mathrm{i}}}{U\angle\theta_{\mathrm{u}}}=\frac{I}{U}\angle\theta_{\mathrm{i}}-\theta_{\mathrm{u}}$$

3. 复阻抗 Z 和复导纳 Y 的关系

$$Y=\frac{1}{Z}=\frac{1}{R+\mathrm{j}X}=\frac{R-\mathrm{j}X}{R^2+X^2}=G+\mathrm{j}B$$

$$G=\frac{R}{R^2+X^2},\quad B=\frac{-X}{R^2+X^2}$$

4. RLC 串联电路的性质（见表 4-9）

表 4-9 RLC 串联电路

内　容		RLC 串联电路
等效阻抗	阻抗大小	$\lvert Z\rvert=\sqrt{R^2+X^2}=\sqrt{R^2+(X_{\mathrm{L}}-X_{\mathrm{C}})^2}$
	阻抗角	$\varphi=\arctan(X/R)$
电压或电流关系	大小关系	$U=\sqrt{U_{\mathrm{R}}^2+(U_{\mathrm{L}}-U_{\mathrm{C}})^2}$
电路性质	感性电路	$X_{\mathrm{L}}>X_{\mathrm{C}}$，$U_{\mathrm{L}}>U_{\mathrm{C}}$，$\varphi>0$
	容性电路	$X_{\mathrm{L}}<X_{\mathrm{C}}$，$U_{\mathrm{L}}<U_{\mathrm{C}}$，$\varphi<0$
	谐振电路	$X_{\mathrm{L}}=X_{\mathrm{C}}$，$U_{\mathrm{L}}=U_{\mathrm{C}}$，$\varphi=0$
功率 （注：此内容在 4.9 中学习）	有功功率	$P=I^2R=UI\cos\varphi$（单位为 W）
	无功功率	$Q=I^2X=UI\sin\varphi$（单位为 Var）
	视在功率	$S=UI=I^2\lvert Z\rvert=\frac{U^2}{\lvert Z\rvert}=\sqrt{P^2+Q^2}$

说明：

1）RL 串联电路：只需将 RLC 串联电路中的电容 C 短路去掉，即令 $X_C=0$，$U_C=0$，则表中有关串联电路的公式完全适用于 RL 串联情况。

2）RC 串联电路：只需将 RLC 串联电路中的电感 L 短路去掉，即令 $X_L=0$，$U_L=0$，则表中有关串联电路的公式完全适用于 RC 串联情况。

任务三 荧光灯电路的安装与测量

【任务导入】

单一参数的正弦交流电路属于理想化电路，而实际电路往往是多参数组合而成的。例如电动机、断路器等设备都含有线圈，线圈通电以后总会发热，说明线圈不仅具有电感，还存在发热电阻。又如电子设备中的放大器、信号源等电路，一般均含有电阻、电容或电感元件。如何分析多参数交流电路的功率？如何通过参数的设计改变功率，达到改善设备性能的目的？

本任务通过知识链接的学习和技能训练，掌握谐振电路产生谐振的条件、特点，能进行简单的计算；理解耦合电感的相关概念、串并联化简及去耦等效；能够进行同名端、互感系数的测量；会进行简单电路分析计算。通过荧光灯电路的安装与调试，掌握多参数组合串联电路的功率计算；了解功率因数提高的意义与方法。

【任务分析】

荧光灯电路主要由灯管、镇流器和启动器（辉光启动器）三部分组成。灯管在工作时，可以认为是一个电阻负载，镇流器是一个铁心线圈，可以认为是一个电感很大的感性负载，因此荧光灯电路是一个多参数组合电路。多参数组合电路的功率既有有功功率部分，又有无功功率部分，这就需要学习多参数组合电路功率的有关知识，达到合理设计电路功率的目的。

【知识链接】

4.9 正弦交流电路的功率

4.9.1 瞬时功率

图4-36所示为正弦交流电路模型，复阻抗 Z 的两端加正弦交流电压时，电路就会通过一个按正弦规律变化的电流。

设通过负载的电流为 $i=\sqrt{2}I\sin\omega t$

加在负载两端的电压为 $u=\sqrt{2}U\sin(\omega t+\varphi)$

其中 φ 为阻抗角，$\varphi=\theta_u-\theta_i$。则在 u、i 取关联参考方向下，负载吸收的瞬时功率为

$$
\begin{aligned}
p&=ui=\sqrt{2}U\sin(\omega t+\varphi)\cdot\sqrt{2}I\sin\omega t=2UI\sin(\omega t+\varphi)\cdot\sin\omega t\\
&=2UI\cdot\frac{1}{2}[\cos(\omega t-\omega t-\varphi)-\cos(\omega t+\omega t+\varphi)]
\end{aligned}
$$

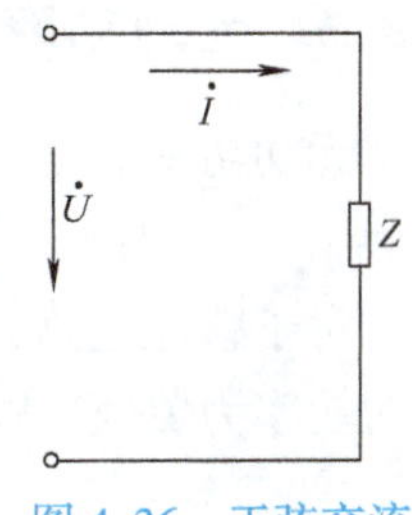

图4-36 正弦交流电路的模型

$$=UI[\cos\varphi-\cos(2\omega t+\varphi)] \tag{4-60}$$

可见，瞬时功率有恒定分量 $UI\cos\varphi$ 和正弦分量 $UI\cos(2\omega t+\varphi)$ 两部分，正弦量的频率是电源频率的两倍。图 4-37 为正弦电流、电压和瞬时功率的波形图。当 $\varphi\neq0$ 时（一般情况），则在每一个周期里有两段时间 u 和 i 的方向相反。这时瞬时功率 $p<0$，说明电路不从外电路吸收电能，而是发出电能。这主要是由于负载中有储能元件存在。

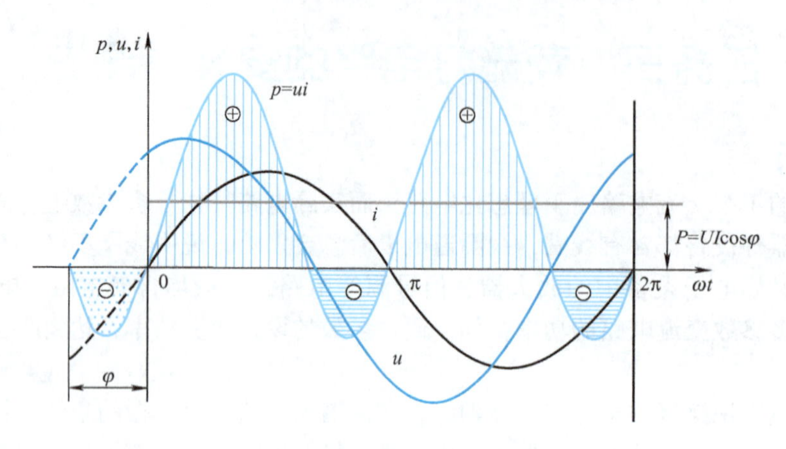

图 4-37　瞬时功率波形图

4.9.2　有功功率

瞬时功率，是一个随时间变化的量，它的计算和测量都不方便，通常也不对它进行计算和测量，但它是研究交流电路功率的基础。

我们把一个周期内瞬时功率的平均值称为“平均功率”，或称“有功功率”，用字母“P”表示，所以有

$$P=UI\cos\varphi=UI\lambda \tag{4-61}$$

上式说明，有功功率等于这个负载的电流、电压的有效值和 $\cos\varphi$ 的乘积。这里 φ 角是该负载的阻抗角，阻抗角的余弦值（即 $\lambda=\cos\varphi$），称为负载的“功率因数”。

不难证明，若电路中含有 R、L、C 元件，由于电感、电容上的平均功率为零，即 $P_L=0$，$P_C=0$，因而，有功功率等于各电阻消耗的平均功率之和，则有

$$P=UI\cos\varphi=P_R=U_RI$$

或

$$P=U_RI=I^2R \tag{4-62}$$

4.9.3　无功功率

无功功率的定义为

$$Q=UI\sin\varphi \tag{4-63}$$

对于感性电路，阻抗角 φ 为正值，无功功率为正值；对于容性电路，阻抗角 φ 为负值，无功功率为负值。这样在既有电感又有电容的电路中，总的无功功率等于两者的代数和，即

$$Q=Q_L+Q_C \tag{4-64}$$

式中，Q 为代数量，可正可负，Q 为正代表接收无功功率，为负代表发出无功功率。

4.9.4 视在功率

视在功率的定义为

$$S = UI \tag{4-65}$$

即视在功率为电路中的电压和电流有效值的乘积。单位为伏安（V·A），工程上也常用千伏安（kV·A）表示。

$$1\text{kV}\cdot\text{A} = 1000\text{V}\cdot\text{A}$$

电机和变压器的容量是由它们的额定电压和额定电流来决定的，因此往往可以用视在功率来表示。

4.9.5 功率三角形

以上三种功率和功率因数 $\cos\varphi$，在数值上有一定的关系，并可以用“功率三角形”将它们联系在一起，如图4-38所示，则有

$$S^2 = P^2 + Q^2$$

或

$$S = \sqrt{P^2 + Q^2} \tag{4-66}$$

$$\tan\varphi = \frac{Q}{P} \tag{4-67}$$

$$\lambda = \cos\varphi = \frac{P}{S} \tag{4-68}$$

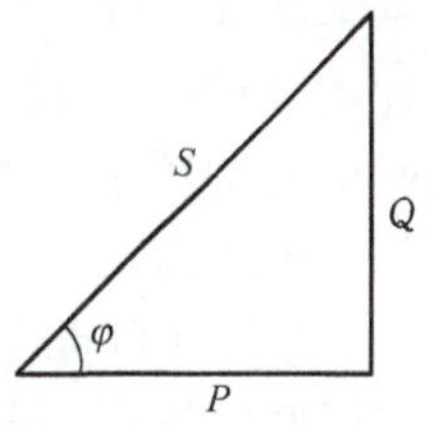

S Q φ P

图4-38 功率三角形

例题4.20 在 RLC 串联电路中，已知电流为 $I = 4\text{A}$，$U_R = 80\text{V}$，$U_L = 240\text{V}$，$U_C = 180\text{V}$，电源频率为50Hz。试求：

（1）电源电压 U；（2）电路参数 R、L 和 C；（3）电路的视在功率 S、有功功率 P 和无功功率 Q。

解：（1）由电压三角形可得

$$U = \sqrt{U_R^2 + (U_L - U_C)^2} = \sqrt{80^2 + (240-180)^2}\text{V} = 100\text{V}$$

（2）电路的电阻 $R = \frac{U_R}{I} = \frac{80}{4}\Omega = 20\Omega$

电路的感抗 $X_L = \frac{U_L}{I} = \frac{240}{4}\Omega = 60\Omega$

电路的电感 $L = \frac{X_L}{2\pi f} = \frac{60}{2\times3.14\times50}\text{H} = 0.19\text{H}$

电路的容抗 $X_C = \frac{U_C}{I} = \frac{180}{4}\Omega = 45\Omega$

电路的电容 $C = \frac{1}{2\pi f X_C} = \frac{1}{2\times3.14\times50\times45}\text{F} = 71\mu\text{F}$

电压与电流的相位差 $\varphi = \arctan\frac{X_L - X_C}{R} = \arctan\frac{60-45}{20} = 36.9°$

（3）电路的视在功率 $S = UI = 100\times4\text{V}\cdot\text{A} = 400\text{V}\cdot\text{A}$

电路的有功功率 $P=U_{R}I=80\times4W=320W$

电路的无功功率 $Q=(U_{L}-U_{C})I=(240-180)\times4var=240var$

4.10 功率因数的提高

4.10.1 功率因数提高的意义

功率因数的大小取决于电路的性质。若负载为阻性，则电路的功率因数为1；若负载为感性，则电路的功率因数介于0与1之间。在交流电路中，一般负载多为感性负载，例如常用的交流感应电动机、荧光灯等，通常它们的功率因数都比较低。交流感应电动机在额定负载时，功率因数为0.8~0.85，轻载时只有0.4~0.5，空载时更低，仅为0.2~0.3，不装电容器的荧光灯的功率因数为0.45~0.60。功率因数低会引起下述的不良后果。

(1) 电源设备的容量得不到充分的利用

电源设备（如变压器、发电机）的容量也就是视在功率，是依据其额定电压与额定电流设计的。例如一台800kV·A的变压器，若负载功率因数$\lambda=0.9$时，变压器可输出720kW的有功功率；若负载的功率因数$\lambda=0.5$时，则变压器就只能输出400kW的有功功率。因此负载的功率因数低时，电源设备的容量就得不到充分的利用。

(2) 增加了线路上的功率损耗和电压降

若用电设备在一定电压与一定功率下运行，那么当功率因数高时，线路上电流就小；反之，当功率因数低时，线路上电流就大，线路电阻与设备绕组的功率损耗也就越大，同时线路上的电压降也就增大，会使负载上电压降低，从而影响负载的正常工作。

例题4.21 某水电站以220kV的高压向工厂输送24×10^{4}kW的电能，功率因素为0.6，若输电线路的总电阻为10Ω，试计算当功率因数提高到0.9时，输电线上一年可以节约多少电能？

解：当$\cos\varphi=0.6$时，输电线上的电流为

$$I_1=\frac{P}{U\cos\varphi_1}=\frac{24\times10^{7}}{220\times10^{3}\times0.6}A\approx1818A$$

输电线上的损耗为 $\Delta P_1=I_1^2R=1818^2\times10W\approx33051kW$

当$\cos\varphi=0.9$时，输电线上的电流为 $I_2=\dfrac{P}{U\cos\varphi_2}=\dfrac{24\times10^{7}}{220\times10^{3}\times0.9}A\approx1212A$

输电线上的损耗为 $\Delta P_2=I_2^2R=1212^2\times10W\approx14689kW$

一年有$365\times24h=8760h$，所以，输电线上一年节约的电能为

$$W=(\Delta P_1-\Delta P_2)\times8760=(33051-14689)kW\times8760\text{度}\approx1.6\text{亿度}$$

由以上分析可以看到，提高功率因数不但对供电部门有利，而且对用电单位也大有好处。用电单位提高功率因数，可以减少电费支出，减少用电装置的电能损耗。

4.10.2 提高功率因数的方法

通常可以从两方面来考虑提高功率因数，一方面是提高自然功率因数，主要办法有改进电动机的运行条件，合理选择电动机的容量，或采用同步电动机等；另一方面是采用人工补偿，也叫无功补偿。就是在通常广泛应用的感性电路中，人为地并联容性负载，利用容性负

载的超前电流来补偿滞后的感性电流，以达到提高功率因数的目的。

图4-39a给出了一个感性负载并联电容的电路图，图4-39b是它的相量图，从相量图中我们可以看出，感性负载未并联电容时，电流$\dot{I}$滞后于电压$\dot{U}$ φ_1角，此时电路的总电流$\dot{I}$等于负载电流$\dot{I}_1$；并联电容后，由于端电压$\dot{U}$不变，则负载电流$\dot{I}_1$也没有变化，但电容支路的电流$\dot{I}_C$越前于端电压$\dot{U}$ 90°，电路的总电流$\dot{I}$发生了变化，此时$\dot{I}=\dot{I}_1+\dot{I}_C$，且$I<I_1$，即总电流在数值上（有效值）减小了，同时总电流$\dot{I}$与端电压$\dot{U}$之间的相位差变小，$\varphi_2<\varphi_1$，因此$\cos\varphi_2>\cos\varphi_1$，这样功率因数对总电路来讲得到了提高。

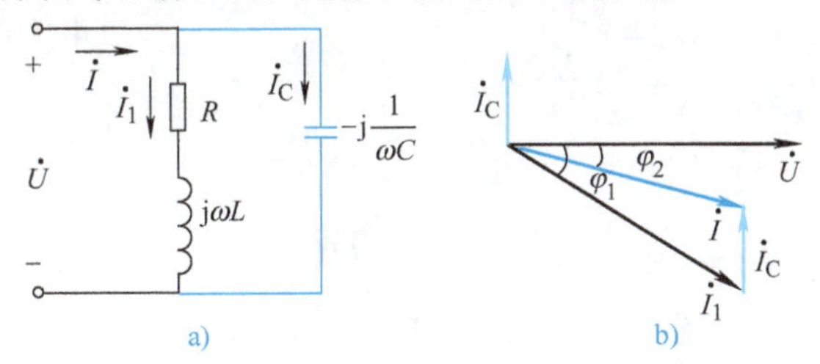

图4-39　功率因数的提高

总结：所谓提高功率因数，并不是提高感性负载本身的功率因数，负载在并联电容前后，由于端电压没变，其工作状态不受影响，负载本身的电流、有功功率和功率因数均无变化。提高功率因数只是提高了电路总的功率因数。

用并联电路来提高功率因数，一般补偿到0.9左右，而不再补偿到更高，因为补偿到功率因数接近于1时，所需电容量大，反而不经济。

功率因数的提高靠并联电容来补偿，实际应用中的电容容量是一定的，要达到补偿效果，需要用到几个电容来完成补偿，而制造厂家生产的补偿用的电容的技术数据，直接给出的是额定电压U_N和额定容量Q_N（kvar），为此，我们就需要计算补偿的无功功率Q_C。

4.11　正弦交流电路中的谐振

谐振现象是正弦交流电路中的一种特殊现象，它在无线电和电工技术中得到广泛的应用。例如收音机和电视机利用谐振电路的特性来选择所需的接收信号，抑制其他干扰信号。但在某些场合特别是在电力系统中，若出现谐振就会引起过电压，有可能破坏系统的正常工作。所以，对谐振现象的研究，有重要的实际意义。通常采用的谐振电路是由R、L、C组成的串联谐振电路和并联谐振电路。下面我们来分析电路发生谐振的条件及特征。

4.11.1　串联谐振

1. 谐振现象

图4-40为由R、L、C组成的串联电路，在正弦激励下，该电路的复阻抗为

$$Z=R+j(X_L-X_C)=R+jX=|Z|\angle\varphi$$

由4.8节讨论可以知道，当$X=X_L-X_C=0$时，电路相当于“纯电阻”电路，其总电压$\dot{U}$和总电流$\dot{I}$同相。电路出现的这种现象称为“谐振”。串联电路出现的谐振又称“串联谐振”。

2. 产生谐振的条件

由以上分析可知，串联谐振的条件是

$$X_L - X_C = 0 \text{ 或 } X_L = X_C \tag{4-69}$$

即
$$\omega L = \frac{1}{\omega C} \tag{4-70}$$

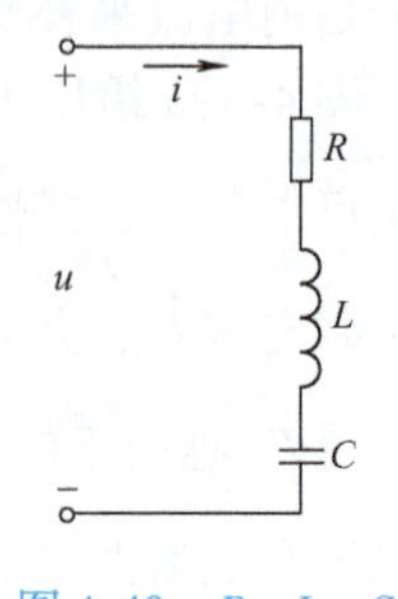

图 4-40 R、L、C 串联电路

通过改变ω、L、C 三个参数，便可使电路发生谐振或消除谐振。

1）当 L、C 固定时，可以改变电源频率达到谐振，由式（4-70）可得

$$\omega_0 = \frac{1}{\sqrt{LC}} \tag{4-71}$$

由于 $\omega = 2\pi f$，所以有

$$f_0 = \frac{1}{2\pi\sqrt{LC}} \tag{4-72}$$

$$T_0 = 2\pi\sqrt{LC} \tag{4-73}$$

由上式可知，串联电路中的谐振频率 f_0 与电阻 R 无关，它反映了串联电路的一种固有的性质，所以又称“固有频率”；ω_0 称为“固有角频率”。而且对于每一个 R、L、C 串联电路，总有一个对应的谐振频率 f_0。

2）当电源的频率 ω_0 一定时，可改变电容 C 和电感 L 使电路谐振。

由式（4-70）可得，当调节电容和电感，使它们分别为

$$C = \frac{1}{\omega^2 L} \tag{4-74}$$

$$L = \frac{1}{\omega^2 C} \tag{4-75}$$

时，均可使电路谐振。我们常把调节 L 或 C 使电路谐振的过程称为“调谐”。

例题 4.22 图 4-41 为一 R、L、C 串联电路，已知 $R = 10\Omega$，$L = 500\mu H$，C 为可变电容，变化范围为 12～290pF。若外施信号频率为 800Hz，则电容应为何值才能使电路发生谐振。

解： 由式（4-74）可知

$$C = \frac{1}{\omega^2 L} = \frac{1}{(2\pi f)^2 L} = \frac{1}{(2\times\pi\times800\times10^3)^2\times500\times10^{-6}}\text{F} = 79.2\text{pF}$$

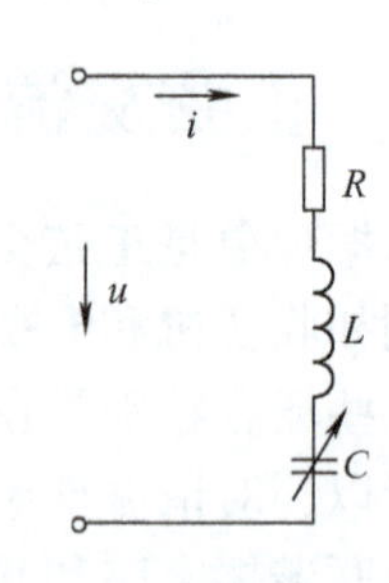

图 4-41 例题 4.22 图

3. 串联谐振的基本特征

1）谐振时，阻抗最小，且为纯阻性。因为谐振时，$X = 0$，所以 $Z = R$，$|Z| = R$。

2）谐振时，电路中的电流最大，电感电压与电容电压的有效值相等，相位相反，相互抵消，电阻电压等于外加电源电压。由于谐振时，$|Z| = R$ 为最小，所以电流 I 为最大，最大值为 $I = \frac{U_S}{R}$。

3）谐振时，电路的电抗为零。感抗 X_L 和容抗 X_C 相等，其值称为电路的特性阻抗 ρ，即

$$\rho = \omega_0 L = \frac{1}{\omega_0 C} = \sqrt{\frac{L}{C}} \tag{4-76}$$

特性阻抗ρ的单位为Ω，它的大小由电路的参数L和C来决定，而与谐振频率的大小无关。ρ是衡量电路特性的一个重要参数。

4）谐振时，电感和电容上的电压大小相等，相位相反，且其大小为电源电压U_S的Q倍。Q称为电路的品质因数。

由于谐振时$X_L = X_C$，电感上的电压为$U_{L0} = IX_L$，电容上的电压为$U_{C0} = IX_C$，所以$U_{L0} = U_{C0}$。则谐振时

$$Q = \frac{U_{L0}}{U_S} = \frac{I\omega_0 L}{IR} = \frac{\omega_0 L}{R} = \frac{\rho}{R}$$

$$U_{L0} = U_{C0} = QU_S$$

谐振时电感和电容上的电压相等，且为电源电压的Q倍，所以串联谐振又称为电压谐振。电路的Q值一般为50～200。因此，即使外加电源电压不高，在谐振时，电路元件上的电压仍有可能很高，特别对于电力系统来说，由于电源电压本身较高，如果电路在接近于串联谐振的情况下工作，电感和电容两端将出现过电压，从而烧坏电器设备。所以在电力系统中必须适当选择电路的参数L和C，以避免谐振的发生。

4.11.2　并联谐振

工程上还常采用由电感线圈与电容并联组成的谐振电路，如图4-42所示，其中电感线圈用R和L的串联组合来表示。同串联谐振一样，当端电压$\dot{U}$和总电流$\dot{I}$同相时，电路的工作状态称为并联谐振。

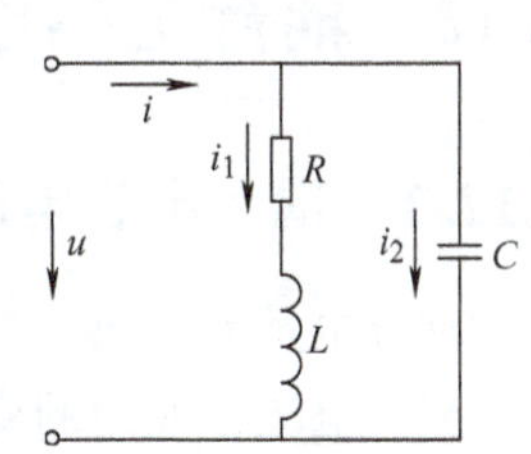

图4-42　并联谐振电路

1. 并联谐振的条件

分析和讨论并联谐振时，采用复导纳较为方便。

电感支路的复导纳为　$Y_1 = \frac{1}{R + j\omega L} = \frac{R - j\omega L}{R^2 + (\omega L)^2} = \frac{R}{R^2 + (\omega L)^2} - \frac{j\omega L}{R^2 + (\omega L)^2}$

电容支路的复导纳为　$Y_2 = \frac{1}{-jX_C} = j\omega C$

并联电路的总导纳为　$Y = Y_1 + Y_2 = \frac{R}{R^2 + (\omega L)^2} + j\left[\omega C - \frac{\omega L}{R^2 + (\omega L)^2}\right]$

当回路中总导纳的虚部（电纳）为0时，总电压$\dot{U}$和总电流$\dot{I}$同相，即电路处于谐振状态时，有

$$\omega_0 = \frac{1}{\sqrt{LC}}\sqrt{1 - \frac{CR^2}{L}} \tag{4-77}$$

由式（4-77）可以看出，电路的谐振角频率完全由电路的参数来决定，而且只有当$1 - \frac{CR^2}{L} > 0$，即$R < \sqrt{\frac{L}{C}}$时，ω_0才是实数，电路才有可能通过调频达到谐振。

根据前面对线圈的品质因数的定义，有

$$Q=\frac{\rho}{R}=\omega\frac{L}{R}=\frac{1}{\omega CR}$$

线圈的品质因数相当高时，由于 $\omega L>>R$，ω_0 就可以写成

$$\omega_0=\frac{1}{\sqrt{LC}}\sqrt{1-\frac{CR^2}{L}}=\frac{1}{\sqrt{LC}}\sqrt{1-\frac{R^2}{\rho^2}}=\frac{1}{\sqrt{LC}}\sqrt{1-\frac{1}{Q^2}}\approx\frac{1}{\sqrt{LC}} \tag{4-78}$$

这与串联谐振的条件是一样的，即

$$f_0\approx\frac{1}{2\pi\sqrt{LC}} \tag{4-79}$$

2. 并联谐振的特性

1）谐振时，导纳为最小值，阻抗为最大值，且为纯阻性。

谐振时的导纳为 $$Y=\frac{R}{R^2+(\omega L)^2}$$

谐振时的阻抗为 $$Z=\frac{R^2+(\omega_0 L)^2}{R}\approx\frac{(\omega_0 L)^2}{R}=Q\omega_0 L=Q\rho=\frac{\rho^2}{R}$$

2）谐振时总电流最小，且与端电压同相。

3）谐振时，电感支路与电容支路的电流大小近似相等，为总电流的 Q 倍。这就是说，两条支路的电流近似相等，均为总电流的 Q 倍，相位相反，因此并联谐振又称电流谐振。

4.12 耦合电感电路

4.12.1 耦合电感电路的基本概念

耦合电感元件属于多端元件，在实际电路中，如收音机、电视机中的中周线圈、振荡线圈，整流电源里使用的变压器等都是耦合电感元件，熟悉这类多端元件的特性，掌握包含这类多端元件的电路问题的分析方法是非常必要的。

1. 互感

两个或两个以上载流线圈通过彼此的磁场相互联系的物理现象称为磁耦合。图 4-43 为两个耦合的线圈 1、2，线圈匝数分别为 N_1 和 N_2，电感分别为 L_1 和 L_2，载流圈中的电流 i_1 和 i_2 称为施感电流。图 4-43a 中，当 i_1 通过线圈 1 时，线圈 1 中将产生自感磁通 ϕ_{11}，方向如图 4-43a 所示，ϕ_{11} 在穿越自身的线圈时，所产生的磁通链为 ψ_{11}，ψ_{11} 称为自感磁通链，$\psi_{11}=N_1\phi_{11}$。ϕ_{11} 的一部分或全部与线圈 2 交链时，线圈 1 对线圈 2 的互感磁通为 ϕ_{21}，ϕ_{21} 在线圈 2 中产生的磁通链为 ψ_{21}，ψ_{21} 称为互感磁通链，$\psi_{21}=N_2\phi_{21}$。同样，图 4-43b 线圈 2 中的电流 i_2 也在线圈 2 中产生自感磁通 ϕ_{22} 和自感磁通链 ψ_{22}，在线圈 1 中产生互感磁通 ϕ_{12} 和互感磁通链 ψ_{12}。每个耦合线圈中的磁通链等于自感磁通链和互感磁通链两部分的代数和，设线圈 1 和 2 的磁通链分别为 ψ_1 和 ψ_2，则

$$\psi_1=\psi_{11}\pm\psi_{12} \qquad \psi_2=\psi_{21}\pm\psi_{22}$$

当周围空间为线性磁介质时，自感磁通链为

$$\psi_{11}=L_1 i_1 \qquad \psi_{22}=L_2 i_2$$

互感磁通链为 $$\psi_{12}=M_{12}i_2 \qquad \psi_{21}=M_{21}i_1$$

式中，L_1 和 L_2 称为自感系数，简称自感；M_{12}和 M_{21}称为互感系数，简称互感，单位均为亨利（H）。可以证明 $M_{12}=M_{21}$，所以在只有两个线圈耦合时可以略去 M 的下标，不再区分 M_{12}和 M_{21}，都用 M 表示。于是两个耦合线圈的磁通链可表示为

$$\psi_1 = L_1 i_1 \pm M i_2 \tag{4-80}$$

$$\psi_2 = L_2 i_2 \pm M i_1 \tag{4-81}$$

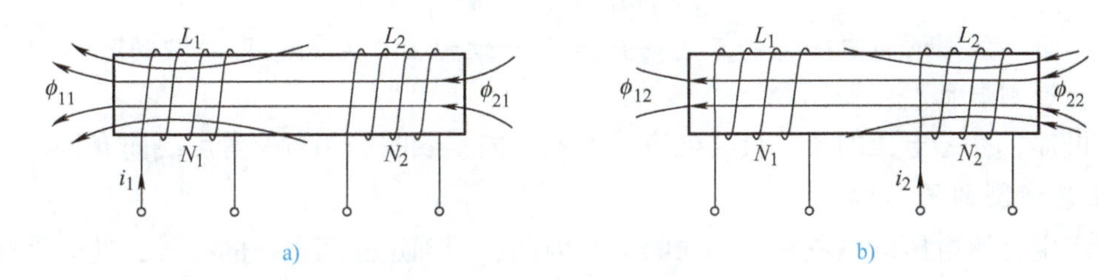

图 4-43　两个耦合的电感线圈

自感磁通链总为正，互感磁通链可正可负。当互感磁通链的参考方向与自感磁通链的参考方向一致时，彼此相互加强，互感磁通链取正；反之，互感磁通链取负。互感磁通链的方向由它的电流方向、线圈绕向及相对位置决定。

2. 耦合系数

两个耦合线圈的电流所产生的磁通，一般情况下，只有部分磁通相互交链。两耦合线圈相交链的磁通越多，说明两个线圈耦合越紧密。工程上用耦合系数 k 定量描述两耦合线圈的耦合紧密程度。

耦合系数的定义为

$$k = \sqrt{\frac{\Psi_{12}\Psi_{21}}{\Psi_{11}\Psi_{22}}} = \sqrt{\frac{\Phi_{12}\Phi_{21}}{\Phi_{11}\Phi_{22}}}$$

因为　　$\Psi_{11}=L_1 i_1$，　$\Psi_{22}=L_2 i_2$，　$\Psi_{12}=M i_2$，　$\Psi_{21}=M i_1$

所以　　$k = \sqrt{\frac{\Psi_{12}\Psi_{21}}{\Psi_{11}\Psi_{22}}} = \sqrt{\frac{M i_2 M i_1}{L_1 i_1 L_2 i_2}} = \frac{M}{\sqrt{L_1 L_2}}$

即

$$k = \frac{M}{\sqrt{L_1 L_2}} \tag{4-82}$$

由于 $\Phi_{21} \leqslant \Phi_{11}$，$\Phi_{12} \leqslant \Phi_{22}$，所以有 $0 \leqslant k \leqslant 1$，$0 \leqslant M \leqslant \sqrt{L_1 L_2}$。

两个线圈的耦合程度或耦合系数 k 的大小与线圈的结构、两线圈的相对位置以及磁介质有关。紧密绕在一起的两个线圈，$k=1$，$M=\sqrt{L_1 L_2}$ 称为全耦合。当两线圈相隔很远，或两线圈轴线相互垂直且在对称位置上时，$k=0$。所以，改变两线圈的相互位置可以改变耦合系数的大小，当 L_1、L_2一定时，就可相应地改变互感 M 大小。

3. 耦合电感上的电压、电流关系

当电流为时变电流时，磁通也将随时间变化，从而在线圈两端产生感应电压。根据电磁感应定律和楞次定律得每个线圈两端的电压为

$$u_1 = \frac{\mathrm{d}\psi_1}{\mathrm{d}t} = \frac{\mathrm{d}\psi_{11}}{\mathrm{d}t} \pm \frac{\mathrm{d}\psi_{12}}{\mathrm{d}t} = L_1 \frac{\mathrm{d}i_1}{\mathrm{d}t} \pm M \frac{\mathrm{d}i_2}{\mathrm{d}t} \tag{4-83}$$

$$u_2 = \frac{\mathrm{d}\psi_2}{\mathrm{d}t} = \frac{\mathrm{d}\psi_{22}}{\mathrm{d}t} \pm \frac{\mathrm{d}\psi_{21}}{\mathrm{d}t} = L_2 \frac{\mathrm{d}i_2}{\mathrm{d}t} \pm M \frac{\mathrm{d}i_1}{\mathrm{d}t} \tag{4-84}$$

即线圈两端的电压均包含自感电压和互感电压。在正弦交流电路中，其相量形式的方程为

$$\dot{U}_1 = \mathrm{j}\omega L_1 \dot{I}_1 \pm \mathrm{j}\omega M \dot{I}_2 \tag{4-85}$$

$$\dot{U}_2 = \mathrm{j}\omega L_2 \dot{I}_2 \pm \mathrm{j}\omega M \dot{I}_1 \tag{4-86}$$

注意：当两线圈的自感磁链和互感磁链方向一致时，称为互感的“增助”作用，互感电压取正，否则取负。

综上可知，互感电压的正、负与电流的参考方向、线圈的相对位置和绕向有关。

4. 互感线圈的同名端

由于产生互感电压的电流在另一线圈上，因此，要确定互感电压的符号，就必须知道两个线圈的绕向，这在电路分析时很不方便。为了解决这一问题引入同名端的概念。

当两个电流分别从两个线圈的对应端子同时流入或流出时，若产生的磁通相互增强，则这两个对应端子称为两互感线圈的同名端，否则为异名端。同名端用相同的符号“*”或“·”标记。为了便于区别，仅在两个线圈的一对同名端标记，另一对同名端不再标注。在标出同名端后，每个线圈的具体绕向和它们的相对位置就不需要在图中标出，便可以根据电流的变化趋势，很方便地判断出互感电压的实际方向。

图 4-44 所示的两个线圈，i_1、i_2分别从端钮 a、c 流入，线圈 1 的自感磁通 Φ_{11} 和互感磁通 Φ_{12} 方向一致，线圈 2 的自感磁通 Φ_{22}和互感磁通 Φ_{21}方向一致，则线圈 1 的端钮 a 和线圈 2 的端钮 c 为同名端。显然，端钮 b 和端钮 d 也是同名端，而 a、d 及 b、c 端钮为异名端。

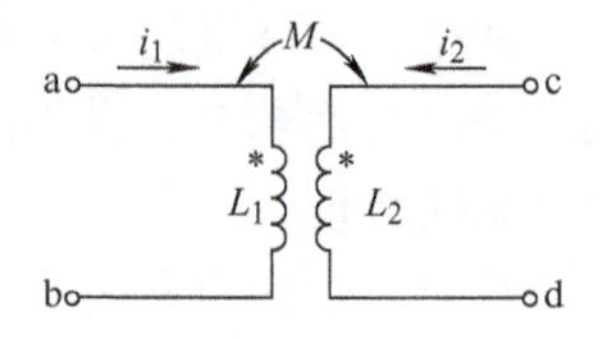

图 4-44 有耦合电感的电路模型

5. 互感线圈同名端的判定

如果已知磁耦合线圈的绕向及相对位置，同名端可以运用楞次定律直接判定，也可以根据同名端的定义判定。但在生产实际中，磁耦合线圈的绕向一般是无法确定的，因而利用上述办法无法判定同名端，通常用实验的方法来进行同名端的判断。

实验测定同名端比较常用的一种方法为直流法，其接线方式如图 4-45 所示。当开关 S 接通瞬间，线圈 1 的电流 i 经图示方向流入且增加，若此时直流电压表指针正偏（不必读取指示值），则电压表“+”接线柱所接线圈端钮和另一线圈接电源正极的端钮为同名端。反之，电压表指针反偏，则电压表“-”接线柱所接线圈端钮与另一线圈接电源正极的端钮为同名端。

根据上述实验得结论：当随时间增大的电流从一线圈的同名端流入时，会引起另一线圈同名端电位升高。确定互感线圈的同名端不仅在理论分析中是必要的，在实际工作中也非常重要。如在变压器使用中，经常根据需要用同名端标记各绕组的绕向关系。在电子技术中广泛应用的互感线圈，许多情况下也必须考虑互感线圈的同名端。

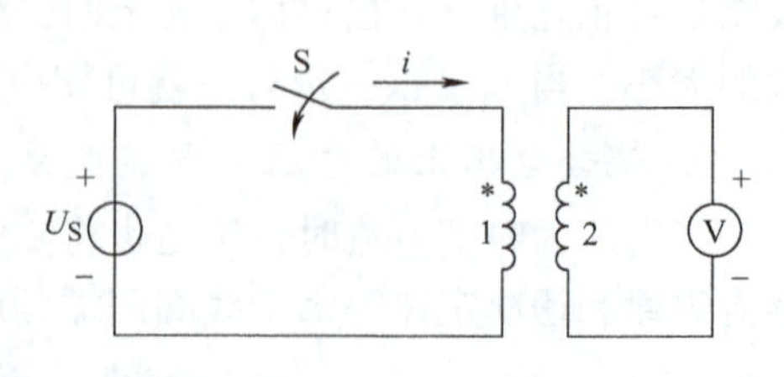

图 4-45 直流法测同名端

当两个线圈的同名端确定后，如图 4-46 所示，选择一个线圈的电流（i_1或 i_2）参考方向为从同名端流入，同时选择该电流在另一线圈中产生的互感电压（u_{12}或 u_{21}）的参考正极性也是同名端标记端，此时，互感电压的表达式为

$$
\begin{aligned}
u_{21} &= M\frac{\mathrm{d}i_1}{\mathrm{d}t} \\
u_{12} &= M\frac{\mathrm{d}i_2}{\mathrm{d}t}
\end{aligned}
\tag{4-87}
$$

上述这种选择电流和互感电压参考方向的原则，称为互感电压与产生该电压的电流的参考方向对同名端一致的原则。其中，若$(\mathrm{d}i_2/\mathrm{d}t)>0$，按照同名端的概念 $u_{12}>0$，与实际情况相符。同理，若$(\mathrm{d}i_1/\mathrm{d}t)>0$，则 $u_{21}>0$。因此，在分析互感电路时利用同名端的概念，可不必考虑线圈的绕向及相对位置，但对参考方向所遵循的原则必须理解和掌握。

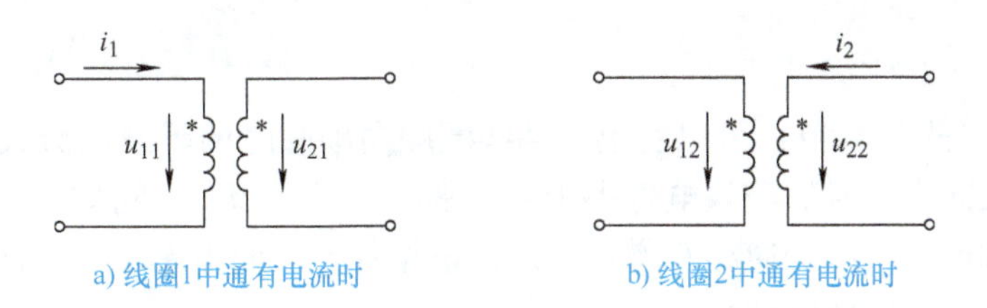

图 4-46　互感线圈中电流、电压的参考方向

4.12.2　耦合电感电路的分析与应用

在分析计算具有互感的正弦交流电路时，利用基尔霍夫定律列写 KCL 方程时，KCL 方程形式仍然不变，但应加上由于互感作用而引起的互感电压。当某些支路具有互感时，这些支路的电压将不仅与本支路的电流有关，同时还与其他与之有互感关系的支路电流有关。所以，在对具有互感的电路进行分析与计算时，应当充分注意由于互感作用而具有的特殊性。

1. 互感线圈的串联

两个有互感的线圈进行串联时，可以有两种接法，一种称为顺向串联，下标用 F 表示；另一种称为反向串联，下标用 R 表示。

（1）顺向串联

所谓顺向串联，就是把两线圈的异名端相连，也就是电流从两个电感的同名端流进（或流出），如图 4-47 所示。按照对同名端一致的原则，选择电流、电压的参考方向如图 4-47所示。根据 KVL 得

$$\dot{U}_1=\dot{U}_{11}+\dot{U}_{12}=\mathrm{j}\omega L_1\dot{I}+\mathrm{j}\omega M\dot{I}$$

$$\dot{U}_2=\dot{U}_{22}+\dot{U}_{21}=\mathrm{j}\omega L_2\dot{I}+\mathrm{j}\omega M\dot{I}$$

串联后线圈的总电压为　$\dot{U}=\dot{U}_1+\dot{U}_2=\mathrm{j}\omega(L_1+L_2+2M)\dot{I}=\mathrm{j}\omega L_\mathrm{F}\dot{I}$

其中，L_F 为顺向串联的等效电感：　$L_\mathrm{F}=L_1+L_2+2M$　(4-88)

（2）反向串联

所谓反向串联，就是把两个线圈的同名端相连，也就是电流对一个电感线圈是从同名端

流进（或流出），而对另一电感线圈是从同名端流出（或流进），如图 4-48 所示。按照对同名端一致的原则选择电流、电压的参考方向如图 4-48 所示，则有

$$\dot{U}_1=\dot{U}_{11}-\dot{U}_{12}=j\omega L_1\dot{I}-j\omega M\dot{I}$$

$$\dot{U}_2=\dot{U}_{22}-\dot{U}_{21}=j\omega L_2\dot{I}-j\omega M\dot{I}$$

反向串联后总电压为 $\dot{U}=\dot{U}_1+\dot{U}_2=j\omega(L_1+L_2-2M)\dot{I}=j\omega L_R\dot{I}$

其中，L_R 为线圈反向串联的等效电感： $L_R=L_1+L_2-2M$ (4-89)

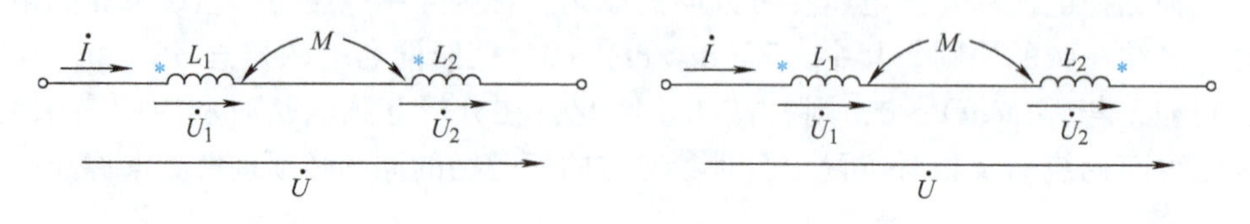

图 4-47 顺向串联　　图 4-48 反向串联

由式（4-88）、式（4-89）可以看出，两线圈顺向串联时的等效电感大于两线圈的自感之和，而两线圈反向串联时的等效电感小于两线圈的自感之和。从物理本质上说明顺向串联时，电流从同名端流入，两磁通相互增强，总磁链增加，等效电感增加；而反向串联时情况则相反，总磁链减小，等效电感减小。

根据 L_F 和 L_R 可以求出两耦合线圈的互感 M 为：

$$M=\frac{L_F-L_R}{4} \tag{4-90}$$

2. 互感线圈的并联

两个互感线圈并联时，也有两种接法，一种是两互感线圈的同名端相连，称同侧并联，如图 4-49a 所示；另一种是两互感线圈的异名端相连，称异侧并联，如图 4-49b 所示。

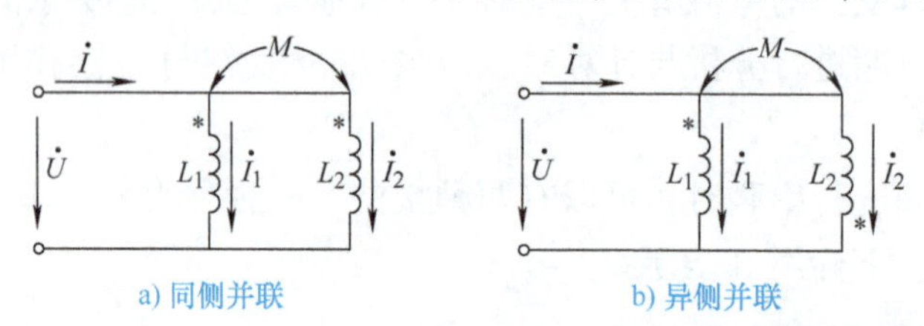

a) 同侧并联　　b) 异侧并联

图 4-49 互感线圈的并联

在正弦交流的情况下，根据图示电压、电流的参考方向，忽略线圈的电阻，可列如下方程

$$\left.\begin{aligned}&\dot{I}=\dot{I}_1+\dot{I}_2\\&\dot{U}=j\omega L_2\dot{I}_2\pm j\omega M\dot{I}_1\\&\dot{U}=j\omega L_1\dot{I}_1\pm j\omega M\dot{I}_2\end{aligned}\right\} \tag{4-91}$$

式中，互感电压前的正号对应于同侧并联，负号对应于异侧并联。对式（4-91）联立求解得两互感线圈并联后的等效阻抗为 $Z=\dfrac{j\omega(L_1L_2-M^2)}{L_1+L_2\mp 2M}=j\omega L$ (4-92)

上式中 L 为两个互感线圈并联后的等效电感，为

$$L=\frac{L_1L_2-M^2}{L_1+L_2\mp 2M} \tag{4-93}$$

式（4-92）、式（4-93）分母中 M 前的负号对应于同侧并联，正号对应于异侧并联。

【任务实施】

技能训练 10　荧光灯控制线路

一、训练目的

1）熟练使用各种电工工具。
2）掌握照明线路中双控线路的安装和布线。

二、训练器材

训练器材清单见表 4-10，训练工具清单见表 4-11。

表 4-10　训练器材清单

序号	名称	型号	数量
1	PVC 管	ϕ20mm	2. 5m
2	PVC 杯梳	ϕ20mm	3 个
3	线槽	4020	0. 5m
4	86 型暗盒		2 个
5	配电箱	CDPZ50M8	1 个
6	漏电保护器	DZ47－LE－1P＋N－10A	1 个
7	低压断路器	DZ47－1P－3A	2 个
8	荧光灯		1 个
9	辉光启动器		1 个
10	镇流器		1 个
11	触摸开关	CD200－D86M	1 个
12	电源插座	DG862K1	1 个

表 4-11　训练工具清单

序号	名称	数量
1	斜口钳	1 个
2	手动弯管器	1 个
3	钢直尺	1 个
4	角度尺	1 个
5	锯条	3 个
6	螺钉旋具	1 个

三、训练内容及步骤

1）熟悉线路工艺图，如图 4-50 所示。

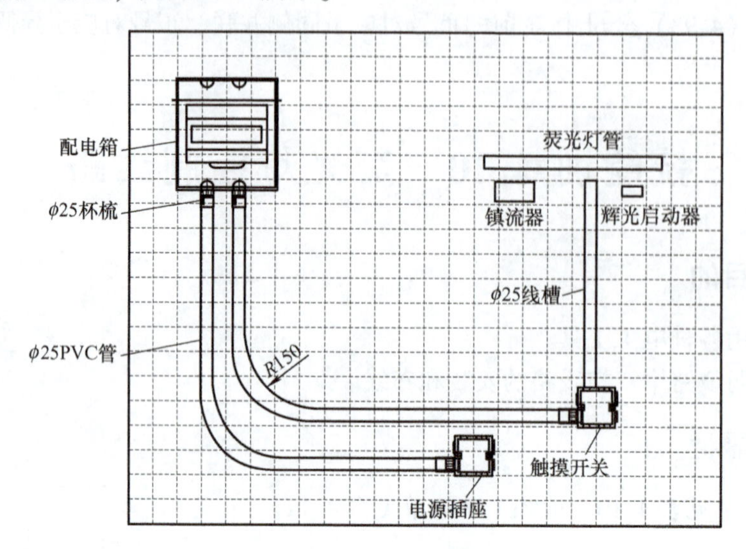

图 4-50 荧光灯照明线路工艺图

2）根据图样确定电器安装的位置、导线敷设途径等。

3）在模拟墙体上，将所有的固定点打好安装孔眼。

4）装设管卡、PVC 管及各种安装支架等。

5）敷设导线：根据图 4-51 原理图敷设导线。

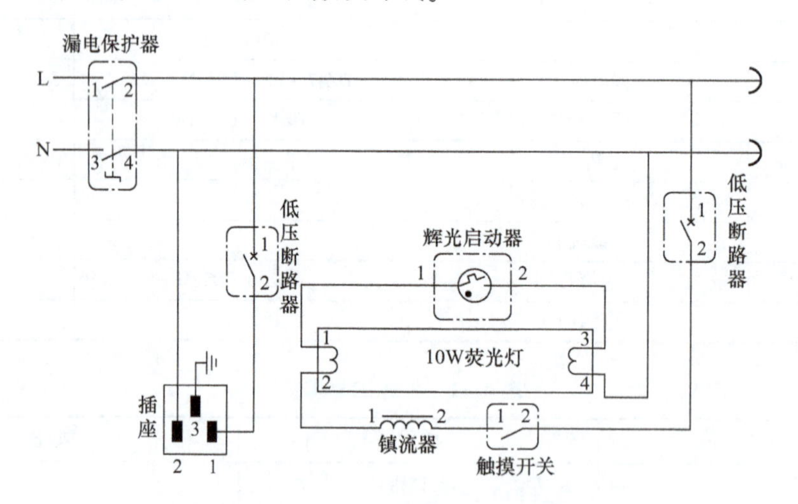

图 4-51 荧光灯照明线路原理图

6）安装灯具和电器：将灯泡及开关插座面板等固定安装。

四、训练注意事项

1）本实验用交流市电 220V，务必注意用电和人身安全。

2）功率表要正确接入电路。

3）线路接线正确，荧光灯不能启辉时，应检查辉光启动器接触是否良好。

技能训练 11　荧光灯电路及功率因数的提高

教学视频

一、训练目的

1）研究正弦稳态交流电路中电压、电流相量之间的关系。

2）掌握荧光灯线路的接线，明确各元件的作用。

3）理解改善电路功率因数的意义并掌握其方法。

二、训练器材（见表 4-12）

表 4-12　训练器材清单

序号	名称	型号与规格	数量	备注
1	交流电压表	0～500V	1 块	
2	交流电流表	0～5A	1 块	
3	功率表	DGJ－07	1 块	
4	自耦调压器		1 个	
5	镇流器、辉光启动器	与 30W 灯管配用	各 1 个	DGJ－04
6	荧光灯灯管	30W	1 个	屏内
7	电容器	1μF、2.2μF、4.7μF/500V	各 1 个	DGJ－05
8	白炽灯及灯座	220V，25W	1～3 个	DGJ－04
9	电流插座	DGJ－04	3 个	

三、原理说明

1）在单相正弦交流电路中，用交流电流表测得各支路的电流值，用交流电压表测得回路各元件两端的电压值，它们之间的关系满足相量形式的基尔霍夫定律，即 $\sum \dot{I}=0$ 和 $\sum \dot{U}=0$。

2）图 4-52 所示电路为 RC 串联电路，在正弦稳态信号 $\dot{U}$ 的激励下，$\dot{U}_R$ 与 $\dot{U}_C$ 保持有 90°的相位差，即当 R 阻值改变时，$\dot{U}_R$ 的相量轨迹是一个半圆。$\dot{U}$、$\dot{U}_R$ 与 $\dot{U}_C$ 三者形成一个直角形的电压三角形，如图 4-53 所示。R 值改变时，可改变 φ 角的大小，从而达到移相的目的。

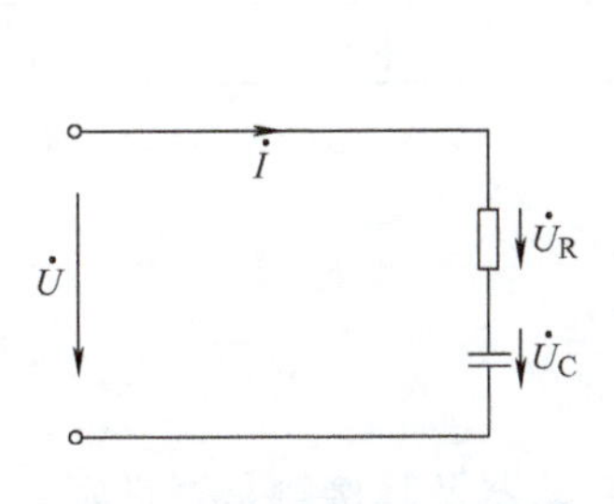

图 4-52　单相正弦交流电路

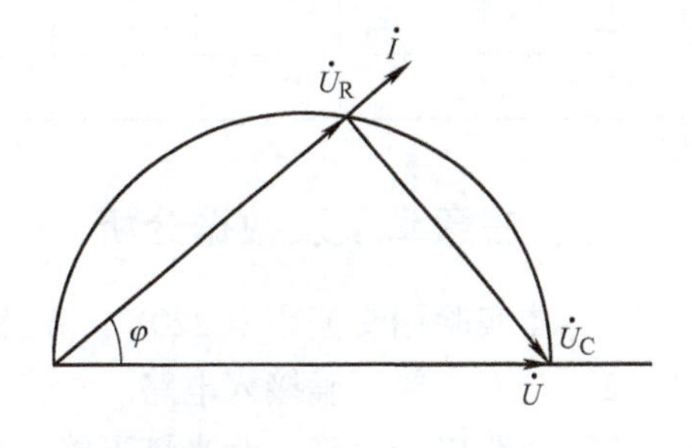

图 4-53　荧光灯线路相量关系

3）荧光灯线路如图 4-54 所示，图中 C 是补偿电容器，用以改善电路的功率因数（$\cos\varphi$ 值）。

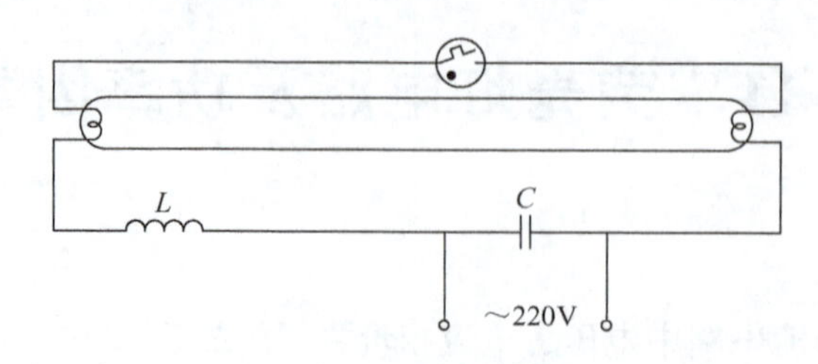

图 4-54　荧光灯线路

四、训练内容及步骤

1）接通实验台电源，将自耦调压器的输出调至 220V，然后停电。

2）按图 4-55 组成实验线路。经指导老师检查后，记录功率表、电压表读数。通过一块电流表和三个电流插座分别测得三条支路的电流，改变电容值，进行三次重复测量。数据记入表 4-13 中。

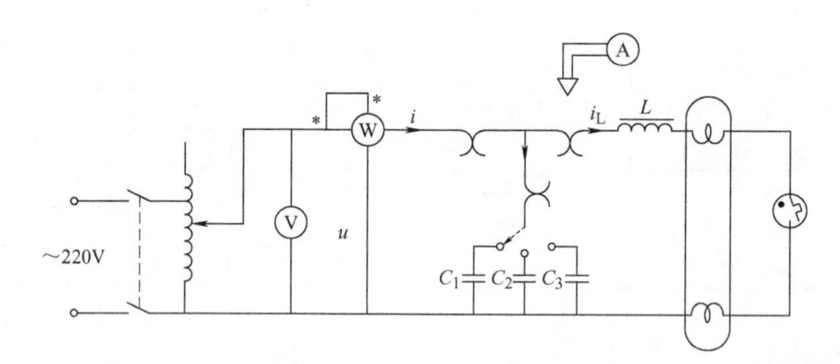

图 4-55　荧光灯电路接线图

表 4-13　荧光灯电路及功率因数提高测量数据表

电容值/μF	测量数值								计算值	
	P/W	$\cos\varphi$	U/V	I/A	I_L/A	I_C/A	U_R/V	U_L/V	I/A	$\cos\varphi$
0										
1										
2.2										
5.7										

五、注意事项及数据分析

1）本实验用交流市电 220V，务必注意用电和人身安全。

2）功率表要正确接入电路。

3）线路接线正确，荧光灯不能启辉时，应检查辉光启动器及其接触是否良好。

4）分析表4-13中数据，说明功率因数提高的原因。

技能训练12　同名端及互感系数的测量

一、训练目的

1）掌握互感电路同名端、互感系数以及耦合系数的测定方法。
2）观察用不同材料作线圈芯以及两个线圈相对位置改变时，对互感的影响。

二、训练器材（见表4-14）

表4-14　训练器材清单

序号	名称	型号与规格	数量	备注
1	直流稳压电源	0～30V	1个	RTDG01
2	单相可调交流电源	0～220V	1个	RTDG01
3	直流数字电压表	0～200V	1块	RTT01
4	直流数字毫安表	0～200mA	1块	RTT01
5	直流数字安培表	0～5A	1块	RTT01
6	交流电压表	0～500V	1块	RTT04－1
7	交流电流表	0～5A	1块	RTT04－1
8	空心互感线圈	L_1 为大线圈 L_2 为小线圈	1对	RTDG07
9	可变电阻	100Ω/3W	1个	RTDG08
10	电阻	510Ω/2W	1个	RTDG08
11	发光二极管	红或绿	1个	RTDG08
12	铁棒、铝棒		各1个	RTDG07
13	滑动变阻器	200Ω/2A	1个	另备

三、原理说明

1. 判断互感线圈同名端

判断两个耦合线圈的同名端在理论分析和实际工程中都具有重要的意义。如电话机或变压器各绕组的首、末端等，都是根据同名端进行连接的。

（1）直流法

电路如图4-56所示，当开关S闭合或断开瞬间，在L_2中产生互感电动势，电压表指针会偏转。若S闭合瞬间指针正偏，说明b端为高电位端，则L_1的a端与L_2的b端为同名端；若指针反偏，则a、b为异名端。

（2）交流法

如图4-57所示，将两个绕组的任意两端（如a′、b′）连在一起，在其中的一个绕组（如左侧绕组）两端加一个低电压，另一个绕组开路，用交流电压表分别测出端电压U_{ab}、

$U_{aa'}$和 $U_{bb'}$。若 U_{ab}是两个绕组端电压之差，则 a、b 是同名端；若 U_{ab}是两个绕组端电压之和，则 a、b′是同名端。

2. 两线圈互感系数 M 的测定

(1) 互感电动势法

电路如图 4-57 所示，在 L_1侧施加低压交流电压 U_1，线圈 L_2开路，测出 I_1及 U_2。根据互感电动势 $E_{2M} \approx U_{20} = \omega M_1$，可求得互感系数为 $M = U_2/\omega I_1$

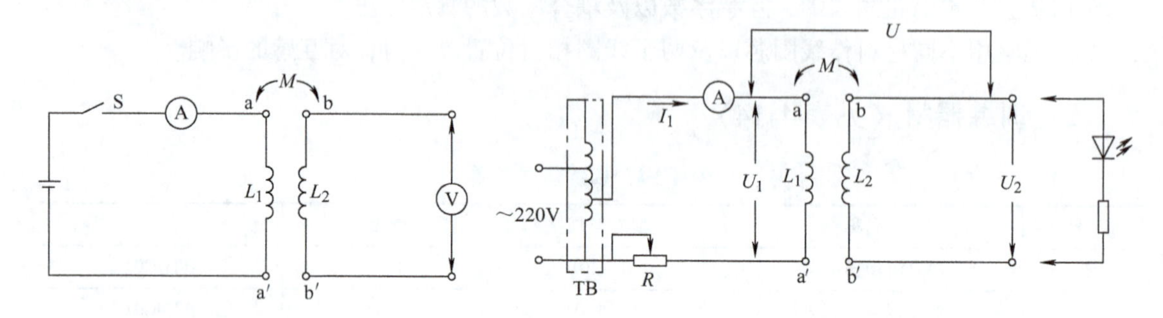

图 4-56 直流法测同名端　　图 4-57 交流法测同名端、互感电动势法测互感系数电路

(2) 等效电感法

将两个线圈分别做顺向和反向串联，并通以正弦电流，如图 4-58 所示，则

$$\begin{cases} \dot{U} = \dot{I}\left[(r_1 + r_2) + j\omega(L_1 + L_2 + 2M)\right] \\ \dot{U}' = \dot{I}'\left[(r_1 + r_2) + j\omega(L_1 + L_2 - 2M)\right] \end{cases}$$

令等效电感 $L = L_1 + L_2 + 2M$，$L' = L_1 + L_2 - 2M$，则互感系数 $M = (L - L')/4\omega$，其中 r_1和 r_2可用欧姆表测得，再求出等效阻抗 $Z = \dfrac{\dot{U}}{\dot{I}}$和 $Z' = \dfrac{\dot{U}'}{\dot{I}'}$，从而求得等效电感 L 和 L'，即可求出互感系数 M。

3. 耦合系数 k 的测定

两个互感线圈相耦合的程度可用耦合系数 k 来表示：$k = M/\sqrt{L_1 L_2}$。

电路如图 4-59 所示，先在 L_1侧加低压交流电压 U_1，测出 L_2侧开路时的电流 I_1；然后再在 L_2侧加电压 U_2，测出 L_1侧开路时的电流 I_2，同样先求出等效阻抗 Z_1和 Z_2，再求出各自的自感 L_1和 L_2，即可算得 k 值。

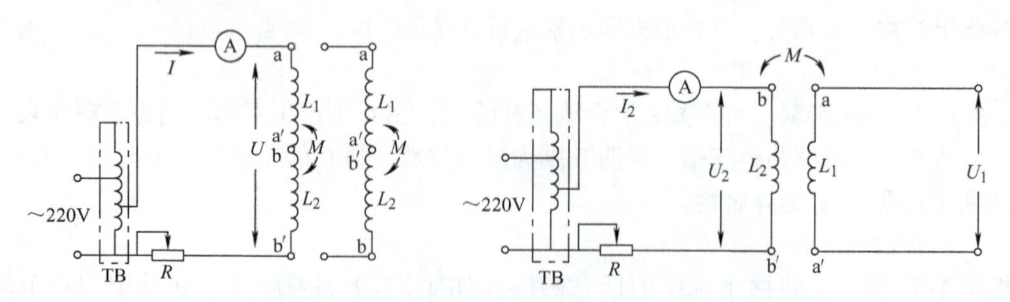

图 4-58 等效电感法测互感系数　　图 4-59 在 L_2 侧加低电压电路

四、训练内容及步骤

1. 测定互感线圈的同名端

(1) 直流法

按图4-56接线，将L_2套入L_1中，并插入铁心，调节直流稳压电源$U=1.2V$，为使流过L_1侧的电流不超过0.4A，在L_1侧串入直接数字电流表，L_2侧接电压表。将铁心迅速拔出和插入，观察电压表正负读数的变化，判定L_1和L_2的同名端。

(2) 交流法

按图4-57接线，将L_2套入L_1中，插入铁心，将两线圈一端相连（如a′、b′）。由于线圈内阻很小，接通电源前应首先查看自耦调压器的输出是否在零位，限流变阻器应调到阻值最大的位置，电压表接至L_1两侧。确认后方可接通电源，使调压器输出一个很低的电压（$U_1=2V$），流过电流表的电流应小于1.5A，然后测量U_1、U_2和U，判定同名端，记入表4-15中。

表4-15　判断同名端

直流法			结论	交流法			结论
U_2变化	插入铁心	拔出铁心	a与b	U/V	U_1/V	U_2/V	a与b

2. 测互感系数M

(1) 互感电动势法

拆去a′、b′之间的连线，测量U_1、I_1和U_2，计算出互感系数$M=\dfrac{U_2}{\omega I_1}$或$M=\dfrac{U_1}{\omega I_2}$

(2) 等效电感法

断开电源，拆去连线，先用数字万用表欧姆档测出两线圈内阻r_1和r_2；再按图4-59接线，测出两个线圈顺向和反向串联时的电压、电流。所加电压很低，应使电流小于1A，计算电感L和互感M，数据和计算结果一并记入表4-16中。

表4-16　测互感系数

互感电动势法				等效电感法						
U_1	I_1	U_2	M	串联方式	U	I	R	Z	L	M
				顺向						
				反向						

3. 测耦合系数k

将L_1侧开路，在L_2加交流低电压，使流过L_2侧电流$I_2=0.5A$，测出此时U_2、I_2和U_1的值。利用上述步骤测出的U_1、I_1值和测出的r_1、r_2的值，分别计算Z_1、Z_2和L_1、L_2及耦合系数k，数据记入表4-17中。

表 4-17 测耦合系数

L_2侧开路测量值			计算值		L_1侧开路测量值			计算值		
U_1	I_1	r_1	Z_1	L_1	U_2	I_2	r_2	Z_2	L_2	k

4. 观察互感现象

在图 4-58 的 L_2侧接入发光二极管与 510Ω 电阻串联的支路。

1）将铁心慢慢地从两线圈中抽出和插入，观察发光二极管亮度的变化及各电表读数的变化，记录现象。

2）改变两线圈的相对位置，观察发光二极管亮度的变化及仪表读数。

3）改用铝棒替代铁棒，重复 1）、2）的步骤，观察发光二极管的亮度变化，记录现象。

五、注意事项

1）整个实验过程中，注意流过线圈 L_1 的电流不得超过 1.5A，流过线圈 L_2 的电流不得超过 1A。

2）测定同名端及其他数据时，都应将小线圈 L_2 套在大线圈 L_1 中，并插入铁心。

3）如实验室备有 200Ω/2A 的滑动变阻器或大功率的负载，则可接在交流实验时的 L_1 侧，作为限流电阻用。

4）做交流实验前，首先要检查自耦调压器，要保证手柄置在零位，因实验时所加的电压只有 2～3V。因此调节时要特别仔细、小心，要随时观察电流表的读数，不得超过规定值。

【任务拓展】

仿真训练 7 正弦稳态交流电路相量的研究

一、仿真目的

1）研究正弦稳态交流电路中电压、电流相量之间的关系。

2）理解电路功率因数的意义并掌握提高功率因数的方法。

3）掌握交流电压源的使用方法。

4）掌握电容、电感等基本元器件的使用方法。

5）掌握功率表的使用方法。

二、正弦稳态交流电路相量的测量

荧光灯等效电路仿真图如图 4-60 所示。

在 Multisim 10 中，使用 1.5H 的电感与 82Ω 的电阻串联模拟代替荧光灯电路中的镇流器线圈，用 200Ω 的电阻模拟代替荧光灯管。

1）通过“选取元件”对话框—“Sources”—“POWER_SOURCES”—“AC_POWER”放置交流电压源。将其有效值设置为 220V，频率为 50Hz。

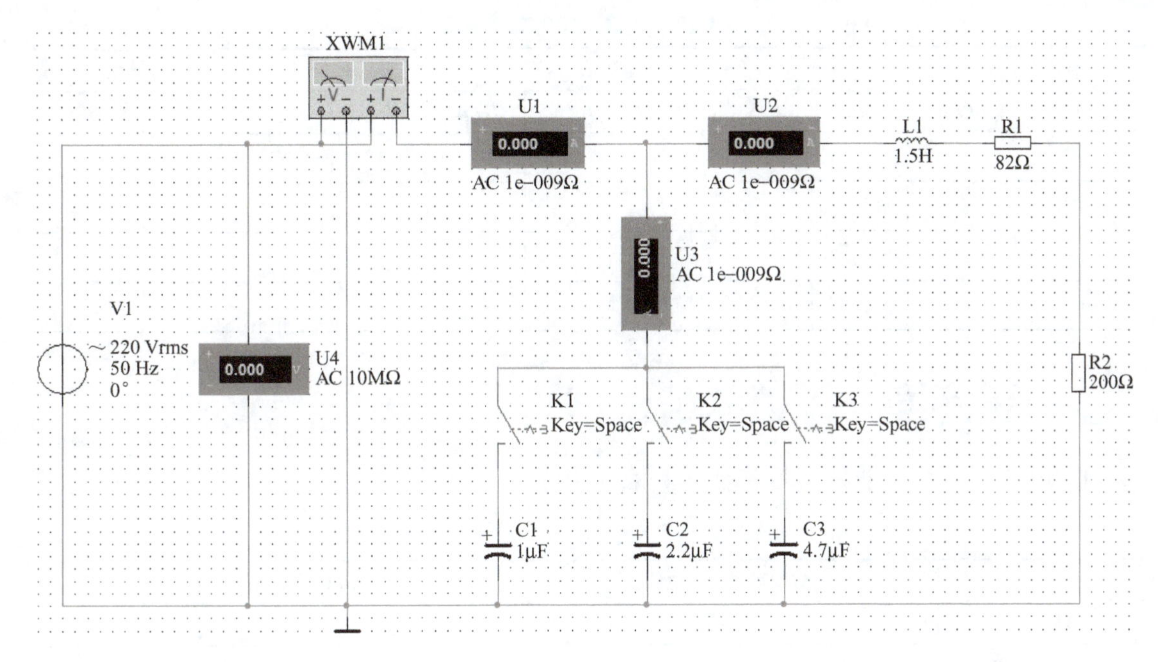

图 4-60 荧光灯等效电路仿真图

2）通过“选取元件”对话框—“Basic”—“CAP_ELECTROLIT”放置有极性电容，并设置电容容量。注意电容的极性，不能接反。

3）单击仪器仪表工具栏中的“功率表”按钮，放置功率表图标，如图 4-61 所示。双击功率表图标，弹出功率表面板，如图 4-62 所示。功率表在连接的时候应注意，电压输入端子应与被测电路并联，电流输入端子应与被测电路串联。通过功率表的面板可以读取被测电路的功率及功率因数的数值。

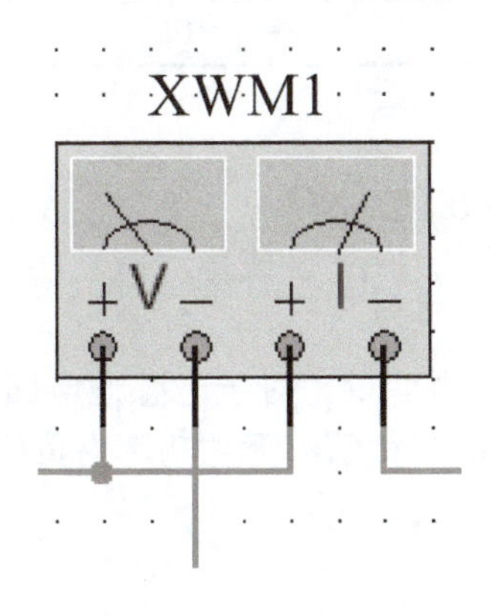

图 4-61 功率表图标

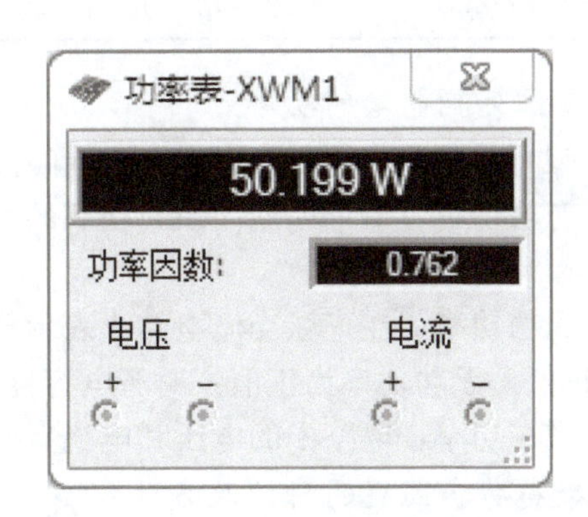

图 4-62 功率表面板

改变电容值，重复进行三次测量，将测量结果列入表 4-18 中。根据实验数据分析荧光灯电路并联电容器的电容值大小，对感性元件上的电流和功率有何影响，对电路的功率因数有何影响。思考如何提高感性电路的功率因数。

表 4-18 测量电路的功率因数

电容值 /μF	测量数值								计算值	
	P/W	$\cos\varphi$	U/V	I/A	I_L/A	I_C/A	U_R	U_L	I/A	$\cos\varphi$
0										
1										
2.2										
4.7										

任务总结

1. RLC 串、并联谐振电路特性（见表 4-19）

表 4-19 RLC 串、并联谐振电路特性

	RLC 串联谐振电路	RLC 并联谐振电路
谐振条件	$X_L=X_C$	$X_L\approx X_C$
谐振频率	$f_0=\dfrac{1}{2\pi\sqrt{LC}}$	$f_0\approx\dfrac{1}{2\pi\sqrt{LC}}$
谐振阻抗	$\|Z_0\|=R$（最小）	$\|Z_0\|=Q_0^2R=\dfrac{L}{CR}$（最大）
谐振电流	$I_0=\dfrac{U}{R}$（最大）	$I_0=\dfrac{U}{\|Z_0\|}$（最小）
品质因数	$Q=\dfrac{\omega_0L}{R}=\dfrac{1}{\omega_0CR}$	$Q=\dfrac{\omega_0L}{R}=\dfrac{1}{\omega_0CR}$
元件上电压或电流	$U_L=U_C=QU$，$U_R=U$	$I_L\approx I_C\approx QI_0$

2. 正弦交流电路的功率

1）瞬时功率：正弦交流电路中任意瞬间负载吸收或发出的功率。

2）有功功率：一个周期内瞬时功率的平均值称为“平均功率”，或称“有功功率”，用“P”表示。

3）无功功率：在正弦交流电路中表示能量交换快慢的物理量，对于电感性电路，阻抗角 φ 为正值，无功功率为正值；对于电容性电路，阻抗角 φ 为负值，无功功率为负值。

4）视在功率：电路中的电压和电流有效值的乘积。

3. 提高功率因数的意义及方法

1）提高功率因数的意义：提高功率因数可以使电源设备的容量得到充分的利用，可以降低线路损耗。

2）提高功率因数的方法：提高交流电路的功率因数一方面是提高自然功率因数；另一方面是采用人工补偿，通常采用人为并联电容负载以达到提高功率因数的目的。

4. 谐振

谐振现象是正弦交流电路中的一种特殊现象，它在无线电和电工技术中得到广泛的应用。通常采用的谐振电路是由 R、L、C 组成的串联谐振电路和并联谐振电路。

5. 耦合电感电路的基本概念

两个或两个以上载流线圈之间通过彼此的磁场相互联系的物理现象称为磁耦合。

工程上用耦合系数 k 定量描述两耦合线圈的耦合紧密程度。

6. 互感线圈的串联

一种称为顺向串联，下标用 F 表示；另一种称为反向串联，下标用 R 表示。

7. 互感线圈的并联

一种是两互感线圈的同名端相连；另一种是两互感线圈的异名端相连。

一、填空题

1. 交流电流是指电流的大小和________都随时间做周期变化，且在一个周期内其平均值为零的电流。

2. 正弦交流电路是指电路中的电压、电流均随时间按________规律变化的电路。

3. 正弦交流电的瞬时表达式为 $u=$________、$i=$________。

4. 角频率是指交流电在________时间内变化的电角度。

5. 正弦交流电的三个基本要素是________、________和________。

6. 我国工业及生活中使用的交流电频率为________，周期为________。

7. 已知两个正弦交流电流 $i_1=10\sin(314t-30°)$ A，$i_2=310\sin(314t+90°)$ A，则 i_1 和 i_2 的相位差为________，________超前________。

8. 有一正弦交流电流，有效值为 20A，其最大值为________，平均值为________。

9. 已知正弦交流电流 $i=5\sqrt{2}\sin(314t-60°)$ A，该电流有效值 $I=$________。

10. 正弦交流电的三种表示方法是相量图、________和________。

11. 正弦量的相量表示法，就是用复数的模表示正弦量的________，用复数的辐角表示正弦量的________。

12. 已知某正弦交流电压 $u=U_{\mathrm{m}}\sin(\omega t-\theta)$，则其相量形式 $\dot{U}=$________。

13. 已知 $Z_1=12+\mathrm{j}9$，$Z_2=12+\mathrm{j}16$，则 $Z_1Z_2=$________，$Z_1/Z_2=$________。

14. 已知 $i_1=5\sqrt{2}\sin(\omega t+30°)$ A，$i_2=10\sqrt{2}\sin(\omega t+60°)$ A，由相量图得 $\dot{I}_1+\dot{I}_2=$________，所以 $i_1+i_2=$________。

15. 在纯电阻交流电路中，电压与电流的相位关系是________。

16. 把 110V 的交流电压加在 55Ω 的电阻上，则电阻上 $U=$________V，电流 $I=$________A。

17. 在纯电感交流电路中，电压与电流的相位关系是电压________电流 90°，感抗 $X_{\mathrm{L}}=$________，单位是________。

18. 在纯电感正弦交流电路中，若电源频率提高一倍，而其他条件不变，则电路中的电流将变________。

19. 在正弦交流电路中，已知流过纯电感元件的电流 $I=5\text{A}$，电压 $u=20\sqrt{2}\sin 314t\text{V}$，若 u、i 取关联方向，则 $X_L=$________Ω，$L=$________H。

20. 在纯电容交流电路中，电压与电流的相位关系是电压________电流 90°。容抗 $X_C=$________，单位是________。

21. 在纯电容正弦交流电路中，已知 $I=5\text{A}$，电压 $u=10\sqrt{2}\sin 314t\text{V}$，容抗 $X_C=$________，电容量 $C=$________。

22. 在纯电容正弦交流电路中，增大电源频率时，其他条件不变，电容中电流 I 将________。

23. 一个电感线圈接到电压为 100V 的直流电源上，测得电流为 20A，接到频率为 50Hz、电压为 200V 的交流电源上，测得电流为 28.2A，则线圈的电阻 $R=$________Ω，电感 $L=$________mH。

24. 在 RL 串联正弦交流电路中，已知电阻 $R=6\Omega$，感抗 $X_L=8\Omega$，则电路阻抗 $Z=$________Ω，总电压________电流的相位差 $\phi=$________。如果电压 $u=20\sqrt{2}\sin\left(314t+\frac{\pi}{6}\right)\text{V}$，则电流________A，电阻上电压 $U_R=$________V，电感上电压 $U_L=$________V。

25. 在 RC 串联正弦交流电路中，已知电阻 $R=8\Omega$，容抗 $X_C=6\Omega$，则电路阻抗 $Z=$________Ω，总电压滞后电流的相位差 $\phi=$________。如果电压 $u=20\sqrt{2}\sin\left(314t+\frac{\pi}{6}\right)\text{V}$，则电流 $i=$________________，电阻上电压 $U_R=$________V，电容上电压 $U_C=$________V。

26. 在发生串联谐振时，电路中的感抗与容抗相等，此时电路中阻抗________，电流________，总阻抗________。

27. 有一 RLC 串联正弦交流电路，用电压表测得电阻、电感、电容上电压均为 10V，用电流表测得电流为 10A，此电路中 $R=$________，$P=$________，$Q=$________，$S=$________。

28. 已知两线圈的自感为 $L_1=8\text{mH}$，$L_2=2\text{mH}$。若 $k=0.5$，求互感 $M=$________；若 $M=3\text{mH}$，求耦合系数 $k=$________；若两线圈全耦合，求互感 $M=$________。

二、选择题

1. 已知 $u_1=20\sin\left(314t+\frac{\pi}{6}\right)\text{V}$，$u_2=40\sin\left(314t-\frac{\pi}{3}\right)\text{V}$，则（ ）。

A. $\dot{U}_1$ 比 $\dot{U}_2$ 超前 30°

B. $\dot{U}_1$ 比 $\dot{U}_2$ 滞后 30°

C. $\dot{U}_1$ 比 $\dot{U}_2$ 超前 90°

D. 不能判断相位差

2. 正弦交流电的最大值等于有效值的（ ）倍。

A. $\sqrt{2}$　　B. 2　　C. 1/2　　D. $2\sqrt{2}$

3. 同一相量图中的两个正弦交流电，（ ）必须相同。

A. 有效值　　B. 初相　　C. 最大值　　D. 频率

4. 如图 4-63 所示，表示纯电阻上电压与电流相量图的是________。

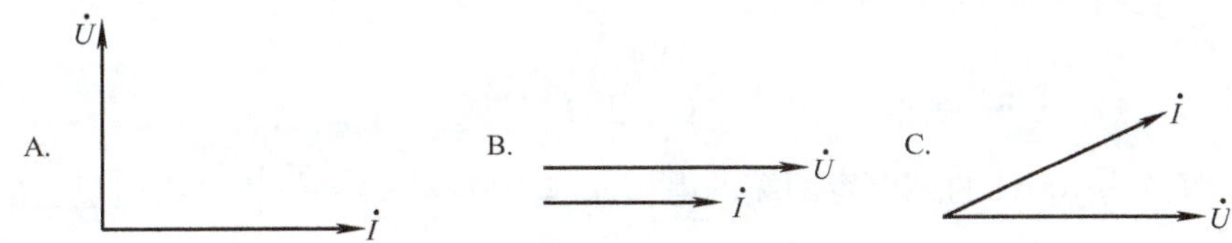

图 4-63　选择题 4 图

5. 白炽灯的额定工作电压为 220V，它允许承受的最大电压为（　　）。

A. 220V　　B. 311V　　C. 380V　　D. $u(t)=220\sqrt{2}\sin 314\text{V}$

6. 已知 2Ω 电阻的电流 $i=6\sin(314t+45°)$A，当 u、i 为关联方向时，$u=$（　　）V。

A. $12\sin(314t+30°)$

B. $12\sqrt{2}\sin(314t+45°)$

C. $12\sin(314t+45°)$

7. 正弦电流通过电阻元件时，下列关系式正确的是（　　）。

A. $I_m=\dfrac{U}{R}$　　B. $I=\dfrac{U}{R}$　　C. $i=\dfrac{U}{R}$　　D. $I=\dfrac{U_m}{R}$

8. 在纯电感电路中，已知电流的初相角为 -60°，则电压的初相角为（　　）。

A. 30°　　B. 60°　　C. 90°　　D. 120°

9. 在纯电感正弦交流电路中，当电流 $i=\sqrt{2}I\sin 314t$ 时，则电压（　　）。

A. $u=\sqrt{2}I\sin\left(314+\dfrac{\pi}{2}\right)$　　B. $u=\sqrt{2}I\omega L\sin\left(314-\dfrac{\pi}{2}\right)$

C. $u=\sqrt{2}I\omega L\sin\left(314+\dfrac{\pi}{2}\right)$

10. 在纯电感电路中，感抗应为（　　）。

A. $X_L=\text{j}\omega L$　　B. $X_L=\dot{U}/\dot{I}$　　C. $X_L=U/I$

11. 在纯电感正弦交流电路中，电压有效值不变，增加电源频率时，电路中电流（　　）。

A. 增大　　B. 减小　　C. 不变

12. 下列说法正确的是（　　）。

A. 无功功率是无用的功率

B. 无功功率是表示电感元件建立磁场能量的平均功率

C. 无功功率是表示电感元件建立磁场能量的最大功率

D. 无功功率是表示电感元件与外电路进行能量交换的瞬时功率的最大值

13. 在纯电容正弦交流电路中，增大电源频率时，其他条件不变，电路中电流将（　　）。

A. 增大　　B. 减小　　C. 不变

14. 在纯电容交流电路中，当电流 $i_C=\sqrt{2}I\sin\left(314t+\dfrac{\pi}{2}\right)$时，电容上电压为（　　）。

A. $u_C=\sqrt{2}I\omega C\sin\left(314t+\dfrac{\pi}{2}\right)$　　B. $u_C=\sqrt{2}I\omega\sin 314t$

C. $u_C=\sqrt{2}I\dfrac{1}{\omega C}\sin 314t$

15. 若电路中某元件两端的电压 $u=36\sin\left(314t-\frac{\pi}{2}\right)$V，电流 $i=4\sin314t$A，则该元件是（　　）。

A. 电阻　　B. 电感　　C. 电容

16. 加在容抗为100Ω的纯电容两端的电压 $u_C=100\sin\left(\omega t-\frac{\pi}{3}\right)$V，则通过它的电流应是（　　）A。

A. $i_C=\sin\left(\omega t+\frac{\pi}{3}\right)$　　B. $i_C=\sin\left(\omega t+\frac{\pi}{6}\right)$

C. $i_C=\sqrt{2}\sin\left(\omega t+\frac{\pi}{3}\right)$　　D. $i_C=\sqrt{2}\sin\left(\omega t+\frac{\pi}{6}\right)$

17. 加在一个感抗是20Ω的纯电感两端的电压是 $u=10\sin(\omega t+30°)$V，则通过它的电流瞬时值为（　　）A。

A. $i=0.5\sin(2\omega t-30°)$　　B. $i=0.5\sin(\omega t-60°)$

C. $i=0.5\sin(\omega t+60°)$

18. 在纯电容正弦交流电路中，下列各式正确的是（　　）。

A. $i_C=U\omega C$　　B. $\dot{I}=\dot{U}\omega C$　　C. $I=U\omega C$　　D. $i=U/C$

19. 四个 RLC 串联电路的参数如下，其中只有（　　）属感性电路。

A. $R=5\Omega$，$X_L=7\Omega$，$X_C=4\Omega$　　B. $R=5\Omega$，$X_L=4\Omega$，$X_C=7\Omega$

C. $R=5\Omega$，$X_L=4\Omega$，$X_C=4\Omega$　　D. $R=5\Omega$，$X_L=5\Omega$，$X_C=5\Omega$

20. 在 RLC 串联正弦交流电路中，已知 $X_L=X_C=20\Omega$，$R=20\Omega$，总电压有效值为220V，则电感上电压为（　　）V。

A. 0　　B. 220　　C. 73.3　　D. 50

21. 关于感性负载并联电容的下述说法中正确的是（　　）。

A. 感性负载并联电容后，可以提高总的功率因数

B. 感性负载并联电容后，可以提高负载本身的功率因数

C. 感性负载并联电容后，负载的工作状态也发生了改变

22. 两互感线圈的同名端（　　）。

A. 由其实际绕向决定　　B. 由其相对位置决定

C. 由其实际绕向和相对位置决定

三、判断题

1. 正弦量的初相角与起始时间的选择有关，而相位差则与起始时间无关。（　　）
2. 两个不同频率的正弦量可以求相位差。（　　）
3. 正弦量的三要素是最大值、频率和相位。（　　）
4. 人们平时所用的交流电压表、电流表所测出的数值是有效值。（　　）
5. 正弦交流电在正半周期内的平均值等于其最大值的 $3\pi/2$ 倍。（　　）
6. 交流电的有效值是瞬时电流在一周期内的方均根值。（　　）
7. 电压 $u=100\sin\omega t$V 的相量形式为 $\dot{U}=100$V。（　　）
8. 感抗和容抗的大小都与电源的频率成正比。（　　）
9. 某电流相量形式为 $\dot{I}=(3+4\mathrm{j})$A，则其瞬时表达式为 $i=100\sin\omega t$A。（　　）

10. 频率不同的正弦量可以在同一相量图中画出。 (   )

四、简答题

1. 简述最大值、有效值和额定值的定义。

2. 计算两个同频率正弦量之和的方法有几种？试比较哪种方法最方便？

3. 正弦交流电有哪几方面的特点？

4. 让8A的直流电流和最大值为10A的交流电流分别通过阻值相同的电阻，在相同时间内，哪个电阻发热最大？为什么？

5. 一个电容器只能承受1000V的直流电压，能否将它接到有效值为1000V的交流电路中使用？为什么？

6. 发生串联谐振的条件是什么？

7. 以荧光灯为例简述自感现象。

五、计算题

1. 已知电压和电流的瞬时值函数式为 $u=311\sin(\omega t-160°)\text{V}$，$i_1=10\sin(\omega t-45°)\text{A}$，$i_2=4\sin(\omega t+70°)\text{A}$。试在保持相位差不变的条件下，将电压的初相角改为零度，重新写出它们的瞬时值函数式。

2. 一个正弦电流的初相位 $\theta=15°$，$t=\dfrac{T}{4}$时，$i(t)=0.5\text{A}$，试求该电流的有效值 I。

3. 一个 $L=0.5\text{H}$ 的线圈接到220V、50Hz的交流电源上，求线圈中的电流和功率。当电源频率变为100Hz时，其他条件不变，线圈中的电流和功率又是多少？

4. 把电感为10mH的线圈接到 $u=141\sin\left(314t-\dfrac{\pi}{6}\right)\text{V}$ 的电源上。试求：(1) 线圈中电流的有效值；(2) 电流瞬时值表达式；(3) 画出电流和电压相应的相量图；(4) 无功功率。

5. 把一个电容 $C=58.5\mu\text{F}$ 的电容器，分别接到电压为220V、频率为50Hz和电压为220V、频率为500Hz的电源上。试分别求电容器的容抗和电流的有效值。

6. 电容器的电容 $C=40\mu\text{F}$，把它接到 $u=220\sqrt{2}\sin\left(314t-\dfrac{\pi}{3}\right)\text{V}$ 的电源上。试求：(1) 电容的容抗；(2) 电流的有效值；(3) 电流瞬时值表达式；(4) 画出电流、电压相量图；(5) 电路的无功功率。

7. 已知：$u_1=6\sqrt{2}\sin(\omega t+30°)\text{V}$，$u_2=8\sqrt{2}\sin(\omega t-60°)\text{V}$，试求：(1) $\dot{U}_1$、$\dot{U}_2$；(2) $u=u_1+u_2$；(3) 画出 u_1 和 u_2 的相量图。

8. 有一 RLC 串联电路，$R=20\Omega$、$L=40\text{mH}$、$C=40\mu\text{F}$，外加电源电压 $u=50\sqrt{2}\sin(1000t+37°)\text{V}$，试求：(1) 电路的总阻抗；(2) 电流有效值 I；(3) 电路的功率因数 $\cos\varphi$ 及平均功率 P。

9. 已知 RLC 串联电路中，$R=30\Omega$、$L=10\text{mH}$、$C=20\mu\text{F}$，外加电源电压 $u=100\sqrt{2}\sin1000t\text{V}$，求 $\dot{I}$、$\dot{U}_\text{R}$、$\dot{U}_\text{L}$、$\dot{U}_\text{C}$ 和 P。

10. 纯电感 $L=0.35\text{H}$ 接在 $u=220\sqrt{2}\sin\left(314t+\dfrac{\pi}{3}\right)\text{V}$ 电源上。求：X_L、I、i、Q_L。

11. 电感线圈与一电容器串联电路，已知 $Z_{\text{L1}}=(5+\text{j}30)\Omega$，外加电压 $u=150\sin(3\omega t+60°)\text{V}$，求电压电流有效值和平均功率。

12. 两个线圈顺串时等效电感为0.75H，而反串时等效电感为0.25H，又已知第二个线圈的电感为0.25H，求第一个线圈和它们之间的耦合系数。

13. 把两个耦合的线圈串联起来接到50Hz、220V的正弦电源上，顺接时测得电流 $I=2.7A$，吸收的功率为218.7W，反接时的电流为7A，求互感 M。

14. 图4-64所示电路中，电源频率为50Hz，电流表读数为2A，电压表读数为220V，求两线圈的互感 M。

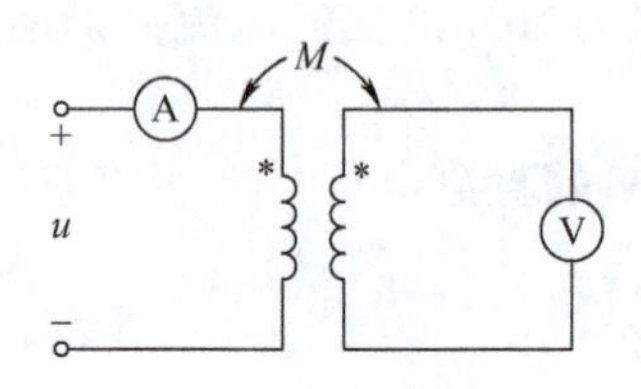

图4-64 计算题14题电路图

项目五 三相正弦交流电路的分析与测量

引　言

与单相交流电路相比，三相正弦交流电路具有更多的优越性，现代应用最多的输送电方式就是三相正弦交流电的输送电方式，因此，只有掌握三相正弦交流电的知识和技能，才能更好地在实际工作中用好三相正弦交流电。电能表是现代用电中不可或缺的电能计量仪表，掌握好它的结构、原理及使用等，才能更好地完成实际用电中的电能表的安装、接线、检修、电能计量等任务。

学习目标要求

1. 能力目标

（1）掌握三相正弦交流电路的仿真测试方法。

（2）掌握三相交流负载电路的参数测量和功率测量的方法。

（3）掌握单相和三相电能表的安装、接线、电能计量方法。

2. 知识目标

（1）了解三相电源和三相负载的概念及特点，理解三相四线制供电方式。

（2）掌握三相电源和三相负载的连接。

（3）掌握对称三相电路的计算分析。

（4）了解单相和三相电能表的工作原理。

3. 情感目标

（1）培养学生分析能力，重视电路分析方法。

（2）培养学生温故知新的良好学习习惯。

任务一　三相电源与三相负载

【任务导入】

什么是三相正弦交流电？三相正弦交流电路由几部分组成？三相电源怎样工作？三相电源的连接方式有哪些？三相负载的连接方式有哪些？

本次任务从三相正弦交流电的产生入手，讨论三相电源和三相负载的特点、连接方式，分析电路中相电压、线电压的关系及相电流、线电流间的关系。

【任务分析】

目前，电能的发变和输送，绝大多数采用三相正弦交流电路。由三个频率和振幅相同，相位互差120°的正弦交流电源供电的电路称为三相正弦交流电路。三相电路较单相电路在发电、变电、输电、配电、用电等方面具有很多优势，所以在各个领域得到广泛的应用。

教学视频

【知识链接】

教学视频

5.1 三相正弦交流电路的基本概念

三相交流电一般由三相交流发电机产生。图5-1为三相交流发电机的示意图，在发电机定子中嵌有三组相同的绕组AX、BY、CZ，分别称为A相、B相、C相。三相交流电到达正的最大值的先后顺序称为相序。在图5-1中，如果转子以顺时针方向旋转，首先是A相先达到正的最大值，继而是B相，最后是C相，这种A—B—C的相序称为顺序（或正序）。如果转子转向不变，把B相绕组与C相绕组对调，则相序变成A—C—B，称为反序（或负序）；如果绕组相序不变，转子转向改变，则相序也变成反序A—C—B。

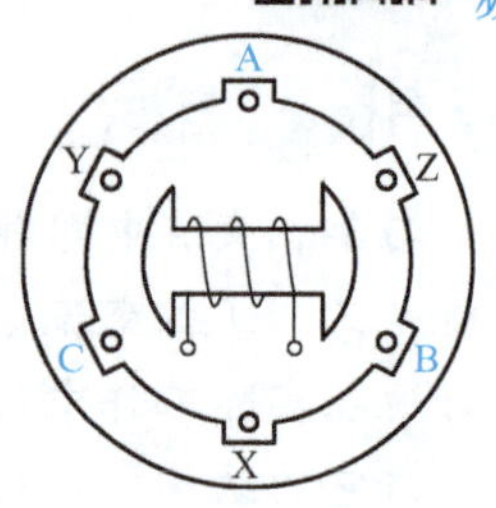

图5-1 三相交流发电机示意图

5.1.1 对称三相正弦交流电源

能够提供三个相同频率和振幅，相位互差120°的正弦交流电的三个正弦交流电源称为对称三相正弦交流电源。电压的符号分别用$\dot{U}_A$，$\dot{U}_B$，$\dot{U}_C$表示，如图5-2所示，其中A、B、C分别为三相电源的首端，极性为“+”，X、Y、Z分别为三相电源的末端，极性为“-”。选u_A为参考正弦量时，对称三相正弦交流电源相电压瞬时值公式为

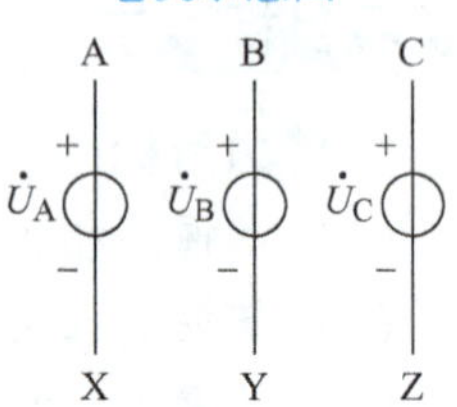

图5-2 三相电源

$$\left.\begin{aligned}u_A&=U_m\sin\omega t\\u_B&=U_m\sin(\omega t-120°)\\u_C&=U_m\sin(\omega t+120°)\end{aligned}\right\}\tag{5-1}$$

相量形式为

$$\left.\begin{aligned}\dot{U}_A&=U\underline{/0°}\\\dot{U}_B&=U\underline{/-120°}\\\dot{U}_C&=U\underline{/120°}\end{aligned}\right\}\tag{5-2}$$

相量图如图5-3所示。

对称三相正弦量的三个电量的瞬时值或相量之和都为零，即

$$u_A+u_B+u_C=0\tag{5-3}$$

$$\dot{U}_A+\dot{U}_B+\dot{U}_C=0\tag{5-4}$$

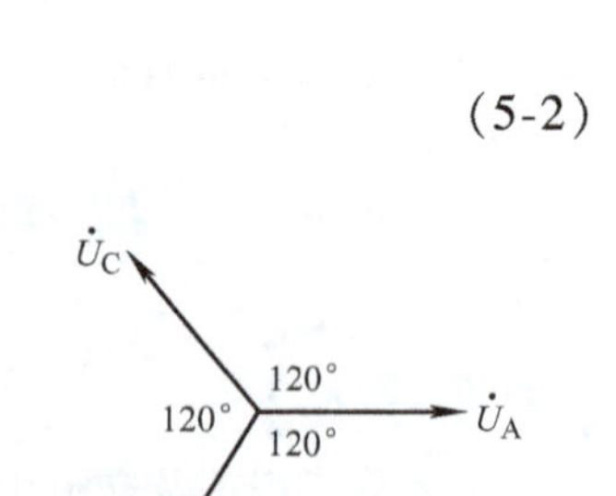

图5-3 三相电源的相量图

5.1.2 三相电源的连接方式

三相电源的连接方式有两种：星形联结和三角形联结。

1. 星形联结（Y）

把三相电源的末端X、Y、Z联结为一点N，而把首端A、B、C作为与外电路相连接的

端点，这种连接方式称为三相电源的星形联结。如图5-4所示，N点称为中性点或零点，从中性点引出的导线称为中性线或零线，其导线绝缘层颜色为淡蓝色；从首端A、B、C引出的三根导线称为端线或相线，俗称火线，发电机端常用A、B、C表示，输电线路中常用L1、L2、L3表示，有时也用U、V、W表示，其导线绝缘层颜色分别用黄、绿、红三种颜色标志。

由三根相线和一根中性线构成的供电系统称为三相四线制供电系统。通常的低压供电网多采用三相四线制。日常生活中见到的只有两根导线的单相供电线路，一般由三相四线制中一根相线和一根中性线组成。

2. 三角形联结（△）

如图5-5所示，如果将三相电源各相的首端和末端依次相连，从连接处引出三根端线，称为三相电源的三角形联结。

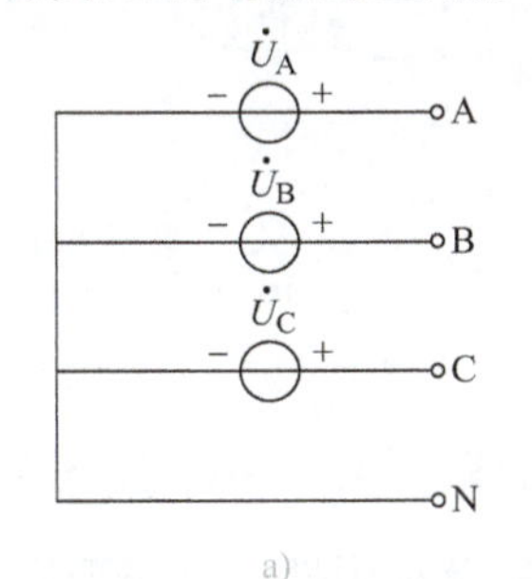

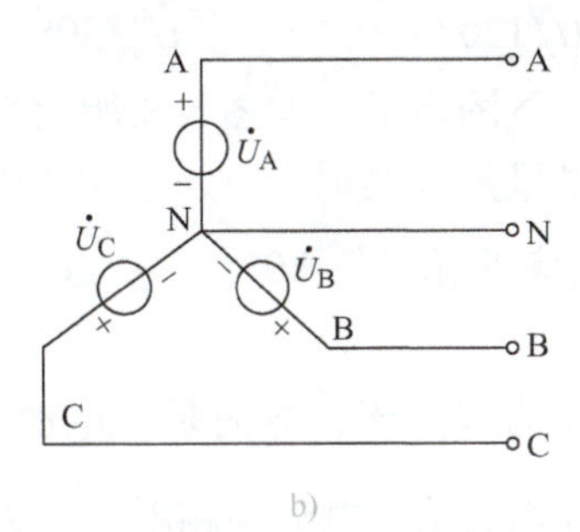

图5-4　三相电源的星形联结

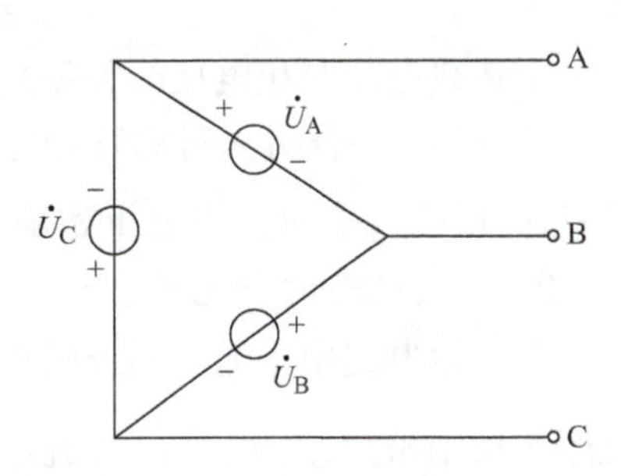

图5-5　三相电源的三角形联结

5.1.3　三相电路中的电压和电流

1. 三相电路的相电压、线电压

三相电路中的相电压就是每相电源电压，即此处的端线与中性点之间的电压。

星形联结的三相电源和三相负载的图形分别如图5-6和图5-7所示。相电压是相线与中性线之间的电压，参考方向从相线指向中性线，即$\dot{U}_{AN}=\dot{U}_A$，$\dot{U}_{BN}=\dot{U}_B$，$\dot{U}_{CN}=\dot{U}_C$。相电压有效值用U_P表示。

线电压是相线与相线之间的电压。参考方向如果为A指向B，B指向C，C指向A，则表示为$\dot{U}_{AB}$、$\dot{U}_{BC}$、$\dot{U}_{CA}$。线电压有效值用U_L表示。

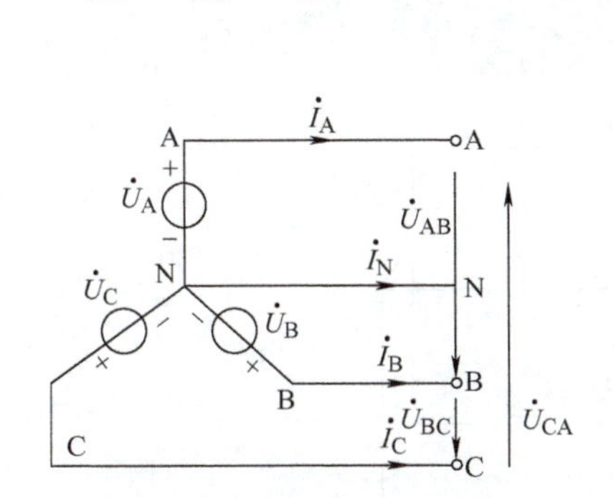

图5-6　星形联结的三相电源

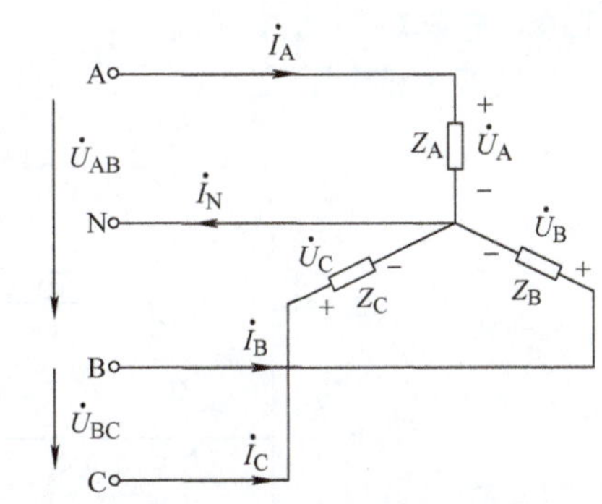

图5-7　星形联结的三相负载

星形联结线电压与相电压的关系为

$$\left.\begin{aligned}\dot{U}_{AB}&=\dot{U}_A-\dot{U}_B\\ \dot{U}_{BC}&=\dot{U}_B-\dot{U}_C\\ \dot{U}_{CA}&=\dot{U}_C-\dot{U}_A\end{aligned}\right\}\qquad(5\text{-}5)$$

在对称三相电源中，三个相电压满足式（5-2）。将式（5-2）代入式（5-5）中可得

$$\left.\begin{aligned}\dot{U}_{AB}&=U\angle 0^\circ-U\angle -120^\circ=\sqrt{3}\dot{U}_A\angle 30^\circ\\ \dot{U}_{BC}&=U\angle -120^\circ-U\angle 120^\circ=\sqrt{3}\dot{U}_B\angle 30^\circ\\ \dot{U}_{CA}&=U\angle 120^\circ-U\angle 0^\circ=\sqrt{3}\dot{U}_C\angle 30^\circ\end{aligned}\right\}\qquad(5\text{-}6)$$

上述线电压与相电压的关系用相量图表示，如图5-8所示。

式（5-6）表明，对称三相电路星形联结时，线电压和相电压的有效值关系为：$U_L=\sqrt{3}U_P$；相位关系为：线电压超前相应的相电压30°。

2. 三相电路的相电流、线电流

在三相电路中，流过相线的电流为线电流，方向是从电源指向负载，如图5-6、图5-7及图5-9a中的$\dot{I}_A$、$\dot{I}_B$、$\dot{I}_C$。流过每相负载的电流为相电流，方向指向负载中性点（星形联结，见图5-10）或按顺序表示（三角形联结，见图5-9a中的$\dot{I}_{A'B'}$、$\dot{I}_{B'C'}$、$\dot{I}_{C'A'}$，相量图见图5-9b）。线电流的有效值用I_L表示，相电流的有效值用I_P表示。

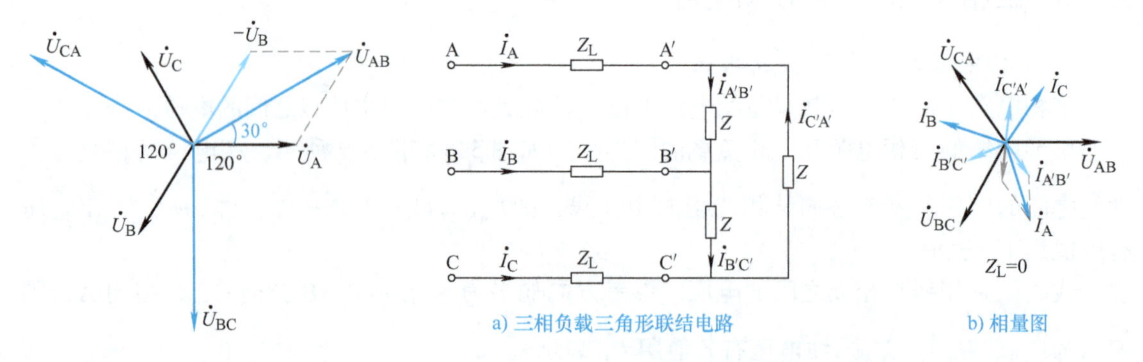

图5-8 星形联结线电压、相电压的相量图

图5-9 三相负载的三角形联结

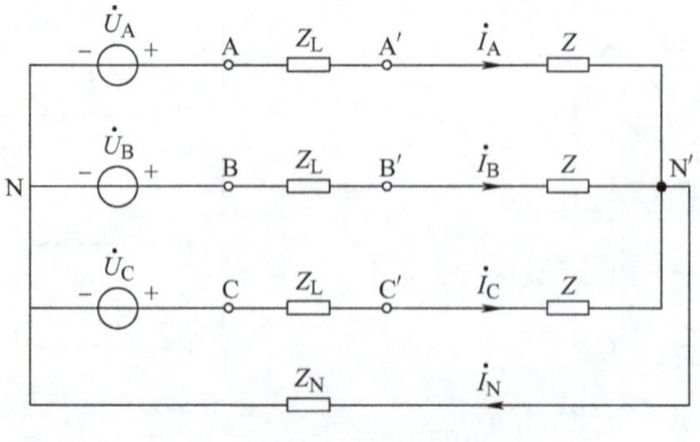

图5-10 三相负载星形联结

5.2　三相负载的连接方式

实际中的负载可看作无源网络，三相负载可分别用三个阻抗等效代替。当这三个阻抗幅值相等且阻抗角相等时，称为对称三相负载，否则称为不对称三相负载。三相负载的连接方式有两种：星形联结（Y）和三角形联结（△）。

1. 三相负载的星形联结（Y）

图5-10中的三相负载为星形联结，Z_L为线路阻抗，N′点为三相负载中性点。电源中性点N和负载中性点N′点的连接线称为中性线（俗称零线）。流过中性线的电流为中性线电流，方向是从负载中性点N′指向电源中性点N，如图5-10中的$\dot{I}_N$。三相电源和三相负载之间用四根导线连接的电路系统称为三相四线制。在图5-10所示星形联结的三相负载中，线电流和相电流为同一个电流，因此线电流等于相电流。三相四线制的中性线电流

$$\dot{I}_N = \dot{I}_A + \dot{I}_B + \dot{I}_C \tag{5-7}$$

如果三相电流$\dot{I}_A$、$\dot{I}_B$、$\dot{I}_C$对称，则中性线电流$\dot{I}_N=0$。此时可将中性线省去，在这种电路中三根导线将三相电源和三相负载连接起来，称为三相三线制。

三相负载星形联结时，线电流和相电流的有效值关系为：$I_L=I_P$；相位关系为：线电流和相电流同相。

2. 三相负载的三角形联结（△）

图5-9a中的三相负载为三角形联结。图中负载相电流的参考方向是按习惯选定的。从此电路中可看出，负载端的线电压和相电压是相同的。线电流和相电流的关系可由KCL得到

$$\left.\begin{aligned}\dot{I}_A &= \dot{I}_{A'B'} - \dot{I}_{C'A'}\\ \dot{I}_B &= \dot{I}_{B'C'} - \dot{I}_{A'B'}\\ \dot{I}_C &= \dot{I}_{C'A'} - \dot{I}_{B'C'}\end{aligned}\right\} \tag{5-8}$$

如果三个相电流对称，且设：

$$\begin{aligned}\dot{I}_{A'B'} &= I_P\angle 0^\circ\\ \dot{I}_{B'C'} &= I_P\angle -120^\circ\\ \dot{I}_{C'A'} &= I_P\angle 120^\circ\end{aligned}$$

代入式（5-8）中可得

$$\left.\begin{aligned}\dot{I}_A &= I_P\angle 0^\circ - I_P\angle 120^\circ = \sqrt{3}\,\dot{I}_{A'B'}\angle -30^\circ\\ \dot{I}_B &= I_P\angle -120^\circ - I_P\angle 0^\circ = \sqrt{3}\,\dot{I}_{B'C'}\angle -30^\circ\\ \dot{I}_C &= I_P\angle 120^\circ - I_P\angle -120^\circ = \sqrt{3}\,\dot{I}_{C'A'}\angle -30^\circ\end{aligned}\right\} \tag{5-9}$$

三相负载为三角形联结时，如果相电流对称，则线电流也是对称的。线电流的有效值是相电流有效值的$\sqrt{3}$倍，即$I_L=\sqrt{3}I_P$；线电流在相位上滞后相应的相电流30°。

线电流和相电流的相量关系如图5-9b中的相量图所示。

例题5.1 三相电源相电压为220V，三相负载中每相阻抗为(40+j90)Ω，输电线路导线阻抗不计。求：

(1) 电源为Y联结，负载分别为Y（带中性线）和△联结时，相电流和线电流的有效值。

(2) 电源为△联结，负载分别连接为Y和△联结时，负载的相电流和线电流的有效值。

解：(1) 三相电路为Y-Y联结带中性线时，由于不计输电线路导线阻抗，故三个负载相电压均为$U_P=220V$。

负载相电流、线电流为

$$I_L=I_P=\frac{U_P}{|Z|}=\frac{220}{\sqrt{40^2+90^2}}A=2.23A$$

三相电路为Y-△联结时，由于三相电源对称，电源侧线电压为

$$U_L=\sqrt{3}\times220V\approx380V$$

在实际工作中，星形联结对称相电压为220V时，其线电压常为380V。

此时负载的相电压为

$$U'_P=U_L=380V$$

负载线电流、相电流为

$$I_P=\frac{U'_P}{|Z|}=\frac{380}{\sqrt{40^2+90^2}}A=3.86A$$

$$I_L=\sqrt{3}I_P=6.68A$$

(2) 三相电路为△-Y联结时，电源的线电压等于相电压，即$U_L=U_P=220V$。

负载的线电压为

$$U'_L=U_L=220V$$

由于负载对称，且为Y联结，所以负载的相电压为

$$U'_P=\frac{U'_L}{\sqrt{3}}=\frac{220}{\sqrt{3}}V=127V$$

负载的线电流、相电流为

$$I_L=I_P=\frac{U'_P}{|Z|}=\frac{127}{\sqrt{40^2+90^2}}A=1.29A$$

三相电路为△-△联结时，负载线电压等于电源线电压。

$$U'_L=U_L=220V$$

负载为△联结，有

$$U'_P=U'_L=220V$$

负载相电流、线电流为

$$I_P=\frac{U'_P}{|Z|}=\frac{220}{\sqrt{40^2+90^2}}A=2.23A$$

$$I_L=\sqrt{3}I_P=\sqrt{3}\times2.23A=3.86A$$

【任务实施】

技能训练 13　三相负载星形联结电路研究

一、训练目的

1）掌握三相负载星形联结的方法，验证在三相负载星形联结下线电压、相电压及线电流、相电流之间的关系。

2）充分理解三相四线制供电系统中中性线的作用。

二、训练器材（见表 5-1）

表 5-1　训练器材清单

序号	名称	型号与规格	数量	备注
1	交流电压表	0～500V	1 个	
2	交流电流表	0～5A	1 个	
3	万用表		1 块	自备
4	三相自耦调压器	0～380V	1 个	
5	白炽灯	220V，25W	9 个	

三、原理说明

1）三相负载可接成星形（Y）联结或三角形（△）联结。当三相对称负载为星形联结时，线电压 U_L 是相电压 U_P 的 $\sqrt{3}$ 倍，线电流 I_L 等于相电流 I_P，即

$$U_L=\sqrt{3}U_P,\ I_L=I_P$$

在这种情况下，流过中性线的电流 $I_0=0$，所以可以省去中性线。

当对称三相负载为三角形联结时，有 $I_L=\sqrt{3}I_P$，$U_L=U_P$。

2）不对称三相负载为星形联结时，必须采用三相四线制接法，而且中性线必须牢固连接，以保证三相不对称负载的每相电压维持对称不变。

倘若中性线断开，会导致三相负载电压的不对称，致使负载轻的那一相的相电压过高，使负载遭受损坏；负载重的那一相的相电压又过低，使负载不能正常工作。

四、训练内容及步骤

1）按图 5-11 所示电路连接三相负载星形联结（三相四线制）实验电路。

2）将三相自耦调压器的旋柄置于输出为 0V 的位置。

3）接通三相正弦交流电源。

4）调节三相自耦调压器的输出，使输出的三相线电压为 220V。

5）通过开关控制实现三相负载的不同连接方式，观察并测量。

6）使用交流电压表、交流电流表或万用表，分别测量三相负载不同连接方式下的线电压、线电流、相电压、中性线电流、电源与负载中点间的电压，将所测得的数据记入表5-2中。

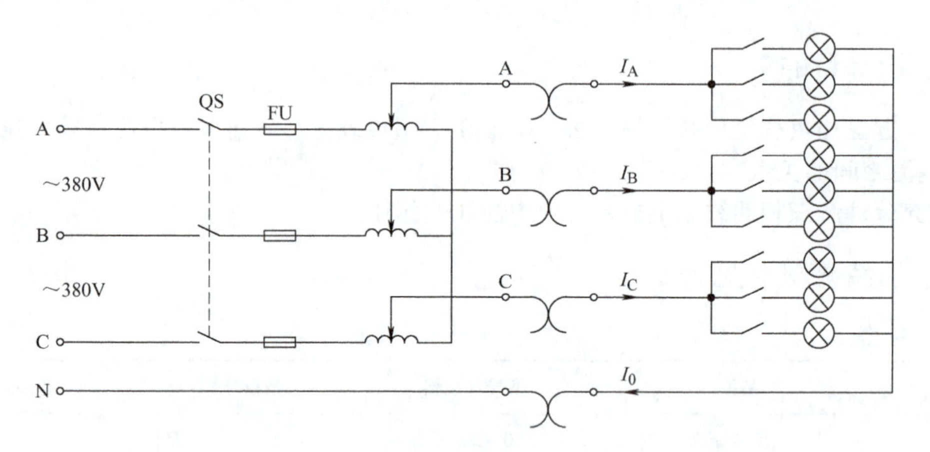

图 5-11 三相负载星形联结实验电路

表 5-2 测量内容及数据

测量数据 / 负载情况	中性线设置	开灯盏数			线电流/A			线电压/V			相电压/V			中性线电流 I_0/A	中点电压 U_{N0}/V
		A 相	B 相	C 相	I_A	I_B	I_C	U_{AB}	U_{BC}	U_{CA}	U_A	U_B	U_C		
Y_0联结/平衡负载	有	3	3	3											
Y联结/平衡负载	无	3	3	3											
Y_0联结/不平衡负载	有	1	2	3											
Y联结/不平衡负载	无	1	2	3											
Y_0联结/B 相断开	有	1	∞	3											
Y联结/B 相断开	无	1	∞	3											

注：表中Y联结表示没有中性线，Y_0联结表示有中性线。

五、注意事项及数据分析

1）经指导教师检查合格后，方可开启实验台电源。

2）先将三相自耦调压器的旋柄置于输出为0V的位置，然后缓慢调节至所需电压。

3）严禁负载短路而烧坏三相调压器。

4）用实验测得的数据验证对称三相电路中的$\sqrt{3}$关系。

5）用实验数据和观察到的现象，总结三相四线供电系统中中性线的作用。

【任务拓展】

仿真训练 8　三相负载星形联结仿真

一、训练目的

1）加深对三相正弦交流电路概念的理解。

2）掌握三相负载星形联结的方法，仿真三相负载星形联结下线电压、相电压及线电流、相电流之间的关系。

3）充分理解三相四线制供电系统中中性线的作用。

二、仿真步骤

1）在计算机仿真软件中搭建图 5-12 所示三相负载星形联结电路图。

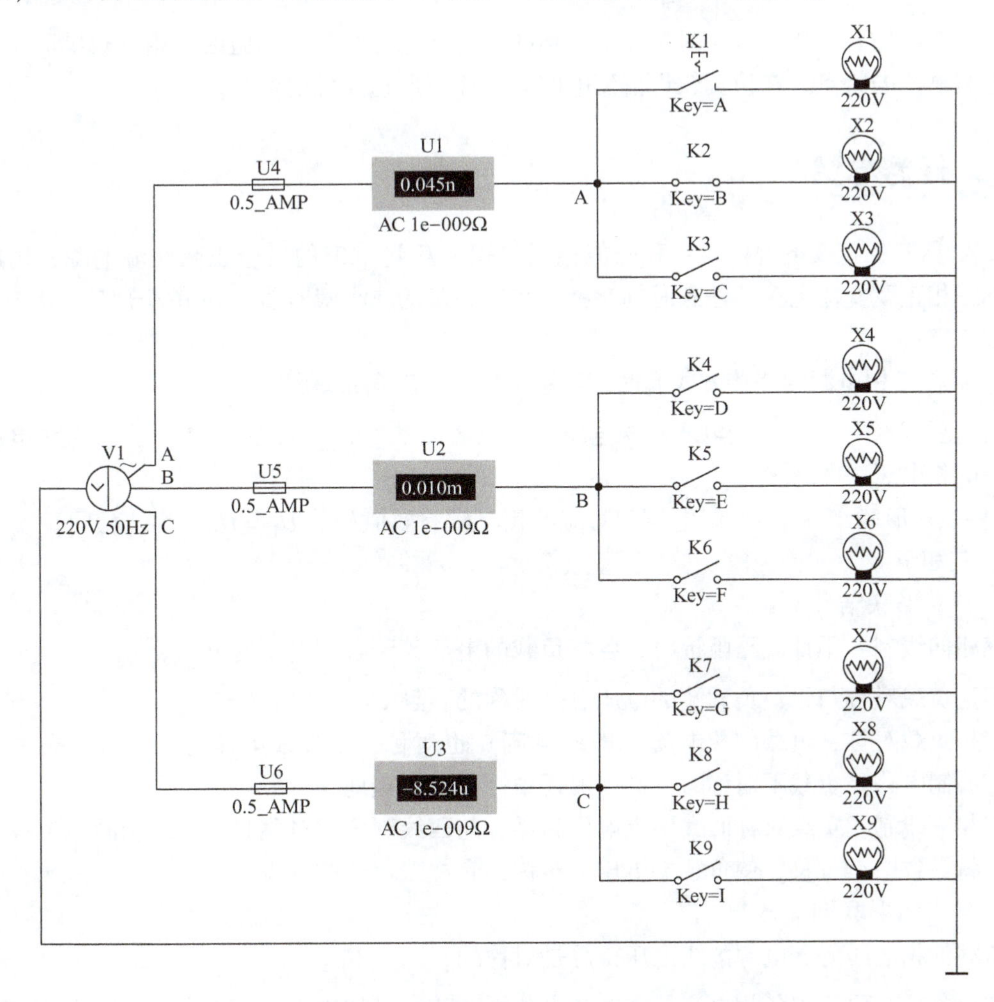

图 5-12　三相负载星形联结仿真电路图

2）使用交流电压表、电流表或万用表，分别测量三相负载的线电压、线电流、相电压、中性线电流、电源与负载中点间的电压。将所测得的数据记入表5-3中，并观察各相灯组亮暗的变化程度，特别要注意观察中性线的作用。

表5-3 测量内容及数据

测量数据 负载情况	中性线设置	开灯盏数			线电流/A			线电压/V			相电压/V			中性线电流 I_0/A	中点电压 U_{N0}/V
		A相	B相	C相	I_A	I_B	I_C	U_{AB}	U_{BC}	U_{CA}	U_{A0}	U_{B0}	U_{C0}		
Y_0联结/平衡负载	有	3	3	3											
Y联结/平衡负载	无	3	3	3											
Y_0联结/不平衡负载	有	1	2	3											
Y联结/不平衡负载	无	1	2	3											
Y_0联结/B相断开	有	1	∞	3											
Y联结/B相断开	无	1	∞	3											

本次训练仿真三相负载在对称和不对称的情况下电路的参数，验证三相负载星形联结电路电压和电流的特点。在仿真软件搭建电路时，注意所选元件的参数。

任务总结

1. 对称三相正弦电源：频率和幅值相同，相位互差120°的三个正弦交流电源，构成一组对称三相正弦交流电源。任意时刻对称三相正弦量的三个瞬时值之和恒等于零，其相量之和也等于零。

2. 对称三相电源的连接方式有两种：星形联结和三角形联结。

1）星形联结（Y）：线电压和相电压的有效值关系为 $U_L=\sqrt{3}U_P$；相位关系为线电压超前相应的相电压30°。

2）三角形联结（△）：线电压和对应的相电压有效值相等 $U_L=U_P$，相位相同。

3. 三相负载

（1）星形联结（Y）

三相四线制：不计线路阻抗时，各相负载的电压等于各相电源的电压。

不论负载对称与否，负载端的电压总是对称的，且 $U_L=\sqrt{3}U_P$。

如果负载对称，负载的相电流（即线电流）也对称，中性线电流为零，可省去中性线成为三线制电路。负载不对称时，必须保证中性线可靠接地。

三相三线制：负载对称时，中点电压为零，与四线制负载对称时的情况相同；负载不对称时，将导致中点位移，使负载端电压不对称，有烧毁负载的危险。

（2）三角形联结（△）

负载的相电压等于电源的线电压，总是对称的，$U_L=U_P$。

如果负载对称，则各相电流、线电流也分别对称，且线电流的有效值为相电流的$\sqrt{3}$倍，相位滞后于相应的相电流30°。

任务二　三相正弦交流电路的分析

【任务导入】

日常照明线路由于用电不均匀，易出现三相不对称状态。假定中性线阻抗为零，则电源中性点与负载中性点间的电压为零。因此，每相负载上的电压一定等于该相电源电压，各相负载电压与各相负载阻抗大小无关。由此可见，在中性线及线路阻抗为零的三相四线制电路中，当三相电源电压对称时，即使三相负载不对称，三相负载上的电压依然是对称的。本次任务深入分析三相对称电路，进而探究三相不对称电路，测量三相交流负载电路的参数。

【任务分析】

在三相电路中，三相电源通常是对称的，而三相负载则会经常出现不对称的情形。如照明电路在设计安装时尽量使各相电灯负载是对称的，而实际使用上用户电灯开、关时间不统一，不能保证负载对称；当三相异步电动机做动力负载，接上电网运行时，如果出现断相，会使电路处于不对称运行。这样会给电器带来什么影响？应该怎么解决？

【知识链接】

教学视频

5.3　对称三相电路的分析

在三相电路中，如果三相电源和三相负载都对称，且三个线路阻抗也相等，则称该三相电路为对称三相电路。三相电源和三相负载都有星形和三角形两种连接方式，如果将电源和负载连接在一起，它们的连接方式有四种：Y-Y、Y-△、△-Y、△-△。为了得到对称三相电路的一般分析方法，我们以Y-Y为例进行研究讨论，然后再推广到其他连接方式的对称三相电路中。

5.3.1　对称三相电路的Y-Y联结

图5-13a所示为对称三相四线制Y-Y电路。设N为参考点，根据弥尔曼定理，列写N′节点电压方程为

$$\dot{U}_{N'N}=\frac{\dfrac{\dot{U}_A}{Z+Z_L}+\dfrac{\dot{U}_B}{Z+Z_L}+\dfrac{\dot{U}_C}{Z+Z_L}}{\dfrac{1}{Z+Z_L}+\dfrac{1}{Z+Z_L}+\dfrac{1}{Z+Z_L}+\dfrac{1}{Z_N}}=\frac{\dfrac{1}{Z+Z_L}(\dot{U}_A+\dot{U}_B+\dot{U}_C)}{\dfrac{3}{Z+Z_L}+\dfrac{1}{Z_N}}=0$$

做出A相接线图，由于$\dot{U}_{N'N}=0$，所以用一根阻抗是零的导线将N′与N连接起来，如图5-13b所示。

各线（或相）电流为

$$\dot{I}_A=\frac{\dot{U}_A-\dot{U}_{N'N}}{Z+Z_L}=\frac{\dot{U}_A}{Z+Z_L}$$

$$\dot{I}_B=\frac{\dot{U}_B-\dot{U}_{N'N}}{Z+Z_L}=\frac{\dot{U}_B}{Z+Z_L}$$

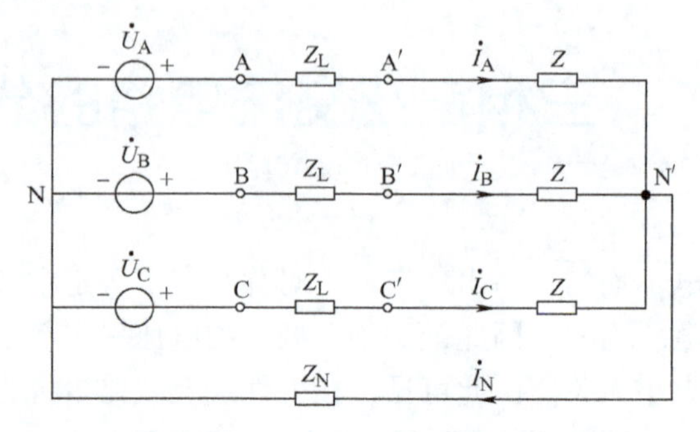

a) 对称三相四线制电路

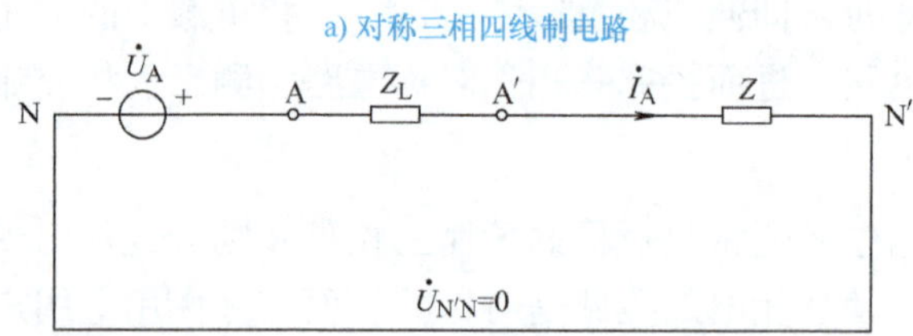

b) 一相计算电路

图 5-13 对称三相四线制电路及其一相计算电路

$$\dot{I}_C=\frac{\dot{U}_C-\dot{U}_{N'N}}{Z+Z_L}=\frac{\dot{U}_C}{Z+Z_L}$$

从以上三式可以看出，由于$\dot{U}_{N'N}=0$，使得各线电流彼此独立，且构成了一组对称正弦量。因此利用此电路对称性的特点，只要计算出其中一相的电量，就可以写出其他两相的电量。

中性线电流为

$$\dot{I}_N=\dot{I}_A+\dot{I}_B+\dot{I}_C=0$$

负载端相电压、线电压为

$$\dot{U}_{A'B'}=\dot{U}_{A'N'}-\dot{U}_{B'N'}=\sqrt{3}\,\dot{U}_{A'N'}\underline{/30^\circ}$$

$$\dot{U}_{B'C'}=\dot{U}_{B'N'}-\dot{U}_{C'N'}=\sqrt{3}\,\dot{U}_{B'N'}\underline{/30^\circ}$$

$$\dot{U}_{C'A'}=\dot{U}_{C'N'}-\dot{U}_{A'N'}=\sqrt{3}\,\dot{U}_{C'N'}\underline{/30^\circ}$$

即负载相电压等于电源相电压。

通过上述分析可知：

1）由于Y-Y对称三相电路$\dot{U}_{N'N}=0$，$\dot{I}_N=0$，因此中性线不起作用，即中性线的有无对电路中的各电压、电流均不会产生影响。

2）对称三相电路中各组电压、电流均为对称组。

3）凡是对称三相电路都可以使用归结为一相的计算方法。对于三角形联结的对称负载可等效变换为星形联结，成为Y-Y三相电路后再进行计算。

三角形联结的对称负载计算步骤如下：

1）将对称三相电源看成星形联结，根据电源相电压、线电压的关系，确定对称三相电源的三个相电压$\dot{U}_A$、$\dot{U}_B$、$\dot{U}_C$。

2）将三角形联结负载等效为星形联结负载。

3）把所有的星形联结负载的中点用一根虚设的阻抗为零的中性线把它们连接起来。做出 A 相接线图，计算 A 相负载的相电流、线电流和相电压。

4）根据对称条件，直接写出其他两相负载的电流、电压。

5）回到原电路，计算三角形负载的相电流、相电压。

例题 5.2　某变电站经线路阻抗 $Z_L=(1+4j)\Omega$ 的配电线与 $u_{AB}=10\sqrt{2}\sin(\omega t+30°)$kV 电网连接。变电站变压器一次侧为星形联结，每相等效阻抗 $Z=(20+40j)\Omega$，如图 5-14a 所示。求变压器一次侧的各相电流、端电压相量。

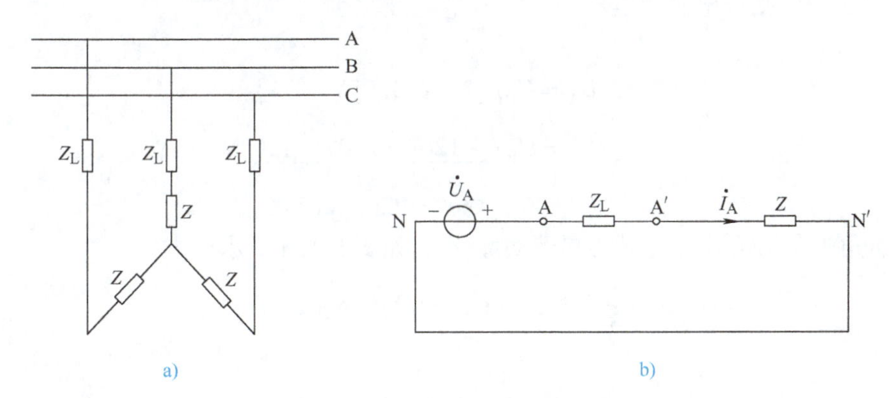

图 5-14　例题 5.2 电路图

解：此电路具有对称性，有

$$\dot{U}_A=\frac{\dot{U}_{AB}}{\sqrt{3}}\angle -30°=5774\angle 0°\text{V}$$

据此画出一相计算电路，如图 5-14 所示，可求得

$$\dot{I}_A=\frac{\dot{U}_A}{Z+Z_L}=\frac{5774\angle 0°}{1+\text{j}4+20+\text{j}40}\text{A}=118.4\angle -64.49°\text{A}$$

根据对称性可以写出

$$\dot{I}_B=\dot{I}_A\angle -120°=118.4\angle -184.49°\text{A}$$

$$\dot{I}_C=\dot{I}_A\angle 120°=118.4\angle 55.51°\text{A}$$

变压器一次相电压

$$\dot{U}_{A'N'}=\dot{I}_A Z=118.4\angle -64.49°\times(20+\text{j}40)\text{V}=5294.8\angle -1.06°\text{V}$$

变压器一次线电压

$$\dot{U}_{A'B'}=\sqrt{3}\dot{U}_{A'N'}\angle 30°=9170.9\angle 28.94°\text{V}$$

根据对称性可得

$$\dot{U}_{B'C'}=\dot{U}_{A'B'}\angle -120°=9170.9\angle -91.06°\text{V}$$

$$\dot{U}_{C'A'}=\dot{U}_{A'B'}\angle 120°=9170.9\angle 148.94°\text{V}$$

5.3.2 对称三相电路的其他连接

由于三相电源与三相负载的连接方式除了Y-Y之外、还有Y-△、△-Y、△-△。对这些连接方式的对称三相电路，也可以根据Y-Y联结的对称三相电路的计算步骤来进行计算。

例题 5.3 在图 5-9a 所示电路中，线电压为 380V 的对称三相电源上，接了一组对称三角形联结负载，每根相线的复阻抗 $Z_L = j1\Omega$，每相负载的复阻抗为 $Z=(12+j6)\Omega$，求负载的相电流、相电压和线电流。

解：1）将电源看成星形联结，根据对称三相电源的电压与线电压的关系，有 $U_P = \frac{U_L}{\sqrt{3}} = \frac{380}{\sqrt{3}}V = 220V$，则设电源相电压

$$\dot{U}_A = U_P\angle 0° = 220\angle 0° V$$

$$\dot{U}_B = U_P\angle -120° = 220\angle -120° V$$

$$\dot{U}_C = U_P\angle 120° = 220\angle 120° V$$

2）将三角形联结负载 Z 等效为星形负载 Z'，如图 5-15a 所示，则

$$Z' = \frac{1}{3}Z = \frac{1}{3}(12+j6)\Omega = (4+2j)\Omega$$

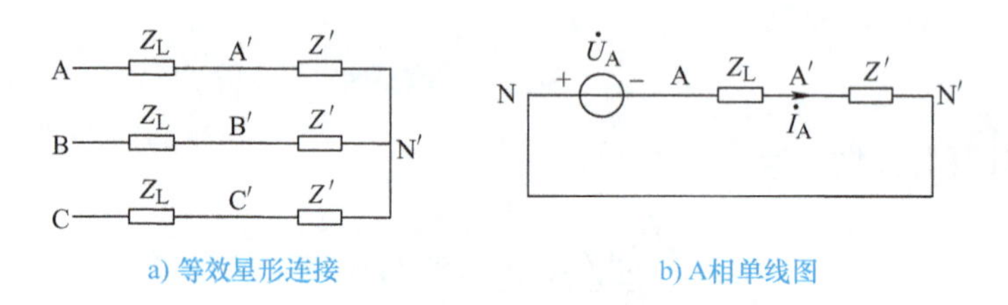

a) 等效星形连接　　b) A相单线图

图 5-15 例题 5.3 的等效电路图和单线图

3）画出 A 相单线图，如图 5-15b 所示。

线电流为

$$\dot{I}_A = \frac{\dot{U}_A}{Z_L + Z'} = \frac{220\angle 0°}{j1+4+j2}A = \frac{220\angle 0°}{j3+4}A = \frac{220\angle 0°}{5\angle 36.9°}A = 44\angle -36.9° A$$

根据对称条件得

$$\dot{I}_B = \dot{I}_A\angle -120° = 44\angle -156.9° A$$

$$\dot{I}_C = \dot{I}_A\angle 120° = 44\angle 83.1° A$$

4）回到原电路，根据对称三角形联结负载的相电流、线电流相量关系，可计算相电流为

$$\dot{I}_{A'B'}=\frac{\dot{I}_A}{\sqrt{3}}\angle 30^\circ=25.4\angle -6.9^\circ A$$

$$\dot{I}_{B'C'}=\dot{I}_{A'B'}\angle -120^\circ=25.4\angle -126.9^\circ A$$

$$\dot{I}_{C'A'}=\dot{I}_{A'B'}\angle 120^\circ=25.4\angle 113.1^\circ A$$

5）三角形联结负载的相电压为

$$\begin{aligned}\dot{U}_{C'A'}&=\dot{I}_{A'B'}Z=25.4\angle -6.9^\circ\times(12+j6)V\\&=25.4\angle -6.9^\circ\times 13.42\angle 26.6^\circ V\\&=340.87\angle 19.7^\circ V\end{aligned}$$

$$\dot{U}_{B'C'}=\dot{U}_{A'B'}\angle -120^\circ=340.87\angle -100.3^\circ V$$

$$\dot{U}_{C'A'}=\dot{U}_{A'B'}\angle 120^\circ=340.87\angle 139.7^\circ V$$

5.4　简单不对称电路的分析

在三相电路中，只要电源、负载阻抗或线路阻抗中有不满足对称条件的，此电路就称为不对称三相电路。实际工作中不对称三相电路大量存在，首先有许多单相负载，且开和关又很频繁，很难把它们配成对称情况；其次对称三相电路发生故障时，如断路、短路等，也就变为了不对称三相电路；另外还有一些电气设备正是利用不对称三相电路的特性工作的。

5.4.1　低压供电系统中的三相不对称电路

低压供电系统由于用电不均匀，易出现三相不对称状态。假定中性线阻抗为零，则电源中性点与负载中性点间的电压为零，因此，每相负载上的电压一定等于该相电源电压，各相负载电压与各相负载阻抗大小无关。由此可见，在中性线及线路阻抗为零的三相四线制电路中，当三相电源电压对称时，即使三相负载不对称，三相负载上的电压依然是对称的，但由于三相负载阻抗不等，所以三相电流将是不对称的，三相电流分别为

$$I_A=\frac{U'_A}{|Z_A|}=\frac{U_A}{|Z_A|}$$

$$I_B=\frac{U'_B}{|Z_B|}=\frac{U_B}{|Z_B|}$$

$$I_C=\frac{U'_C}{|Z_C|}=\frac{U_C}{|Z_C|}$$

中性线电流为

$$i_N=i_A+i_B+i_C\neq 0$$

所以，在不对称的三相四线制电路中，中性线电流一般不等于零，这表明中性线具有传导三相系统中的不平衡电流或单相电流的作用。

5.4.2　一相负载短路的三相不对称电路

1. 对称三角形负载中一相短路

对称的三角形负载中，假定A′B′相短路，其电路如图5-16所示。若不计线路阻抗，则

短路相的电压等于电源线电压，短路相的阻抗等于零。此时 $I'_{AB}=\frac{\sqrt{3}U_P}{0}$ 为无穷大。这时与短路相负载相连的两条端线上将出现很大的短路电流。若线路上未装设熔断器或过电流保护装置，则电源及线路必将被烧毁。因此，必须在线路上装设熔断器或过电流保护装置。一旦出现上述情况，则熔断器的熔丝熔断或过电流保护装置动作，切断电源，使三相负载停止工作。

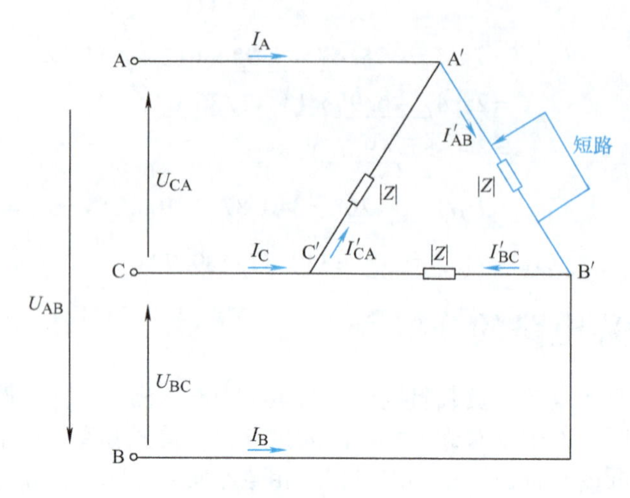

图 5-16 三角形负载一相短路

2. 对称的Y-Y联结电路中一相负载短路

对称的Y-Y联结的电路中，假定 A 相负载短路，其电路图如图 5-17a 所示。此时 A′点与 N′点等电位，A 相负载电压为零，负载中性点与电源中性点之间的电压等于 A 相电源的电压，即

$$U'_A=0$$
$$U_{N'N}=U_A=U_P$$

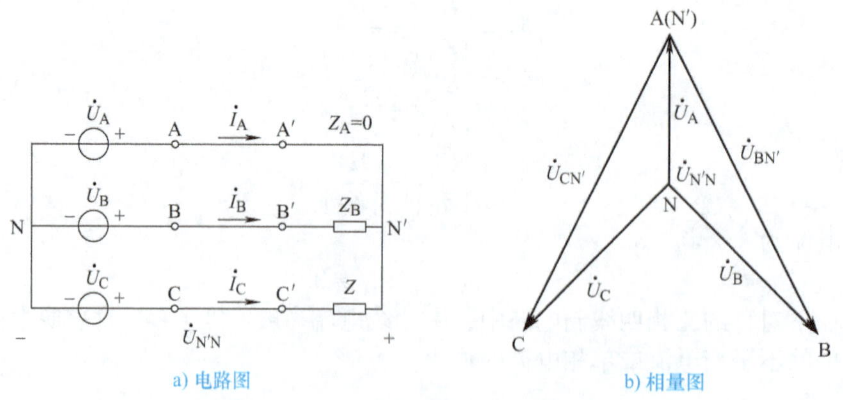

a) 电路图 b) 相量图

图 5-17 Y-Y联结电路中一相负载短路

这时 B 相负载相当于直接接在 B、A 两端线上，C 相负载相当于直接接在 C、A 两端线上，因此，B、C 两相负载的电压分别为

$$U'_B = U_{AB} = \sqrt{3}U_P$$
$$U'_C = U_{CA} = \sqrt{3}U_P$$

负载电压相量图如图 5-17b 所示。

根据欧姆定律，可求得 B、C 两相负载的相电流（即线电流）为

$$I_B = \frac{U_{AB}}{|Z|} = \frac{\sqrt{3}U_P}{|Z|}$$

根据基尔霍夫电流定律，可求得 A 相的线电流等于

$$i_A = -(i_B + i_C)$$

利用相量图可求得 A 相的线电流的有效值为

$$I_A = 3\frac{U_P}{|Z|}$$

因此，在电源电压（指有效值）恒定，且不计线路阻抗的情况下，在负载星形联结的对称三相三线制电路中一相负载短路，可得如下结论。

1）短路相的负载电压为零，其线电流增至原来的 3 倍。

2）其他两相负载上的电压和电流均增至原来的$\sqrt{3}$倍。

此时线路出现过热，负载不能正常工作。

5.4.3 一相负载断路的三相不对称电路

1. 对称的三角形负载一相断路

对称的三角形负载中，假定 A′B′相断路，如图 5-18a 所示。负载断路后外部的电路结构未发生变化，因此，断路后，负载的线电压仍等于相应的电源线电压，A′B′相断路后，其电流 $I'_{AB}=0$，其他两相负载的电流为

$$I'_{BC} = \frac{U_{BC}}{|Z|}$$
$$I'_{CA} = \frac{U_{CA}}{|Z|}$$

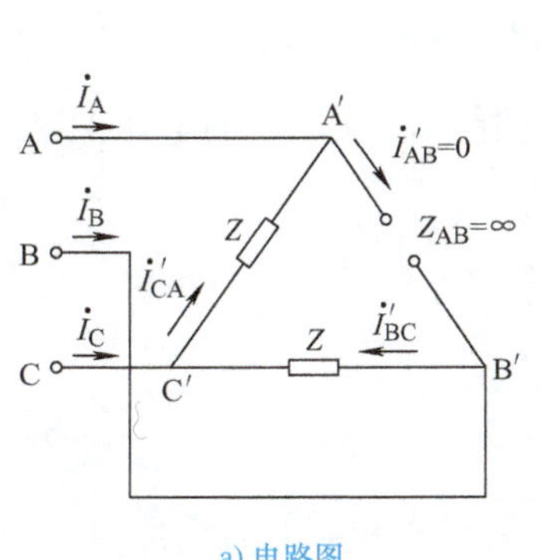

a) 电路图

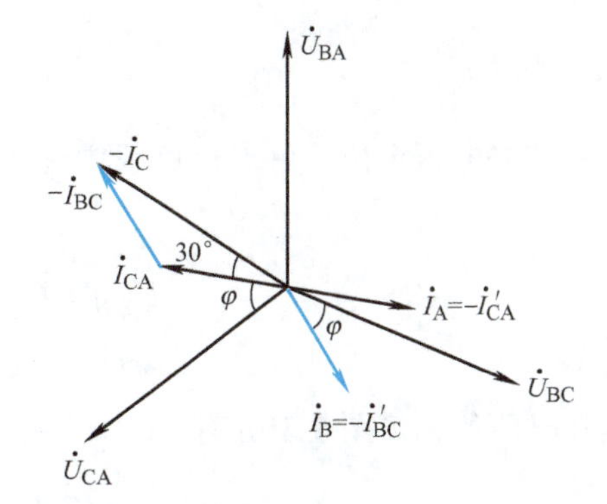

b) 相量图

图 5-18 三角形负载一相断路

根据基尔霍夫电流定律，可求得线电流为

$$I_A = I'_{CA}$$
$$I_B = I'_{BC}$$
$$I_C = \sqrt{3}I'_{CA}$$

根据以上分析可知，在电源电压有效值恒定，且不计线路损耗的情况下，三角形联结的对称负载一相断路时，可得如下结论。

1）负载线电压：均不发生变化。

2）相电流：断路相的负载电流等于零，其他两相负载电流保持不变。

3）线电流：与断路相两端相连的两端线电流减少为原相电流，另一线电流保持不变，即仍为原相电流的$\sqrt{3}$倍。

2. 对称Y-Y联结电路中一相断路

对称Y-Y联结的三相电路中，假定A相负载发生断路，其电路如图5-19a所示。A相负载断路后，$i_A=0$，这时B、C两相电源与B、C两相负载串联，构成一个独立的闭合回路。B、C两相负载上的总电压等于电源的线电压u_{BC}，由于B、C两相负载的阻抗相等，在所选定的参考方向下，B、C两相负载电压为

$$U'_B = \frac{1}{2}U_{BC} = \frac{\sqrt{3}}{2}U_P$$

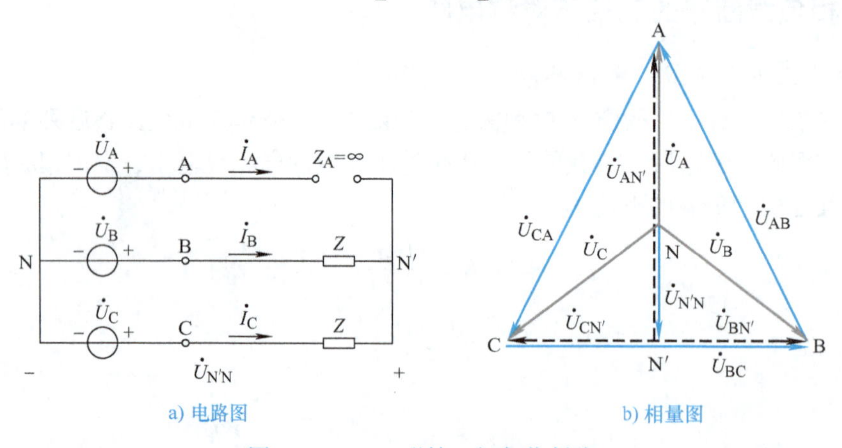

图5-19 Y-Y联结一相负载断路

利用基尔霍夫电压定律，可求得负载中性点与电源中性点之间的电压及A相断路处的电压为

$$\dot{U}_{N'N} = \dot{U}_B - \dot{U}'_B$$
$$\dot{U}'_A = \dot{U}_A - \dot{U}_{N'N}$$

根据负载电压的相量图5-19b有

$$U_{N'N} = \frac{1}{2}U_A = \frac{1}{2}U_P$$

$$U'_A = \frac{3}{2}U_A = \frac{3}{2}U_P$$

根据欧姆定律，可求得 B、C 两相电流为

$$I_B=\frac{1}{2}\frac{U_{BC}}{|Z|}=\frac{\sqrt{3}}{2}\frac{U_P}{|Z|}$$

$$I_C=\frac{1}{2}\frac{U_{BC}}{|Z|}=\frac{\sqrt{3}}{2}\frac{U_P}{|Z|}$$

所以，在电源电压有效值恒定，线路阻抗不计的情况下，Y/Y 联结对称三相电路中的一相断路时，可得如下结论。

1）断路相电流等于零，负载电压为零，断路处电压为原来相电压的 3/2 倍。

2）其他两相负载上的电压和电流均减小到原来的$\frac{\sqrt{3}}{2}$。

5.4.4　三相对称三角形负载电路中的一相断路

在对称三角形负载的三相电路中，假定 A 相端线断路，电路图如图 5-20a 所示。A 相端线断路后，电路中各负载的连接关系发生了变化，这时 A′B′相负载与 C′A′相负载形成串联支路，它们串联后再与 B′C′相负载并联，接到电源线电压 U_{BC}上，其电路如图 5-20b 所示。根据这种连接规律，可确定三相负载的相电压为

$$U'_{AB}=\frac{1}{2}U_{BC}=\frac{1}{2}U_L$$

$$U'_{BC}=U_{BC}=U_L$$

$$U'_{CA}=\frac{1}{2}U_{BC}=\frac{1}{2}U_L$$

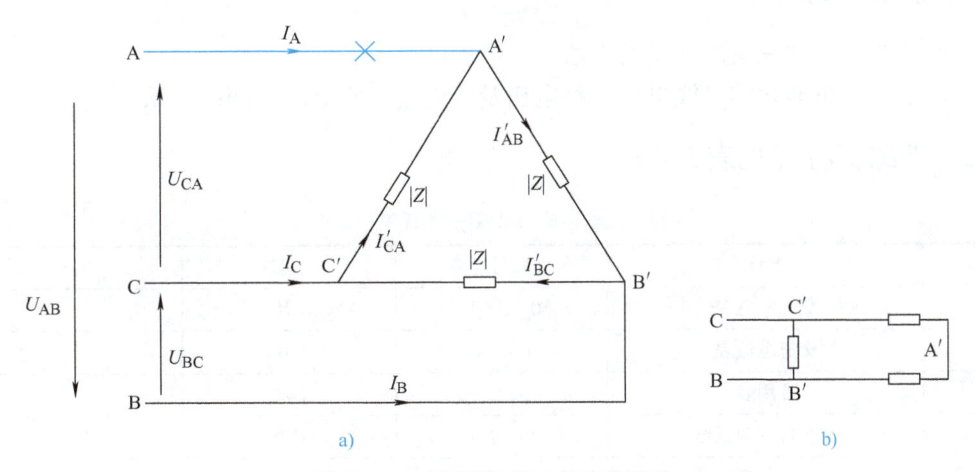

图 5-20　三角形负载一条端线断路

根据电路图，应用欧姆定律和基尔霍夫电流定律，可求得负载相电流和线电流为

$$I'_{AB}=\frac{U'_{AB}}{|Z|}=\frac{1}{2}\frac{U_{BC}}{|Z|}=\frac{1}{2}\frac{U_L}{|Z|}$$

$$I'_{BC}=\frac{U_{BC}}{|Z|}=\frac{U_L}{|Z|}$$

$$I'_A=0$$

$$I_B = I_C = \frac{\sqrt{3}\,U_{BC}}{2\,|Z|} = \frac{\sqrt{3}\,U_L}{2\,|Z|}$$

由此可见，在电源电压有效值恒定，且不计线路阻抗的情况下，对称三角形负载的一条相线断路后，可得到如下结论。

1）与断路相线相连的两相负载的电流和电压均减少为原来的1/2，另一相负载的电压和电流保持不变。

2）断路相线的电流为零，另外两条相线的电流减少为原线电流的$\frac{\sqrt{3}}{2}$倍。

因此，无论在哪一种不对称状态下运行，要么出现过电压或过电流，造成线路过热，烧坏用电设备；要么出现电压过低，造成用电设备不能正常工作。

任务总结

1. 对称三相电路的计算：采用单相法，按单相电路计算。
2. 不对称三相电路的计算：采用中点电压法计算。

【任务实施】

技能训练14　三相负载三角形联结电路研究

教学视频

一、训练目的

1）掌握三相负载三角形联结的方法。
2）验证在三角形联结时线电压、相电压及线电流、相电流之间的关系。

二、训练器材（见表5-4）

表5-4　训练器材清单

序号	名称	型号与规格	数量	备注
1	交流电压表	0～500V	1块	
2	交流电流表	0～5A	1块	
3	万用表		1块	
4	三相自耦调压器	0～380V	1个	
5	白炽灯	220V，25W	9个	

三、原理说明

1）三相负载可接成星形或三角形。当三相对称负载为三角形联结时，线电流是相电流的$\sqrt{3}$倍，线电压等于相电压，即

$$I_L = \sqrt{3} I_P，U_L = U_P$$

2）当不对称负载为三角形联结时，$I_L \neq \sqrt{3} I_P$，但只要电源的线电压 U_L 对称，加在三相负载上的电压仍是对称的，对各相负载工作是没有影响的。

四、训练内容及步骤

1）按图 5-21 连接线路，负载为三角形联结（三相三线制供电）。

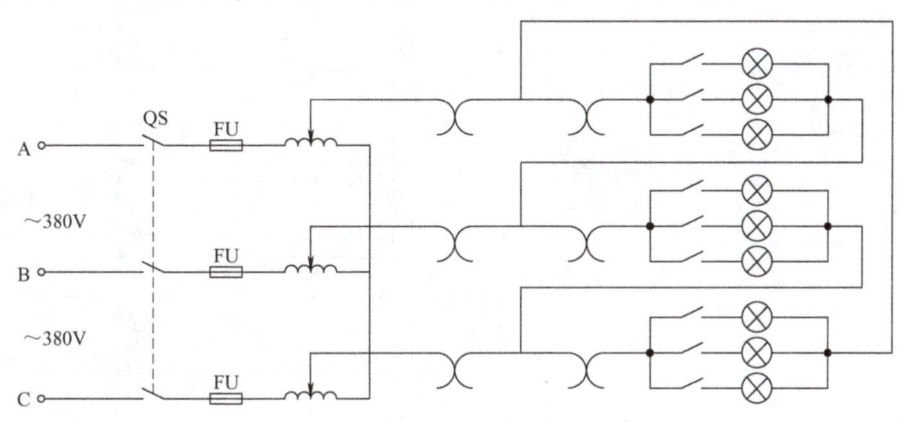

图 5-21　三相负载三角形联结实验电路

2）接通三相正弦交流电源，并调节三相调压器，使其输出线电压为 220V。

3）经指导教师检查合格后，按表 5-5 的内容进行测试，并将数据填入表 5-5 中。

表 5-5　测试内容及数据

测量数据 / 负载情况	开灯盏数			线电压 = 相电压/V			线电流/A			相电流/A		
	A－B 相	B－C 相	C－A 相	U_{AB}	U_{BC}	U_{CA}	I_A	I_B	I_C	I_{AB}	I_{BC}	I_{CA}
三相平衡	3	3	3									
三相不平衡	1	2	3									

五、注意事项和数据分析

1）经指导教师检查合格后，方可开启实验台电源。

2）先将三相调压器的旋柄置于输出为 0V 的位置，然后缓慢调节至所需电压。

3）每次接线完毕，同组同学应自查一遍，然后经指导老师检查后，方可接通电源，必须严格遵守先断电、再接线、后通电，先断电、后拆线的实验操作原则。

4）根据不对称负载三角形联结时的相电流值做相量图，并求出线电流值，然后与实验测得的线电流做比较并进行分析。

【任务拓展】

仿真训练 9　三相负载三角形联结电路仿真

一、仿真目的

1）掌握三相负载三角形联结的方法。

2）验证三相负载三角形联结时线电压、相电压及线电流、相电流之间的关系。

二、仿真内容

打开软件仿真，搭建图5-22所示三相负载三角形联结仿真电路图。

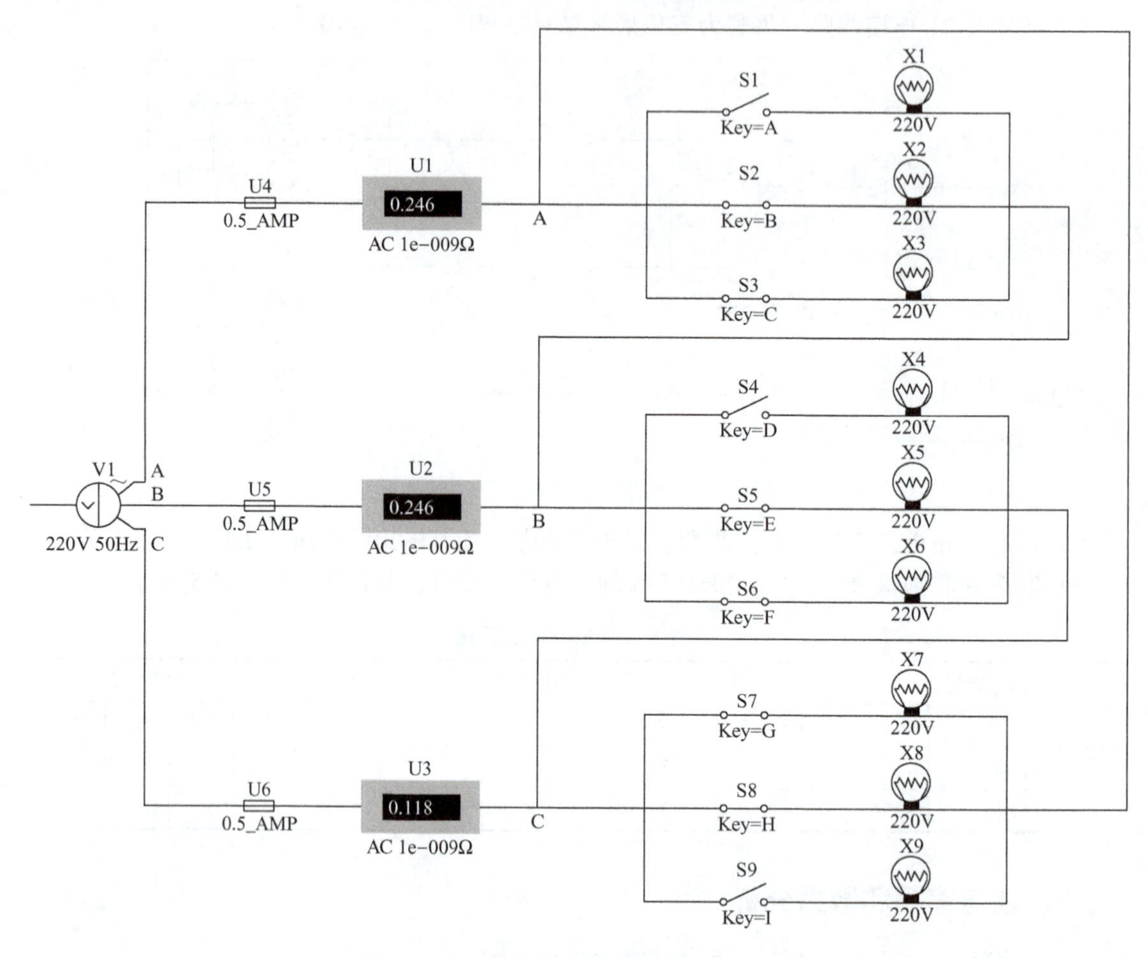

图5-22　三相负载三角形联结仿真电路图

通过仿真软件测量三相负载三角形联结下的电量。将仿真测得的数据列入表5-6中，根据仿真所得数据，验证对称及不对称负载三角形联结时，线电压、相电压及线电流、相电流之间的关系。思考不对称负载三角形联结时，电路能否正常工作，并通过仿真验证。

表5-6　测量内容及数据

测量数据 负载情况	开灯盏数			线电压＝相电压/V			线电流/A			相电流/A		
	A－B相	B－C相	C－A相	U_{AB}	U_{BC}	U_{CA}	I_A	I_B	I_C	I_{AB}	I_{BC}	I_{CA}
三相平衡	3	3	3									
三相不平衡	1	2	3									

任务三　功率计算和电能表的安装使用

【任务导入】

电能表是用来测量电能的仪表，又称电度表、火表、千瓦小时表，指测量各种电学量的仪表。

使用电能表时要注意，在低电压（不超过500V）和小电流（几十安）的情况下，电能表可直接接入电路进行测量。在高电压或大电流的情况下，电能表不能直接接入线路，需配合电压互感器或电流互感器使用。

【任务分析】

电能可以转换成各种能量，如：电炉可将电能转换成热能，电动机可将电能转换成机械能等。在这些转换中所消耗的电能为有功电能。而记录这种电能的电表为有功电能表。有些电器装置在能量转换时先得建立一种转换的环境，如：电动机、变压器等，要先建立一个磁场才能完成能量转换，还有些电器装置是要先建立一个电场才能完成能量转换。而建立磁场和电场所需的电能都是无功电能。而记录这种电能的电表为无功电能表。无功电能在电器装置本身中是不消耗能量的，但会在电器线路中产生无功电流，该电流在线路中将产生一定的损耗。无功电能表是专门记录这一损耗的，一般只有较大的用电单位才安装这种电表。

【知识链接】

5.5　三相电路的功率

1. 复功率

在三相电路中，三相负载吸收的复功率等于各相复功率之和，即

$$\overline{S}=\overline{S_A}+\overline{S_B}+\overline{S_C} \tag{5-10}$$

式中，$\overline{S_A}=P_A+jQ_A$；$\overline{S_B}=P_B+jQ_B$；$\overline{S_C}=P_C+jQ_C$。

如图5-23所示电路有

$$S=\dot{U}_{AN'}\dot{I}_A+\dot{U}_{BN'}\dot{I}_B+\dot{U}_{CN'}\dot{I}_C$$

在对称三相电路中显然有$\overline{S_A}=\overline{S_B}=\overline{S_C}$，所以

$$\overline{S}=3\,\overline{S_A} \tag{5-11}$$

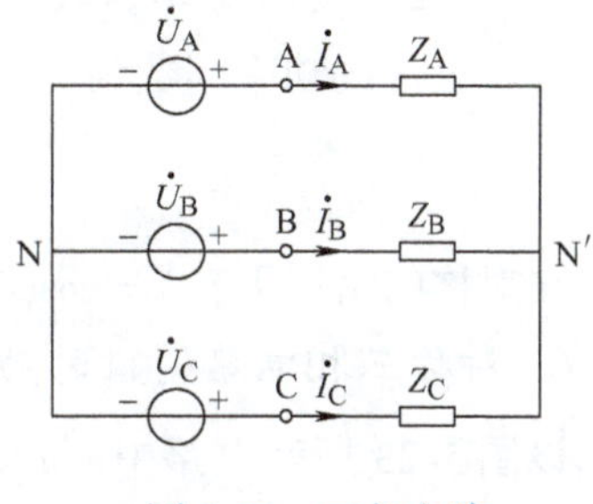

图5-23　三相电路

2. 有功功率

由式（5-10）可知，三相负载吸收的有功功率等于各相有功功率之和，即

$$P=P_A+P_B+P_C \tag{5-12}$$

如图5-23所示电路有

$$P=U_{AN'}I_A\cos\varphi_A+U_{BN'}I_B\cos\varphi_B+U_{CN'}I_C\cos\varphi_C \tag{5-13}$$

式中，各电压、电流分别为A、B、C三相的相电压和相电流；φ_A、φ_B、φ_C为A、B、C三相的阻抗角。

在对称三相电路中，显然有$P_A=P_B=P_C$，所以三相有功功率

$$P = 3P_A \text{ 或 } P = 3P_P \tag{5-14}$$

即

$$P = 3U_P I_P \cos\varphi_P \tag{5-15}$$

在对称三电路中负载在任何一种接法的情况下总有

$$3U_P I_P = \sqrt{3} U_L I_L \tag{5-16}$$

所以式（5-15）可以表示为

$$P = \sqrt{3} U_L I_L \cos\varphi \tag{5-17}$$

式中，$\varphi = \varphi_P$。

3. 无功功率

与三相有功功率相类似，三相负载的无功功率为

$$Q = Q_A + Q_B + Q_C \tag{5-18}$$

对于图 5-23 所示电路有

$$Q = U_{AN'} I_A \sin\varphi_A + U_{BN'} I_B \sin\varphi_B + U_{CN'} I_C \sin\varphi_C \tag{5-19}$$

在对称三相电路中，三相无功功率

$$Q = 3Q_P = 3U_P I_P \sin\varphi_P \tag{5-20}$$

由式（5-16）可得

$$Q = \sqrt{3} U_L I_L \sin\varphi \tag{5-21}$$

式中，$\varphi = \varphi_P$。

4. 视在功率

三相电路中，视在功率为

$$S = \sqrt{P^2 + Q^2} \tag{5-22}$$

在三相电路对称情况下

$$S = 3U_P I_P = \sqrt{3} U_L I_L \tag{5-23}$$

5. 三相负载的功率因数

三相负载的功率因数为

$$\lambda = \frac{P}{S} \tag{5-24}$$

在对称的情况下，$\lambda = \cos\varphi$，即为一相负载的功率因数。

6. 对称三相电路的瞬时功率

设图 5-23 所示电路中，$u_{AN} = \sqrt{2} U_{AN} \cos\omega t$，$i_A = \sqrt{2} I_A \cos(\omega t - \varphi)$，在此电路对称的情况下有

$$\begin{aligned} p_A &= u_{AN} i_A = \sqrt{2} U_{AN} \cos\omega t \times \sqrt{2} I_A \cos(\omega t - \varphi) \\ &= U_{AN} I_A [\cos\varphi + \cos(2\omega t - \varphi)] \end{aligned}$$

$$\begin{aligned} p_B &= u_{BN} i_B = \sqrt{2} U_{BN} \cos(\omega t - 120°) \times \sqrt{2} I_B \cos(\omega t - \varphi - 120°) \\ &= U_{BN} I_B [\cos\varphi + \cos(2\omega t - \varphi - 240°)] \end{aligned}$$

$$\begin{aligned} p_C &= u_{CN} i_C = \sqrt{2} U_{CN} \cos(\omega t + 120°) \times \sqrt{2} I_C \cos(\omega t - \varphi + 120°) \\ &= U_{CN} I_C [\cos\varphi + \cos(2\omega t - \varphi + 240°)] \end{aligned}$$

对称电源提供的三相瞬时功率为

$$p = p_A + p_B + p_C = 3U_{AN}I_A\cos\varphi$$

即对称三相电路的瞬时功率为常量。

例题 5.4　电路如图 5-24a 所示。各电表读数分别为 380V、10A、2kW。三相电源与负载均对称。求：

（1）每相负载的等效阻抗（感性）。

（2）当中性线断开且 B 相负载开路时，各相线电流、B 相断开处电压及三相负载平均功率为多少？

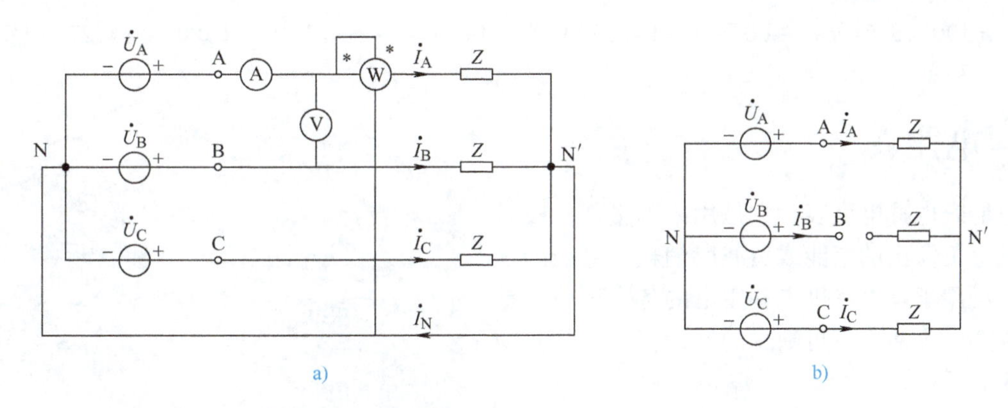

图 5-24　例题 5.4 电路图

解：（1）负载各相等效阻抗为

$$|Z| = \frac{U_P}{I_P} = \frac{U_L/\sqrt{3}}{I_L} = \frac{220}{10}\Omega = 22\Omega$$

对称三相负载功率因数

$$\lambda = \cos\varphi = \frac{P}{\sqrt{3}U_L I_L} = \frac{3\times 2\times 10^3}{\sqrt{3}\times 380\times 10} = 0.9116$$

各相阻抗角　$\varphi = \arccos 0.9116 = 24.27°$

所以等效阻抗为

$$Z = 22\angle 24.27°\Omega$$

（2）等效电路如图 5-24b 所示，设$\dot{U}_{AB}$为参考相量，则

$$\dot{U}_{AB} = 380\angle 0°\text{V}$$

所以

$$\dot{U}_{BC} = 380\angle -120°\text{V}$$

$$\dot{U}_{CA} = 380\angle 120°\text{V}$$

各相线电流为

$$\dot{I}_A = -\dot{I}_C = \frac{\dot{U}_{AC}}{2Z} = \frac{380\angle 120°}{2\times 22\angle 24.27°}\text{A} = 8.64\angle -84.27°\text{A}$$

$$\dot{I}_B = 0\text{A}$$

B 相负载断开处电压

$$\dot{U}_B = Z\dot{I}_A - \dot{U}_{AB} = 22\underline{/24.27^\circ} \times 8.64\underline{/-84.27^\circ}\text{V} - 380\underline{/0^\circ}\text{V}$$
$$= 329.08\underline{/-149.99^\circ}\text{V}$$

而

$$\dot{U}_{AN'} = Z\dot{I}_A = 22\underline{/24.27^\circ} \times 8.64\underline{/-84.27^\circ}\text{V} = 190\underline{/-60^\circ}\text{V}$$

$$\dot{U}_{CN'} = Z\dot{I}_C = 22\underline{/24.27^\circ} \times (-8.64\underline{/-84.27^\circ})\text{V} = 190\underline{/120^\circ}\text{V}$$

三相负载平均功率由式（5-13）计算为

$$P = U_{AN'}I_A\cos\varphi_A + U_{CN'}I_C\cos\varphi_C$$
$$= 190 \times 8.64\cos[-60^\circ - (-84.27^\circ)]\text{W} + 190 \times 8.64\cos[120^\circ - (180^\circ - 84.27^\circ)]\text{W}$$
$$= 3\text{kW}$$

5.6 电能表

电能表也称电度表，它是用来测量某一段时间内发电机发出的电能或负载所消耗的电能的仪表，广泛用于发电、供电和用电的各个环节，是人们生产、生活中不可缺少的计量仪表，其实物如图 5-25 所示。

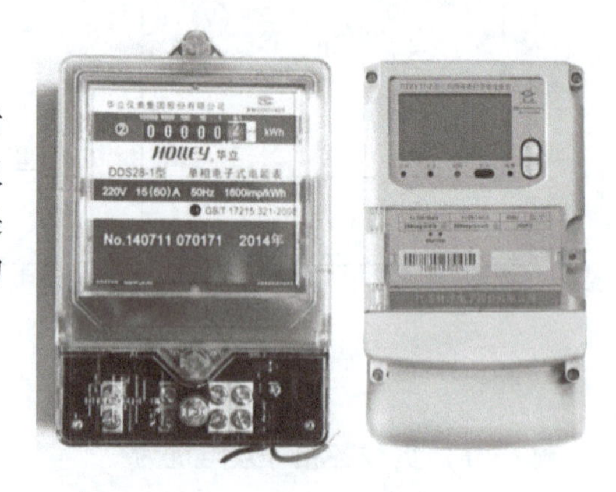

图 5-25 电能表实物图

5.6.1 电能表的分类与铭牌

1. 电能表的分类

(1) 按用途分类

电能表可分为工业与民用电能表、电子标准电能表、最大需量电能表、复费率电能表、预付费电能表和多功能电能表等。家庭常用的是有功电能表，预付费电能表也有使用，现在为了节电也在推广复费率分时电能表。

(2) 按结构和工作原理分类

电能表可分为感应式（机械式）电能表、静止式（电子式）电能表、机电一体式（混合式）电能表。在 20 世纪 90 年代以前，人们使用的一般是电气机械式电能表，又称为感应式电能表或机械式电能表，随着电子技术的发展，电子式电能表的应用越来越多。

(3) 按接入电源性质分类

电能表可分为交流电能表、直流电能表。家庭用的电源是交流电，因此采用的是交流电能表。

(4) 按照电能表等级分类

电能表可分为常用普通表：0.2S、0.5S、0.2、0.5、1.0、2.0 等；标准表：0.01、0.05、0.2、0.5 等。

(5) 按安装接线方式分类

电能表可分为直接接入式和间接接入式。

(6) 按用电设备分类

电能表可分为单相电能表、三相三线电能表、三相四线电能表。一般家庭使用的是单相电能表，但别墅和大用电住户也有使用三相四线电能表的，工业用户使用三相三线和三相四线电能表。

2. 电能表的铭牌

从电能表正面窗口里可看到铭牌上有一些文字和符号，看懂这些文字和符号的意思，对使用电能表很有帮助。

（1）型号及其含义

电能表型号是用字母和数字的排列来表示的，内容如下：类别代号＋组别代号＋设计序号＋派生号。

1）类别代号：D—电能表。

2）组别代号：表示相线，其中D—单相，S—三相三线，T—三相四线。

表示用途的分类，其中D—多功能，S—电子式，X—无功，Y—预付费，F—复费率。

3）设计序号：用阿拉伯数字表示，每个制造厂的设计序号不同，如长沙希麦特电子科技发展有限公司设计生产的电能表产品备案的序列号为971，正泰公司的为666等。

例如：DD—表示单相电能表，如DD971型、DD862型；DS—表示三相三线有功电能表，如DS862型、DS971型；DT—表示三相四线有功电能表，如DT862、DT971型；DX—表示无功电能表，如DX971型、DX864型；DDS—表示单相电子式电能表，如DDS971型；DTS—表示三相四线电子式有功电能表，如DTS971型；DDSY—表示单相电子式预付费电能表，如DDSY971型；DTSF—表示三相四线电子式复费率有功电能表，如DTSF971型。

（2）铭牌上应包含的信息

1）商标。

2）计量许可证标志（CMC）：电能表是计量产品，必须具有国家技术监督局颁发的计量产品许可证才能合法生产。

3）计量单位名称和符号，如：有功电能表为“千瓦·时”或“kW·h”；无功电能表为“千乏·时”或“kvar·h”。

4）字轮式计度器的窗口，整数位和小数位用不同颜色区分，中间有小数点；若无小数点位，窗口各字轮均有倍乘系数，如×100、×10、×1等。

5）电能表的名称及型号。

6）基本电流和额定最大电流。基本电流是确定电能表有关特性的电流值，额定最大电流是仪表能满足其制造标准规定的准确度的最大电流值。如5(20)A即表示电能表的基本电流为5A，额定最大电流为20A，对于三相电能表还应在前面乘以相数，如3×5(20)A。

7）参比电压，指的是确定电能表有关特性的电压值，对于三相三线电能表以相数乘以线电压表示，如3×380V，对于三相四线电能表则以相数乘以相电压/线电压表示，如3×220/380V，对于单相电能表则以接线端上的电压表示，如220V。

8）参比频率，指的是确定电能表有关特性的频率值，以赫兹（Hz）为单位，我国电力线路的频率值一般为50Hz。

9）电能表常数，指的是电能表记录的电能和相应的转数或脉冲数之间关系的常数。有功电能表以kW·h/r（imp[⊖]）表示，无功电能表以kvar·h/r（imp）表示。

10）准确度等级，以圆圈中的等级数表示。

⊖ imp表示脉冲个数。

11）制造标准，一般为国家标准。

12）制造厂家的名称。

13）制造年份。

14）出厂编号。

5.6.2 电能表的结构

1. 单相交流电能表结构

单相交流感应式电能表结构如图5-26所示。它的主要组成部分有电压线圈1、电流线圈2、转盘3、转轴4、上轴承5、下轴承6、蜗杆7、永久磁铁8、磁轭9、计量器、支架、外壳、接线端钮等。工作时，当电压线圈和电流线圈通过交变电流时，就有交变的磁通穿过转盘，在转盘上产生感应涡流，这些涡流与交变的磁通互相作用产生电磁力，从而使转盘转动。计量器就是通过齿轮比，把电能表转盘的转数变为与之对应的电能指示值。转盘转动后，涡流与永久磁铁的磁感应线相切割，受一个反向的磁场力作用，从而产生制动力矩，致使转盘以某一速度旋转，其转速与负载功率的大小成正比。

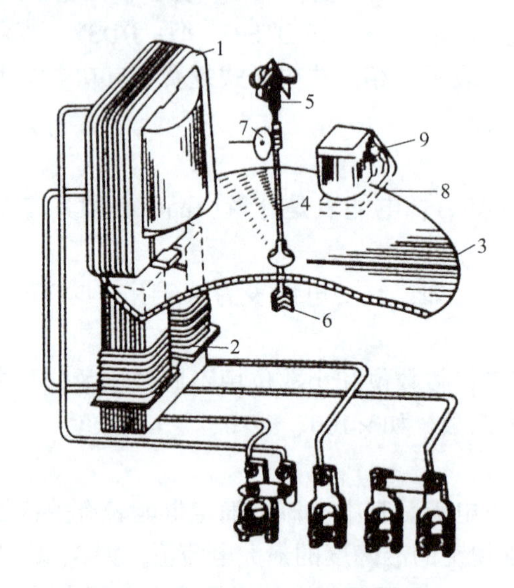

图5-26 单相交流感应式电能表结构

1—电压线圈 2—电流线圈 3—转盘 4—转轴 5—上轴承 6—下轴承 7—蜗杆 8—永久磁铁 9—磁轭

2. 三相交流电能表结构

三相交流电能表的结构与单相交流电能表相似，它是把两套或三套单相电能表机构套装在同一轴上组成，只有一个“积算”机构。由两套机构组成的称为两元件电能表，由三套机构组成的称为三元件电能表。前者一般用于三相三线制电路，后者可用于三相三线制及三相四线制。

5.6.3 单相电能表的接线

根据负载功率的大小，电能表的接线主要有直接接入法和经电流互感器接入法两种接法。

1. 直接接入法

如果负载的功率在电能表允许的范围内，即流过电能表电流线圈的电流不会导致线圈烧毁，那么就可以采用直接接入法。单相电能表有四个接线端子，从左至右按 1、2、3、4 编号。根据接线盒上的排列可以分为一进一出（单进单出）（1、3 接进线，2、4 接出线）和二进二出（1、2 接进线，3、4 接出线）两种接线方式，如图 5-27 所示。无论何种接法，相线（火线）必须接入电表的电流线圈的端子。由于有些电表的接线特殊，具体的接线方法需要参照接线端子盖板上的接线图去接。

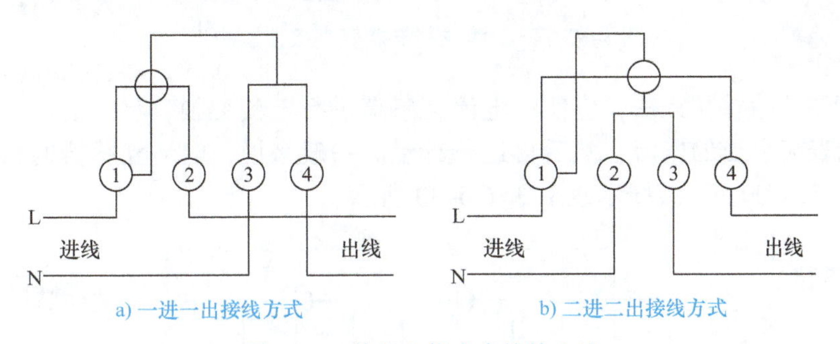

图 5-27 单相电能表直接接入法

2. 经电流互感器接入法

用单相电能表测量大电流的单相电路的用电量时，应使用电流互感器进行电流变换，电流互感器接电能表的电流线圈。具体接法有两种：一种是单相电能表内 5 和 1 端未断开时的接法，由于表内短接片没有断开，所以电流互感器的 K2 端子禁止接地，如图 5-28a 所示；另一种是单相电能表内 5 和 1 端短接片已断开时的接法，由于表内短接片已断开，所以电流互感器的 K2 端子应该接地，如图 5-28b 所示。

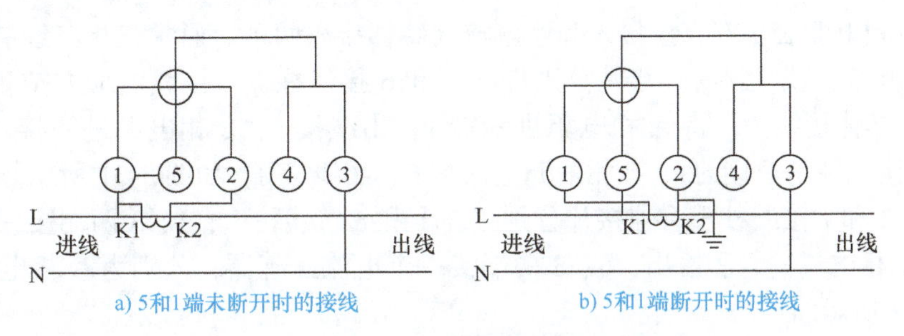

图 5-28 单相电能表经电流互感器接入法

5.6.4 三相电能表的接线

1. 三相四线制电能表接线

(1) 直接接入法

如果负载的功率在电能表允许的范围内，那么就可以采用直接接入法。接线示意图如图 5-29所示。

(2) 经电流互感器接入法

电能表测量大电流的三相电路的用电量时，因为线路流过的电流很大，例如 300 ~

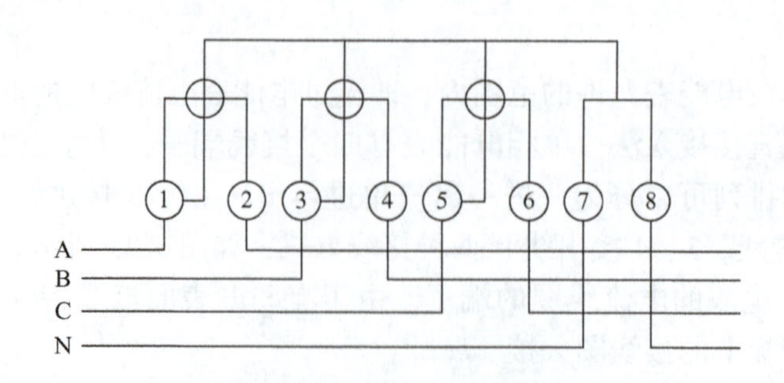

图 5-29 三相四线制电能表直接接入法

500A，不可能采用直接接入法，应使用电流互感器进行电流变换，将大的电流变换成小的电流，即电能表能承受的电流，然后再进行计量。一般来说，电流互感器的二次电流都是5A，例如300/5、100/5。接线示意图如图5-30所示。

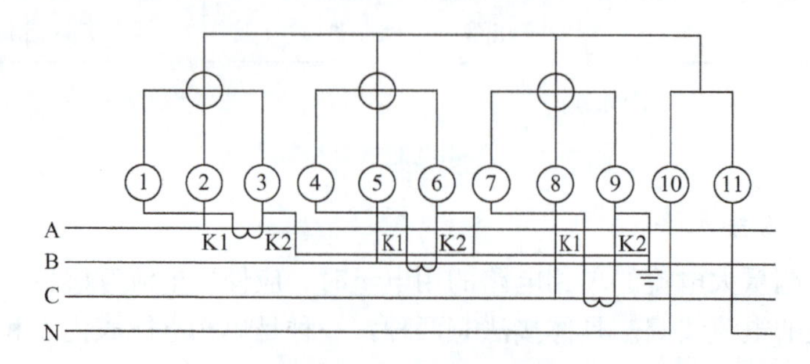

图 5-30 三相四线制电能表经电流互感器接入法

2. 三相三线制电能表接线

三相三线制电能表也有直接接入和经电流互感器接入两种。通常三相三线制电能表有8个接线柱，2和7接线柱接有连接片分别接在1和6接线柱上，接线的地方按顺序为1、3、4、5、6、8，具体接线为：将A相电源进线接1，出线接3，B相电源进线接4，出线接5（其实这2个接线柱是短接的），C相电源进线接6，出线接8，如图5-31所示。而经电流互感器接入法，2和7接线柱没有连接片分别接在1和6接线柱上，1、3两端接一个电流互感器，分别为A相电流输入和输出，6、8两端接一个电流互感器，分别为C相电流输入和输出，如图5-32所示。

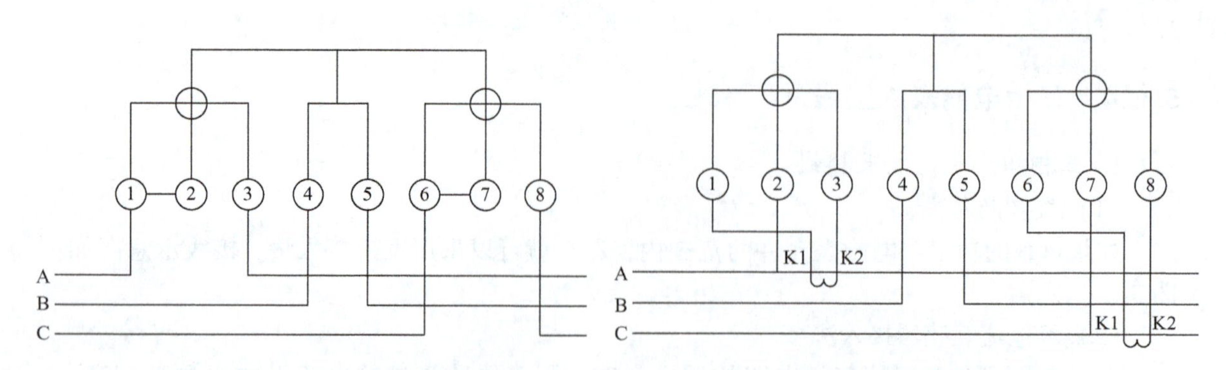

图 5-31 三相三线制电能表直接接入法

图 5-32 三相三线制电能表经互感器接入法

5.6.5　电能表的使用

1. 电能表的选择

1）根据实测电路，选择电能表的类型。单相用电（如照明电路）选用单相电能表；三相用电时，可选用三相电能表或3只单相电能表，有时在成配套电气设备中或电动机负载电路中，采用三相三线制电能表；若需测无功电度数，电路中还可安装无功电能表。

2）根据负载的最大电流及额定电压，以及要求测量的准确度选择电能表的型号。选择时，电能表的额定电压与负载的额定电压一致，而电能表的额定电流应不小于负载的最大电流。

3）当没有负载时，电能表的铝转盘应该静止不转。当电能表的电流线路无电流而电压线路上有额定电压时，其铝盘转动应不超过潜动允许值，即在限定时间内潜动不应超过1整转。

2. 电能表的安装注意事项

1）安装电能表时，一般要求电能表与配电装置装在一起，装电能表的木板正面及四周边缘应涂漆防潮，木板为实板，且必须坚实干燥，不应有裂缝，拼接处要紧密平整。

2）电能表的安装场所要干燥、整洁，无振动、无腐蚀、无灰尘、无杂乱线路，表板的下沿离地面不低于1.3m。

3）为了使导线走向简洁而不混乱，电能表应装在进线侧。为抄表方便，明装电能表箱底面距地1.8m，特殊情况为1.2m，暗装电能表箱底面距地1.4m。如需并列安装多只电能表时，则两表间的距离不应小于200mm。

4）不同电价的用电线路应分别装表，同一电价的用电线路应合并装表。

5）安装电能表时，表身必须与地面垂直，否则会影响电能表的准确度。

6）电能表不允许安装在只有10%负载以下的电路中使用。

7）电能表在使用过程中，电路上不允许经常出现短路或负载超过额定值的125%，否则会影响电能表的准确度和寿命。

3. 电能表的读数

1）对于单相电能表，若采用直接接入法进行测量，则电能表实际测量电能即为读数；若采用经电流互感器接入法，则电能表实际测量电能为

$$W = KW_{读}$$

式中，K为电流互感器的电流比；$W_{读}$为电能表的读数。

2）单相电能表测对称三相四线制电能时，电能表的读数是一相负载所消耗的电能，然后乘以3即得负载所耗的总电能。不对称三相四线制电能测量时，可用3块单相电能表分别测出每相负载所消耗的电能，然后把它们的数值相加即得消耗的总电能，在成套配电设备或电动机负载电路中，可直接读出三相负载所消耗的总电能。

【任务实施】

技能训练15　三相电路的功率测量

一、训练目的

1）学会用功率表测量三相电路的功率。

2）掌握功率表的接线和使用方法。

二、训练器材（见表5-7）

表5-7 训练器材清单

序号	名称	型号与规格	数量	备注
1	交流电压表	0～500V	1块	
2	交流电流表	0～5A	1块	
3	功率表		1块	
4	三相自耦调压器		1个	
5	三相灯组负载	220V/25W白炽灯	9个	HE-17
6	三相电容负载	4.7μF/500V	3个	HE-20

三、原理说明

1. 三相四线制供电，负载星形联结

对于三相不对称负载，可用一块单相功率表测量各相的有功功率，测量电路如图5-33所示，单相功率表的读数分别为P_1、P_2、P_3，则三相功率$P=P_1+P_2+P_3$，这种测量方法称为一瓦特表法；对于三相对称负载，则只需测量一相功率，再乘以3即得三相总的有功功率。

2. 三相三线制供电

三相三线制供电系统中，不论三相负载是否对称，也不论负载是三角形联结还是星形联结，都可用二瓦特表法测量三相负载的有功功率。测量电路如图5-34所示，若两个功率表的读数为P_1、P_2，则三相功率$P=P_1+P_2=U_LI_L\cos(30°-\varphi)+U_LI_L\cos(30°+\varphi)$，其中$\varphi$为负载的阻抗角（即功率因数角），两个功率表的读数与φ有下列关系：

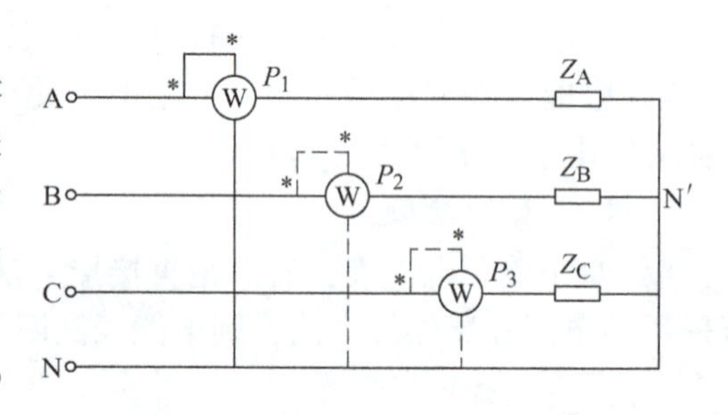

图5-33 负载星形联结测量电路

1）当负载为纯电阻时，$\varphi=0$，$P_1=P_2$，即两个功率表读数相等。

2）当负载功率因数$\cos\varphi=0.5$时，$\varphi=\pm60°$，将有一个功率表的读数为零。

3）当负载功率因数$\cos\varphi<0.5$时，$|\varphi|>60°$，则有一个功率表的读数为负值，该功率表指针将反方向偏转，这时应将功率表电流线圈的两个端子调换（不能调换电压线圈端子），而读数应记为负值。对于数字式功率表将出现负读数。

3. 测量三相对称负载的无功功率

对于三相三线制供电的三相对称负载，可用一瓦特表法测得三相负载的总无功功率Q，测量电路如图5-35所示。功率表读数$P=U_LI_L\sin\varphi$，其中φ为负载的阻抗角，则三相负载的无功功率$Q=\sqrt{3}P$。

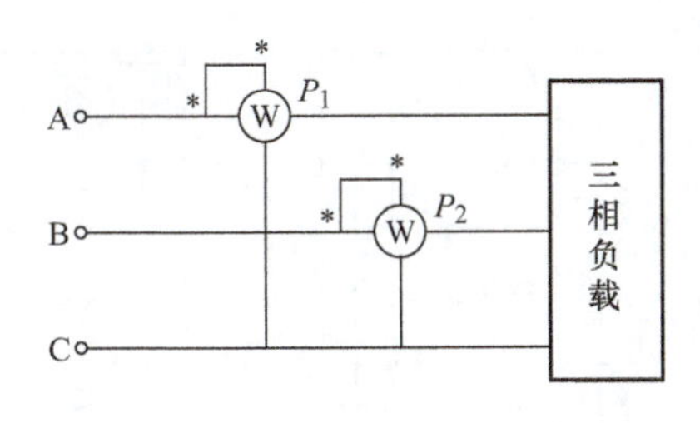

图 5-34　二瓦特表法测量电路

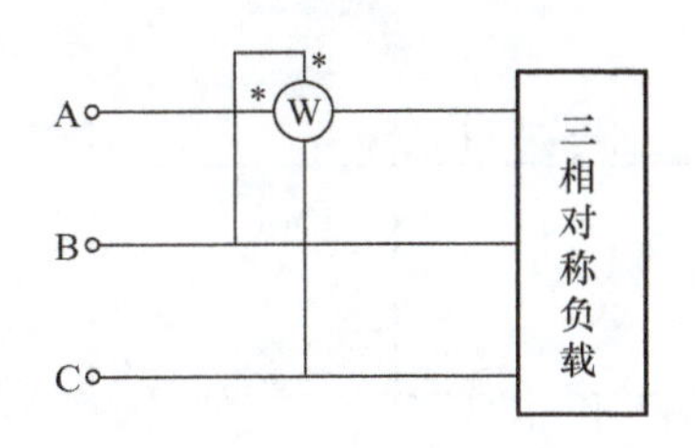

图 5-35　一瓦特表法测量电路

四、训练内容及步骤

1. 三相四线制供电，测量负载星形联结的三相功率

1）用一瓦特表法测定三相对称负载三相功率，测量电路如图 5-36 所示，线路中的电流表和电压表用以监视三相电流和电压，不要超过功率表电压和电流的量程。经指导教师检查后，接通三相电源开关，将调压器的输出由 0V 调到 380V（线电压），进行测量及计算。按表 5-8 的要求进行测量及计算，将数据记入表中。

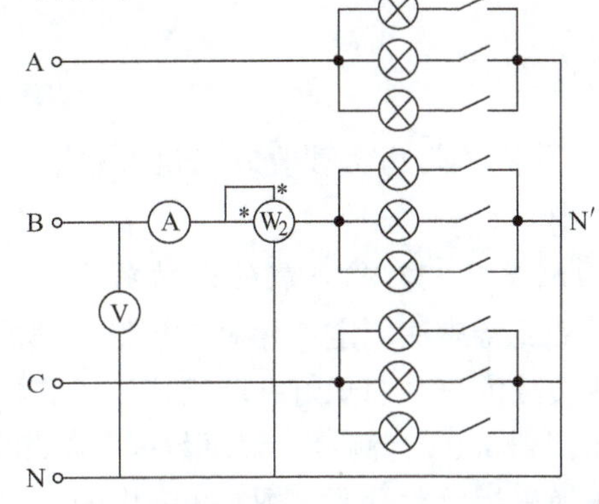

图 5-36　一瓦特表法测定三相对称负载三相功率

2）用一瓦特表法测定三相不对称负载三相功率，本训练用一块功率表分别测量每相功率，步骤与 1）相同按表 5-8 的要求进行测量及计算，将数据记入表 5-8 中。

表 5-8　三相四线制负载星形联结数据

负载情况	开灯盏数			测量数据			计算值
	A 相	B 相	C 相	P_A/W	P_B/W	P_C/W	P/W
星形联结对称负载	3	3	3				
星形联结不对称负载	1	2	3				

2. 三相三线制供电，测量负载的三相功率

1）用二瓦特表法测量三相负载星形联结的三相功率，实验电路如图 5-37a 所示，图中“三相灯组负载”如图 5-37b 所示，经指导教师检查后，接通三相电源，调节三相调压器的输出，使线电压为 220V，按表 5-9 的内容进行测量、记录、计算。

表 5-9　三相三线制三相负载功率数据

负载情况	开灯盏数			测量数据		计算值
	A 相	B 相	C 相	P_1/W	P_2/W	P/W
星形联结对称负载	3	3	3			
星形联结不对称负载	1	2	3			
三角形联结不对称负载	1	2	3			
三角形联结对称负载	3	3	3			

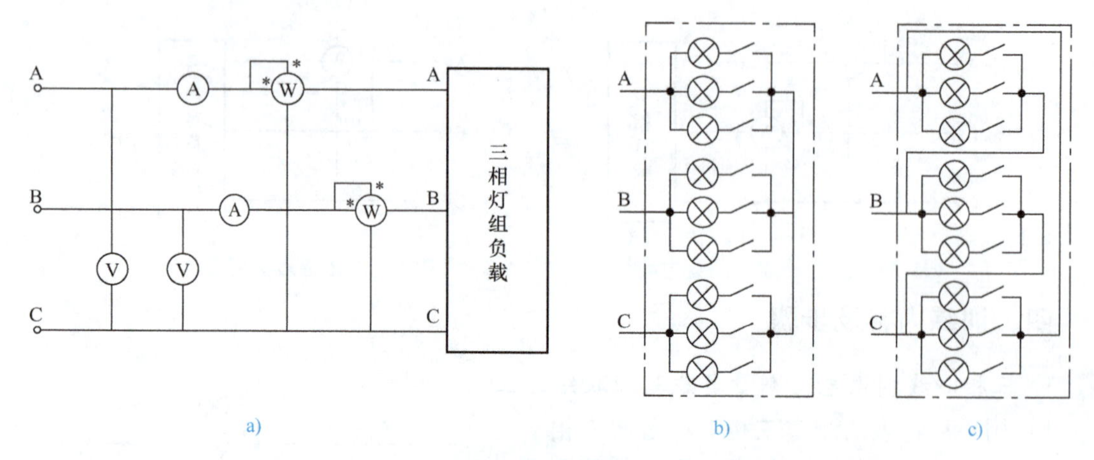

图 5-37 二瓦特表法测量三相负载电路图

2）将三相灯组负载改成三角形联结，如图 5-37c 所示，重复 1）测量步骤，数据记入表 5-9 中。

3. 测量三相对称负载的无功功率

用一瓦特表法测定三相对称星形负载的无功功率，实验电路如图 5-38a 所示，图 5-38b 的每相负载由三个白炽灯并联组成，检查接线无误后，接通三相电源，将三相调压器的输出线电压调到 380V，测量、记录数据，将测量数据记入表 5-10 中。

更换三相负载性质，图 5-38a 中的“三相对称负载”分别按图 5-38 c、d 连接，进行测量、记录、计算，并将测量数据记入表 5-10 中。

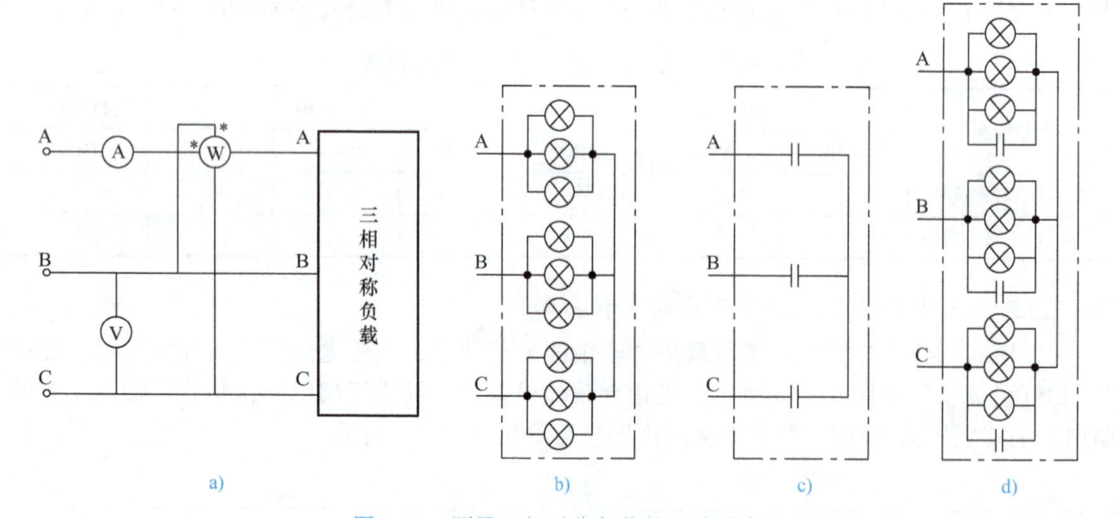

图 5-38 测量三相对称负载的无功功率

表 5-10 三相对称负载无功功率数据

负载情况	测量值			计算值
	U/V	I/A	Q/var	$\sum Q=\sqrt{3}Q$
三相对称灯组（每相 3 盏）				
三相对称电容（每相 4.7μF）				
上述灯组、电容并联负载				

五、注意事项及数据分析

1）如使用手动量程测量时，应注意量程，切勿超过量程以免损坏电表。

2）测量功率时，功率表的电流线圈与电压线圈的 * 端应用导线短接。

3）测量电流时，先开启电源，后将电流插头插入电流插座。

4）每次改变接线，均须断开三相电源，以确保人身安全。

5）完成表5-8、表5-9、表5-10后，比较一瓦特表法和二瓦特表法的测量结果，总结分析三相电路的功率测量方法和结果。

任务总结

1. 三相对称电路的功率：

有功功率为
$$P=3U_{P}I_{P}\cos\varphi_{P}$$
$$P=\sqrt{3}U_{L}I_{L}\cos\varphi$$

无功功率为
$$Q=\sqrt{3}U_{L}I_{L}\sin\varphi$$

视在功率为
$$S=3U_{P}I_{P}=\sqrt{3}U_{L}I_{L}$$

如果三相负载不对称，三相的总功率等于分别计算的3个单相功率之和。

功率因数为
$$\lambda=\frac{P}{S}$$

2. 对于直接接入线路的电能表，要根据负载电压和电流选择合适的规格，使电能表的额定电压和额定电流，等于或稍大于负载的电压或电流。另外，负载的用电量要在电能表额定值的10%以上，否则计量不准，甚至有时根本带不动铝盘转动，所以电能表不能选得太大。若选得太小，则容易烧坏电能表。

3. 对于单相电能表，如果采用直接接入方式进行测量，电能表实际测量电能即为读数；对于经过电流互感器接入方式，电能表实际测量电能为 $W=kW_{读}$。

4. 单相电能表测对称三相四线制电能时，电能表的读数是一相负载所消耗的电能，然后乘以3即得负载所耗的总电能。不对称三相四线制电能测量时，可用3块单相电能表分别测出每相负载所消耗的电能，然后把它们的数值相加即得消耗的总电能，在成套配电设备或电动机负载电路中，可直接读出三相负载所消耗的总电能。

一、填空题

1. 三相电源星形联结时，由各相首端向外引出的输电线俗称________线，由各相末端公共点向外引出的输电线俗称________线，这种供电方式称为________________制。

2. 相线与相线之间的电压称为________电压，相线与零线之间的电压称为________电压。电源星形联结时，线电压和相电压的相位关系是______________，数值上 U_L = ________ U_P；若电源为三角形联结，数值上 U_L = ________ U_P。

3. 相线上通过的电流称为________电流，负载上通过的电流称为________电流。当对称三相负载为星形联结时，数值上 I_L = ________ I_P；当对称三相负载为三角形联结时，数值上 I_L = ________ I_P。

4. 对称三相电路中，三相总有功功率 P = ____________，三相总无功功率 Q = ____________，三相总视在功率 S = ____________。

5. 我们把三个__________相等，__________相同，在相位上互差________的正弦交流电称为__________三相正弦交流电。

6. 三相正弦交流电按其到达正的（或负的）最大值的先后顺序称为__________。

7. 对称三相电源的三个相电压瞬时值之和为__________。

8. 三相负载可有__________和__________两种接法，这两种接法应用都很普遍。

9. 三相对称电源星形联结，若 $\dot{U}_B = 220\angle -120°$V，则电源的相电压 $\dot{U}_A$ = __________，$\dot{U}_C$ = __________，线电压 $\dot{U}_{AB}$ = __________。

二、选择题

1. 某三相四线制供电电路中，相电压为220V，则相线与相线之间的电压为（　　）。

A. 220V　　B. 311V　　C. 380V

2. 三相对称电路是指（　　）。

A. 电源对称的电路　　B. 负载对称的电路　　C. 电源和负载都对称的电路

3. 在电源对称的某三相四线制电路中，若三相负载不对称，则该负载各相电压（　　）。

A. 不对称　　B. 仍然对称　　C. 不一定对称

4. 三相对称交流电路的瞬时功率为（　　）。

A. 一个随时间变化的量　　B. 一个常量，其值恰好等于有功功率　　C. 0

5. 图5-39所示电路中，交流电源电压 U = 220V，频率 f = 50Hz 时，三只电灯 A、B、C 的亮度相同，现将交流电的频率升为 f = 100Hz，则下列情况正确的应是（　　）。

A. A灯比原来暗　　B. C灯比原来亮

C. C灯和原来一样亮　　D. B灯比原来亮

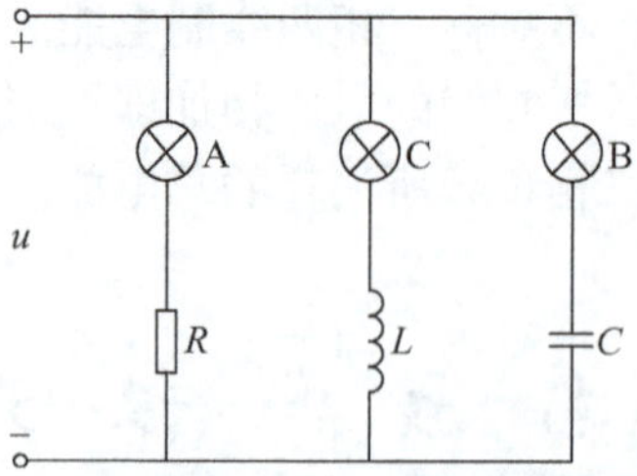

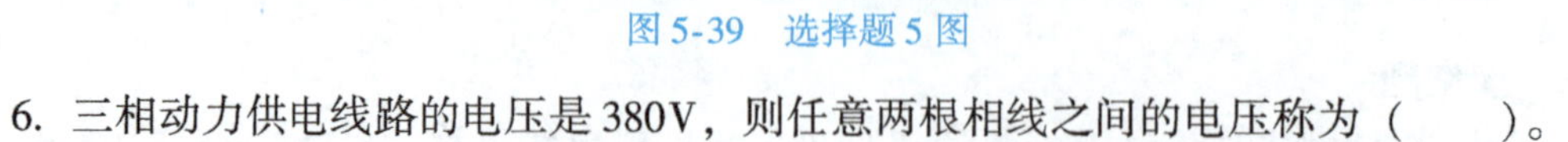

图5-39　选择题5图

6. 三相动力供电线路的电压是380V，则任意两根相线之间的电压称为（　　）。

A. 相电压，有效值是380V　　B. 相电压，有效值是220V

C. 线电压，有效值是380V　　D. 线电压，有效值是220V

7. 三相电路的有功功率可表示成（　　）。

A. $P=3U_{\mathrm{L}}I_{\mathrm{L}}\cos\varphi$　　B. $P=2U_{\mathrm{L}}I_{\mathrm{L}}\cos\varphi$

C. $P=\sqrt{3}U_{\mathrm{L}}I_{\mathrm{L}}\cos\varphi$　　D. $P=\sqrt{2}U_{\mathrm{L}}I_{\mathrm{L}}\cos\varphi$

8. 三相电源采用星形联结，而负载采用三角形联结，电源相电压为220V，各负载相同，阻值都是110Ω，下列叙述中正确的是（　　）。

A. 加在负载上的电压为220V

B. 负载的相电流为(380÷110=3.45)A

C. 电路中的线电流为(760÷110=6.9)A

D. 电路中的线电流为(380÷110=3.45)A

三、判断题

1. 对称三相正弦交流电任一瞬间之和恒等于零，有效值之和恒等于零。（　　）
2. 三相总视在功率等于总有功功率和总无功功率之和。（　　）
3. 对称三相星形联结电路中，线电压超前与其相对应的相电压30°。（　　）
4. 中性线的作用使得三相不对称负载保持对称。（　　）
5. 三相负载为三角形联结时，线电流在数量上是相电流的$\sqrt{3}$倍。（　　）
6. 一般在低压配电系统中，三相四线制电源的相电压为220V，线电压则为380V。（　　）
7. 三相电源的A相通常用红色表示。（　　）
8. 所谓三相四线制就是三条相线（火线）一条零线的供电体制。（　　）
9. 三相照明负载不能没有中性线，必须采用三相四线制电源。（　　）
10. 如果阻抗相等，则三相负载就是对称的，称为对称三相负载。（　　）

四、综合题

1. 已知某星形联结的三相电源的B相电压为$u_{\mathrm{BN}}=240\cos(\omega t-165°)\mathrm{V}$，求其他两相的电压及线电压瞬时值表达式。

2. 三相交流电动机的定子绕组可看成是三相对称负载，正常运行时为三角形联结的电动机采用星形联结起动，以达到降低起动电流的目的。若三相电动机每相绕组的电阻为6Ω，感抗为8Ω，电源线电压为380V。试比较两种接法负载的相电流和线电流。

3. 某三相异步电动机铭牌上标明：电源额定电压$U_{\mathrm{L}}=380\mathrm{V}$，采用三角形联结，电源供给的线电流$I_{\mathrm{L}}=8.8\mathrm{A}$，该电动机的功率因数为$\cos\varphi=0.82$。求：(1) 加在电动机每相绕组上的电压$U_{\mathrm{P}}$和流过每相绕组的电流$I_{\mathrm{P}}$；(2) 电动机的有功功率$P$和无功功率$Q$。

4. 星形联结的负载，$Z_{\mathrm{A}}=10\Omega$，$Z_{\mathrm{B}}=\mathrm{j}10\Omega$，$Z_{\mathrm{C}}=5\Omega$，接于线电压为380V的对称三相四线制供电系统中（中性线阻抗为0）。求负载的相电流与中性线电流。

5. 三相对称负载，每相的电阻为6 Ω，感抗为8Ω，接入线电压为380V的三相交流电源。试比较星形联结和三角形联结两种方式消耗的三相电功率。

6. 三相对称负载星形联结，其电源线电压为380V，电流为10A，功率为5700W。求负载的功率因数、各相负载的等效阻抗、电路的无功功率和视在功率。

项目六 动态电路的分析和响应测试

引　言

在含有电感元件或电容元件的电路中，当刚接通或断开电源、电路中的元件参数突然发生变化时，电路从一个稳定状态转变到另一稳定状态，这种转变往往需要经历一个过程，在工程上，称这个过程为过渡过程，或称暂态过程，简称“暂态”。电路的过渡过程一般比较短暂，但它的作用和影响都十分重要。有的电路专门利用过渡过程实现延时、波形产生等功能，而在电力系统中，过渡过程的出现可能产生比稳定状态大得多的过电压或过电流，若不采取一定的保护措施，就会损坏电气设备，引起不良后果。因此，只有通过研究过渡过程，掌握其有关规律，才能理解电路新的稳态是如何建立起来的。自动控制系统有时候甚至一直处于过渡过程，研究过渡过程可以为设计、制造、选用和整定控制设备和保护装置提供理论依据。

本项目研究过渡过程中的换路定律、初始值、稳态值的计算，一阶电路的零输入、零状态、全响应，并学习三要素分析法分析电路的响应问题。

学习目标要求

1. 能力目标

(1) 具备分析 *RC* 电路过渡过程的能力。

(2) 具备分析 *RL* 电路过渡过程的能力。

2. 知识目标

(1) 掌握换路定律，并应用换路定律解决初始值的计算问题；会对稳态电路进行分析，求取稳态值。

(2) 掌握一阶电路的零输入、零状态、全响应的定义和判断方法，并能分析 *RC*、*RL* 电路的响应。

(3) 能使用三要素分析法对一阶电路响应进行分析。

3. 情感目标

(1) 树立动态电路分析思维，重视电路分析方法。

(2) 培养良好的学习习惯。

任务一　认识动态电路

【任务导入】

在图 6-1 所示电路中，开关 S 闭合时，灯泡 HL_1、HL_2、HL_3 有什么现象发生？

在该电路中，我们应该注意到，外加的电源为直流电源，电路中有三种不同的元件（即电阻、电容和电感）分别与三灯泡 HL_1、HL_2、HL_3 相串联。当开关 S 闭合后，通过仿真测试，我们发现，灯泡 HL_1 立即发光且亮度不变；灯泡 HL_2 由暗变亮最后稳定下来；灯泡 HL_3 由亮变暗，最后熄灭。是什么原因导致这些现象的发生呢？

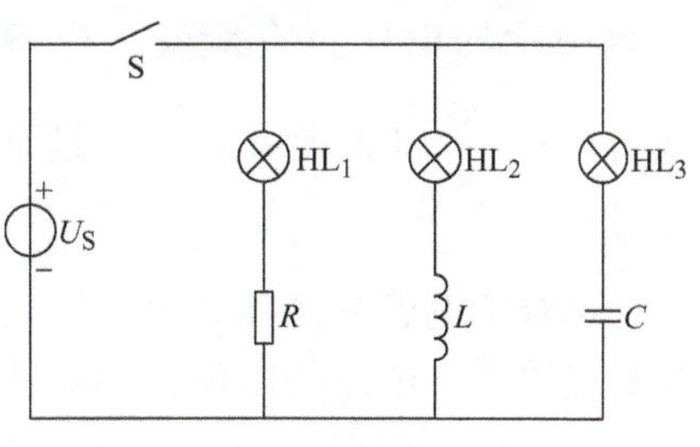

图 6-1　三灯泡测试电路

本次任务通过电路分析，进一步掌握其中的定律，并应用定律解决实际问题。

【任务分析】

在直流电路中，电路各部分电流、电压都是恒定不变的，在正弦交流电路中，虽然电压电流都随时间变化，但振幅、频率都是恒定的，即它们按正弦规律稳定地变化，电路的这种稳定状态称为稳态（steady state）。电容的充电和放电是由一种稳态变到另一种稳态，它需要一个过渡过程，同样电感线圈的电流由一个稳态变到另一个稳态也需要过渡过程。由于过渡过程的时间很短，这一阶段的电路所处的状态便称为瞬态，又称为暂态（transient state）。我们把含有储能元件 L、C 的电路称为动态电路。

从三灯泡变化的现象可以得知，串联电阻的灯泡支路一直处于一种稳定状态，而串联电容或电感的灯泡支路中存在由一种稳态向另一种稳态变换的过渡过程。因此，动态电路过渡过程产生的原因主要有内在条件和外在条件两方面。

含有储能元件是过渡过程的内在条件。为什么含有储能元件的电路，在换路后会发生过渡过程呢？其根本的原因是由于电路中储能元件能量不能跃变的缘故。例如元件中的能量发生跃变的话，那么能量变化的速率$\frac{\mathrm{d}w}{\mathrm{d}t}\to\infty$，即功率 p 就需无限大，这是不可能的。由于电路中储能元件能量的储存与释放不能跃变，其连续变化需要经历一定时间，因此，必然导致电路中发生过渡过程。

存在换路是过渡过程的外在条件。什么叫换路？我们把电路结构和元件参数的突然改变，如电路的接通、断开、短接、改接、元件参数的突然改变等各种运行操作，以及电路突然发生的短路、断线等各种故障情况，统称为换路。

可见，在电容与电阻的串联电路或电感与电阻的串联电路中，接通或断开直流电源时，电路就会产生过渡过程。如汽车起动到匀速行驶的过程，就是由一种稳态（汽车不动，速度为零）到另一种稳态（汽车匀速行驶）的变化过程，这些过程的规律在电子技术和生产生活中应用广泛。

【知识链接】

6.1　换路定律及其应用

6.1.1　换路定律

1. 过渡过程

如图 6-2a 所示，当接通电源的瞬间，电容 C 两端的电压并不能即刻达到稳定值 U_S，而是有一个从合闸前的 $u_C=0$，逐渐增大到 $u_C=U_S$（见图 6-2b）的过渡过程。否则，合闸后的电压将有跃变，电容电流 $i_C = C\dfrac{du_C}{dt}$将为无穷大，这是不可能的。

同样对于电感电路（见图6-3a），当电源接通后，电路的电流也不可能立即跃变到$\dfrac{U_S}{R}$，而是从 $i_L=0$ 逐渐增大到 $i_L=\dfrac{U_S}{R}$（见图6-3b）的一个过渡过程。否则，电感内产生的感应电动势 $u_L=-L\dfrac{di_L}{dt}$将为无穷大，也是不可能的。

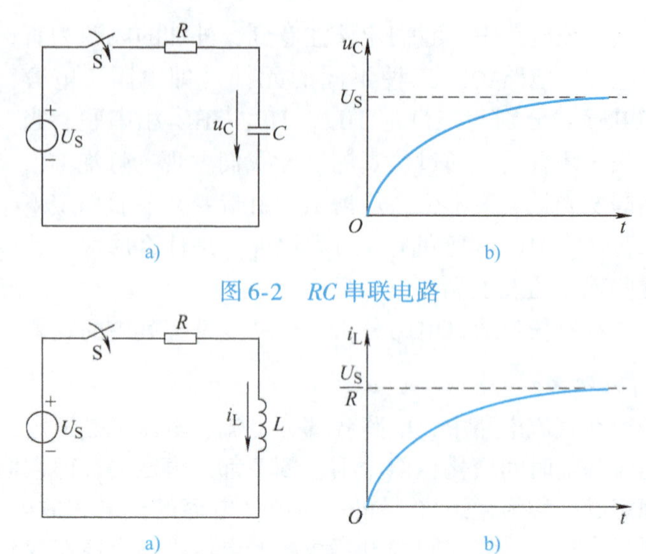

图6-2 RC串联电路

图6-3 RL串联电路

电容元件储有的电场能 $W_C=\dfrac{1}{2}Cu^2$，电感元件储有的磁场能 $W_L=\dfrac{1}{2}Li^2$，使得电容两端的电压 u_C 和通过电感的电流 i_L 只能是连续变化的，因为能量的存储和释放需要一个过程，所以电容或电感的电路存在过渡过程。

2. 换路定律及应用

换路定律的内容是：换路的瞬间，电容两端的电压 u_C 不能跃变，流过电感的电流 i_L 不能跃变。

假定 $t=0$ 时刻电路进行换路，以 $t=0_+$ 代表换路后的最初一瞬间，$t=0_-$ 代表换路前的最后一瞬间，则换路定律可描述为

$$i_L(0_+)=i_L(0_-) \tag{6-1}$$

$$u_C(0_+)=u_C(0_-) \tag{6-2}$$

在应用换路定律分析实际问题时，往往需要理解两种说法。

1）换路前电路无储能。这种说法的含义是：如果电路中有储能元件电容，电容没有储存电能，$u_C(0_-)=0$；如果电路中有储能元件电感，电感没有储存磁场能量，即 $i_L(0_-)=0$。

2）换路前电路处于稳态。这种说法的含义是：在直流电路中，电路中的电容已达稳态，电容相当于开路，电路中的电感已达稳态，电感相当于短路。

例题6.1 如图6-4a所示电路，$t=0$ 时刻开关S闭合，开关闭合前电路无储能。求开关闭合后 $u_C(0_+)$、$i_C(0_+)$、$i_L(0_+)$、$u_L(0_+)$。

解：由于开关闭合前电路无储能，即 $u_C(0_-)=0$，$i_L(0_-)=0$。

根据换路定律可得：$u_C(0_+)=u_C(0_-)=0$，$i_L(0_+)=i_L(0_-)=0$。

$u_C(0_+)=0$ 说明电容在换路后相当于短路，$i_L(0_+)=0$ 说明电感在换路后相当于开路，就此可以做出换路后瞬间 $t=0_+$ 时的电路图，如图6-4b所示。

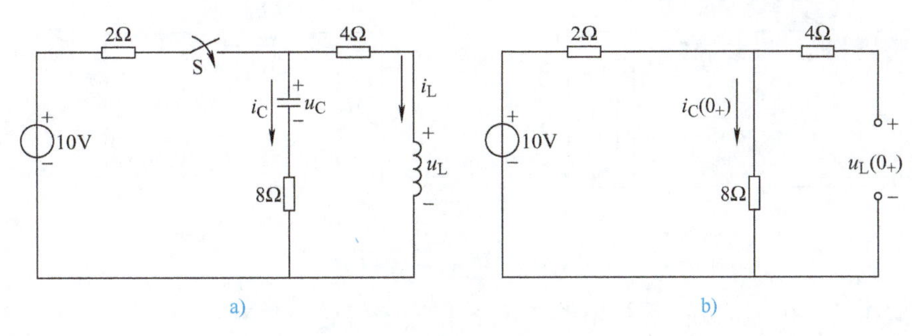

图 6-4　例题 6.1 电路图

$$i_C(0_+)=\frac{10}{2+8}\text{A}=1\text{A}$$

$$u_L(0_+)=8i_L(0_+)=8\text{V}$$

总结：该题是换路定律应用的典型题型。需要注意的是，换路定律只反映了电路中换路时刻电感电流和电容电压不能发生跃变，而这时刻电感电压、电容电流、电阻中的电流和电压却可以发生跃变。也就是说，电路中电感电压、电容电流、电阻中的电压与电流，换路前后瞬间的数值，可以是不相等的。

关于换路定律的应用问题，我们将在下节初始值和稳态值的计算中学习。

6.1.2　初始值、稳态值的分析计算

1. 初始值及其计算

响应在换路后的最初一瞬间（即 $t=0_+$ 时刻）的电流、电压值，统称为初始值。

在上节的例题 6.1 中，待求量 $u_C(0_+)$、$i_C(0_+)$、$i_L(0_+)$、$u_L(0_+)$都可称为初始值。根据例题 6.1 的求解过程，可以得出：在研究线性电路的过渡过程时，电容电压的初始值 $u_C(0_+)$及电感电流的初始值 $i_L(0_+)$可按换路定律来确定。其他初始值，可在求出 $i_L(0_+)$和 $u_C(0_+)$后，画出 $t=0_+$ 时的电路（称为 0_+ 等效电路），按基尔霍夫定律计算求出。

$t=0_+$ 时的电路的画法可以归结为：根据换路定律的结果，处理储能元件。换路定律的结果可能有以下四种情况：

1）$u_C(0_+)=0$，此时储能元件电容 C 在 $t=0_+$ 时的电路中相当于短路。

2）$u_C(0_+)\neq0$，此时储能元件电容 C 在 $t=0_+$ 时的电路中相当于电压值等于 $u_C(0_+)$的电压源。

3）$i_L(0_+)=0$，此时储能元件电感 L 在 $t=0_+$ 时的电路中相当于开路。

4）$i_L(0_+)\neq0$，此时储能元件电感 L 在 $t=0_+$ 时的电路中相当于电流值等于 $i_L(0_+)$的电流源。

例题 6.2　在图 6-5a 所示电路中，已知 $U_S=12\text{V}$，$R_1=4\text{k}\Omega$，$R_2=8\text{k}\Omega$，$C=1\mu\text{F}$，开关 S 原来处于断开状态，电容上电压 $u_C(0_-)=0$。求开关 S 闭合后，$t=0_+$ 时，各电流及电容电压的数值。

解：(1) $t=0_-$ 时，$u_C(0_-)=0$。

由换路定律可知：$u_C(0_+)=u_C(0_-)=0$。

(2) 画出 $t=0_+$ 时的等效电路，如图 6-5b 所示。

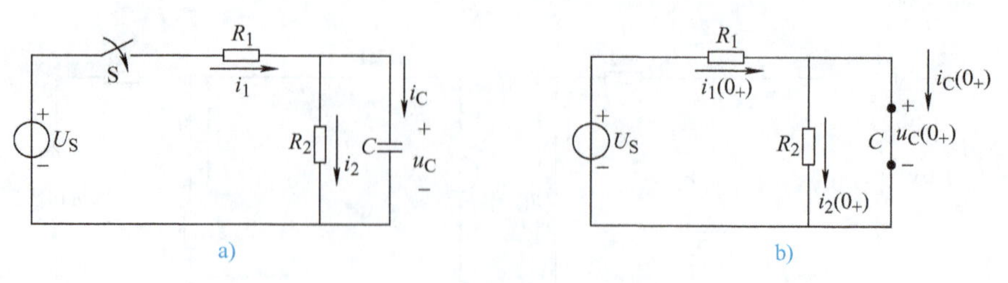

图 6-5 例题 6.2 电路图

由于 $u_C(0_+)=0$，所以在等效电路中电容相当于短路，故有

$$i_2(0_+)=\frac{u_C(0_+)}{R_2}=\frac{0}{R_2}=0$$

$$i_1(0_+)=\frac{U_S}{R_1}=\frac{12}{4\times10^3}\text{A}=3\text{mA}$$

$$i_C(0_+)=i_1(0_+)=3\text{mA}$$

总结：该题是利用换路定律分析初始值的典型题型，属于比较简单的题目。由已知条件可直接得到换路前的 $u_C(0_-)$，省去了求解的麻烦，即省去了对 $t=0_-$ 电路的分析，题目简化。

例题 6.3 在图 6-6a 所示电路中，已知 $U_S=10\text{V}$，$R_1=4\Omega$，$R_2=6\Omega$。开关闭合前电路已处于稳态。求换路后瞬间各支路电流。

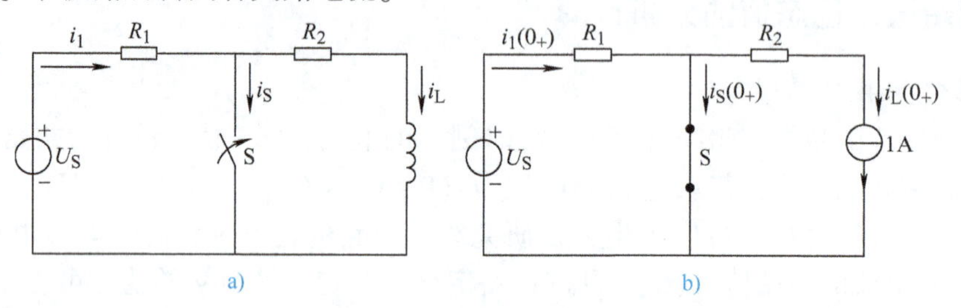

图 6-6 例题 6.3 电路图

解：(1) $t=0_-$时，电路处于稳态，此时电路中的电感相当于短路。

$$i_1(0_-)=i_L(0_-)=\frac{10}{6+4}\text{A}=1\text{A}$$

根据换路定律：$i_L(0_+)=i_L(0_-)=1\text{A}$。

(2) $t=0_+$时，等效电路为图 6-6b 所示。

$$i_1(0_+)=\frac{U_S}{R_1}=\frac{10}{4}\text{A}=2.5\text{A}$$

根据 KCL 定律：$i_S(0_+)=i_1(0_+)-i_L(0_+)=2.5\text{A}-1\text{A}=1.5\text{A}$。

总结：该题是利用换路定律分析初始值的典型题型，属于相对复杂的题目。由于已知条件中没有直接告知 $i_L(0_-)$的数值，无法直接使用换路定律，而是通过换路前电路处于稳态的条件，先求出 $i_L(0_-)$，本例题比例题 6.2 要复杂，如果需要，也可先画出 $t=0_-$ 时的电路，思路会更加清晰。

2. 稳态值及其计算

换路后，电路经过很长一段时间后，将达到新的稳态，因此，稳态值是指 $t=\infty$ 时的电压或电流值，用 $u(\infty)$ 或 $i(\infty)$ 表示。在直流电源供电的电路中，稳态时的电容相当于开路，电感相当于短路，由此可以画出 $t=\infty$ 时的等效电路，其分析方法与直流电路完全相同。

例题 6.4　在图 6-7a 所示电路中，开关 S 闭合前电路无储能，在 $t=0$ 时开关 S 闭合，试画出 $t=0_+$ 和 $t=\infty$ 时的等效电路，并计算初始值 $i_1(0_+)$、$i_2(0_+)$ 和稳态值 $i_1(\infty)$、$i_2(\infty)$、$i_L(\infty)$、$u_C(\infty)$。

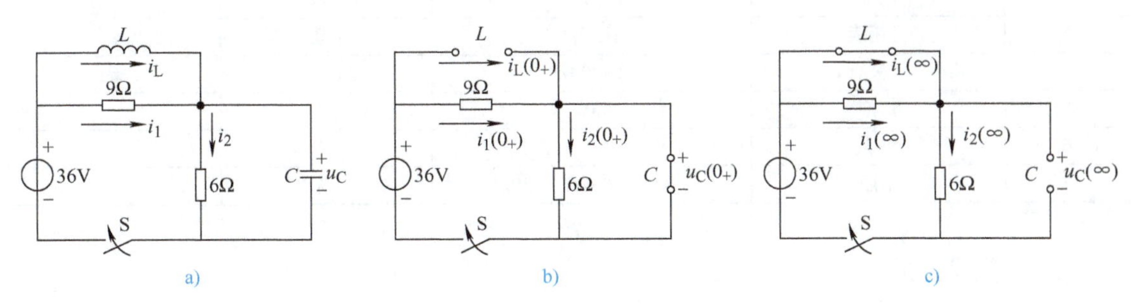

图 6-7　例题 6.4 电路图

解：（1）S 闭合前电路无储能，即 $u_C(0_-)=0$，$i_L(0_-)=0$

根据换路定律，有

$$u_C(0_+)=u_C(0_-)=0, i_L(0_+)=i_L(0_-)=0。$$

（2）计算相关初始值。$t=0_+$ 时，根据换路定律的结果，得电容短路，电感开路，图 6-7b 为 $t=0_+$ 时的等效电路，由此可算出相关初始值，即

$$i_1(0_+)=\frac{36}{9}\text{A}=4\text{A}$$

$$i_2(0_+)=0$$

（3）计算稳态值。开关 S 闭合后电路达到稳态，因此，电感相当于短路，电容相当于开路，$t=\infty$ 时的等效电路如图 6-7c 所示，其中

$$i_1(\infty)=0$$

$$i_L(\infty)=i_2(\infty)=\frac{36}{6}\text{A}=6\text{A}$$

$$u_C(\infty)=36\text{V}$$

【任务实施】

技能训练 16　延时电路的设计

一、训练目的

1）学习如何通过实验方法研究有关 RC 串联电路的暂态过程。

2）通过研究 RC 串联电路暂态过程，加深对电容特性的认识和对 RC 串联电路特性的理解。

3）掌握触摸延时开关电路的工作原理和设计方法。

二、训练器材（见表6-1）

表6-1 训练器材清单

序号	名称	型号与规格	数量	备注
1	电容	100μF	1个	实验台
2	电源	220V	1块	
3	万用表	按需	1块	
4	二极管	1N4007	1个	
5	灯泡	60W	1个	
6	秒表		1个	
7	电阻	240kΩ、300kΩ、330kΩ	3个	

三、原理说明

1. 延时电路的设计

电路如图6-8所示，S闭合后，VS和VD_2轮流导通，HL正常点亮。S断开后，电容C上的存储电压经R放电来维持VS的导通，同时因VD_2被断开，故处于半波供电状态的HL发光较暗。当电容C放电完毕后，VS在交流电过零时关断灯泡。

2. 延时电路工作原理

（1）RC电路的放电过程

当电容已有电压U_0时，且二极管反偏截止时，电容立即对电阻进行放电，放电开始时的电流为$\frac{U_0}{R}$，放电电流的实际方向与充电时相反，放电时的电流i与电容电压u_C随时间均按指数规律衰减为零，电流与电压的数学表达式为

$$u_C = U_0(1 - e^{-\frac{t}{RC}})$$

$$i = C\frac{du_C}{dt} = \frac{U_0}{R}e^{-\frac{t}{\tau}}$$

式中，U_0为电容的初始电压。放电时i与电容电压u_C的变化曲线如图6-9所示。

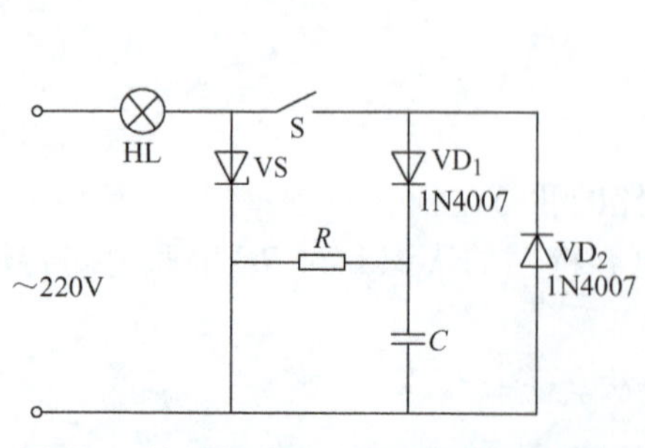

图6-8 简单的按键式延时渐暗灯原理图

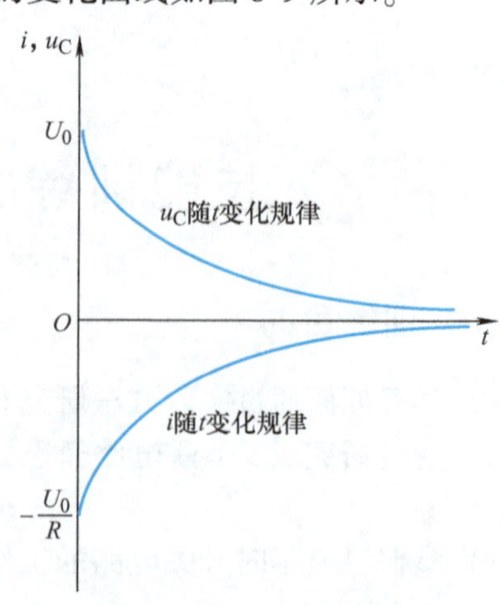

图6-9 RC放电时电压和电流的变化曲线

（2）RC 电路的时间常数

RC 电路的时间常数用 τ 表示，$\tau = RC$，τ 的大小决定了电路充放电时间的快慢。对于充电而言，时间常数 τ 是电容电压 u_C 从零增长到 63.2% U_S 所需的时间；对于放电而言，τ 是电容电压 u_C 从 U_0 下降到 36.8% U_0 所需的时间。

R 的阻值为 240kΩ，C 为 100μF，则有

$$\tau = RC = 240\text{k}\Omega \times 100\mu\text{F} = 24\text{s}$$

即延迟时间为 24s。

（3）延迟时间的可优化性

在电路中，电路的延迟时间是由电阻和电容协调控制的，因此，可以通过改变电容和电阻的值来延长或缩短延迟时间。比如在小区中，可以通过先调查小区居民的平均年龄，合理地安装延迟时间不同的照明灯。

四、训练内容及步骤

1）在实验台上利用自耦调压器调节电源电压为 220V，按照图 6-8 完成电路接线。

2）闭合开关 S，接通电路，观察灯泡的亮度情况，断开开关 S，观察灯泡的亮度变化，并用秒表记录从断开开关 S，到灯泡熄灭的时间（即延迟时间）。

3）更换电阻，重复步骤 2）的过程，分析灯泡延迟时间改变的原因。

4）记录电阻发生改变，延迟时间改变的情况，并将数据记录在表 6-2 中。

表 6-2 延迟电路测量数据表

电阻阻值/Ω	240k	300k	330k
延迟时间/s			

五、注意事项及数据处理

1）本次技能训练是设计性的实验，需要自行选择合适的电路元件，进行线路的连接，注意串联和并联元件的连接方式。

2）电阻可以根据需要进行选择，不用局限于指定电阻，进行训练时可以尝试选择其他电阻。

3）分析表 6-2 数据，进一步研究 RC 串联电路暂态过程，加深对电容特性的认识和对 RC 串联电路特性的理解。

任务总结

1. 动态电路：含有像电容或电感这样储能元件的电路称为动态电路。在动态电路中，当电路状态发生改变即发生换路时，需要经历一个变化过程才能达到新的稳定状态，这个变化过程称为电路的过渡过程。

2. 换路：电路结构和元件参数的突然改变，如电路的接通、断开、短接、改接、元件参数的突然改变等各种运行操作，以及电路突然发生的短路、断线等各种故障情况，统称为换路。

3. 换路定律的内容：换路的瞬间，电容两端的电压 u_C 不能跃变，流过电感的电流 i_L 不

能跃变，即

$$u_C(0_+)=u_C(0_-)$$
$$i_L(0_+)=i_L(0_-)$$

4. 初始值：响应在换路后的最初一瞬间（即 $t=0_+$ 时刻）的电流、电压值，统称为初始值。

5. 稳态值：换路后，电路经过很长一段时间后，将达到新的稳态，因此，稳态值是指 $t=\infty$ 时的电压或电流值，用 $u(\infty)$ 或 $i(\infty)$ 表示。

任务二　一阶动态电路的响应测试

【任务导入】

由 R、C 或 R、L 组成的动态电路中，如果动态元件在换路前没有储能，在换路后的外施激励（电源）的作用下，电路中的电流和电压有怎样的变化规律呢？如果动态元件在换路前已经储能，在换路后没有激励（电源）存在，电路中还将会有电流、电压的存在吗？如果动态元件在换路前已经储能，且在换路后仍然有外施激励（电源）的作用，电路中的电流、电压又有怎样的变化规律？

本次学习任务就来讨论这些现象。

【任务分析】

本次任务涉及一阶动态电路的三种变化情况，简单总结就是换路后：有电源，无储能的响应；无电源，有储能的响应；有电源，有储能的响应。通过分析 *RC* 电路和 *RL* 电路的各种响应，掌握一阶电路各种响应的一般形式，并掌握响应的通用分析方法：三要素分析法。

【知识链接】

教学视频

6.2　一阶电路的零输入响应

在一个电路简化后（如电阻的串并联、电容的串并联、电感的串并联化为一个元件），只含有一个电容或电感（电阻不考虑）的电路称为一阶电路。动态电路在没有独立源作用的情况下，由初始储能激励而产生的响应称为零输入响应。

6.2.1　*RC* 电路的零输入响应分析

分析 *RC* 电路的零输入响应实际上就是分析它的放电过程。

1. 定性分析

如图 6-10 所示，换路前开关 S 在位置 a，电源 U_S 对电容充电，设电容 C 已充到电压 $u_C(0_-)=U_0$，在 $t=0$ 时刻将开关转到位置 b，使电容摆脱电源，电容通过电阻 R 放电。由于电容电压不能突变，$u_C(0_+)=u_C(0_-)=U_0$，此时放电电流 $i_C(0_+)=U_0/R$。随着放电过程的进行，电容储存的电荷越来越少，电容两端的电压 u_C 越来越小，电路电流 $i=u_C/R$ 也越来越小。

2. 定量计算

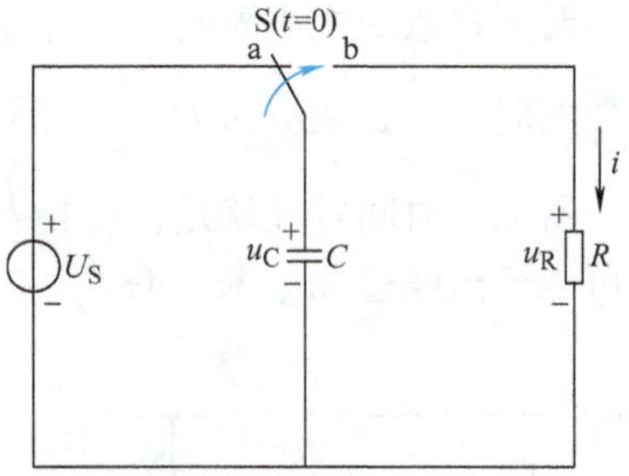

电路如图 6-10 所示，由基尔霍夫电压定律得

$$u_C - u_R = 0$$

式中，$u_R = Ri$；$i = -C\dfrac{du_C}{dt}$。

图 6-10　一阶 RC 电路的零输入响应

上式可以写为

$$RC\frac{du_C}{dt} + u_C = 0$$

这是一阶常系数线性齐次微分方程，它的通解为

$$u_C(t) = Ae^{Pt} \tag{6-3}$$

式中，A 为待定常数；P 为特征根。特征方程为

$$RCP + 1 = 0 \tag{6-4}$$

所以

$$P = -1/RC$$

把初始条件

$$u_C(0_+) = u_C(0_-) = U_0$$

代入

$$u_C(t) = Ae^{Pt}$$

可求得

$$A = u_C(0_+) = U_0$$

最后得到电容的零输入响应电压

$$u_C(t) = U_0 e^{-\frac{t}{RC}} \tag{6-5}$$

并得

$$u_R(t) = u_C(t) = U_0 e^{-\frac{t}{RC}} \tag{6-6}$$

$$i(t) = -C\frac{du_C}{dt} = \frac{U_0}{R}e^{-\frac{1}{RC}t} \tag{6-7}$$

RC 电路的零输入响应，就是已充电的电容对电阻放电的电路响应。由以上所得可见，电容对电阻放电时，u_C、u_R、i 都按指数规律化，其值随着时间的增长而逐渐衰减为零。电容两端的电压 u_C、电路中的电流 i 随时间变化的曲线如图 6-11 所示。

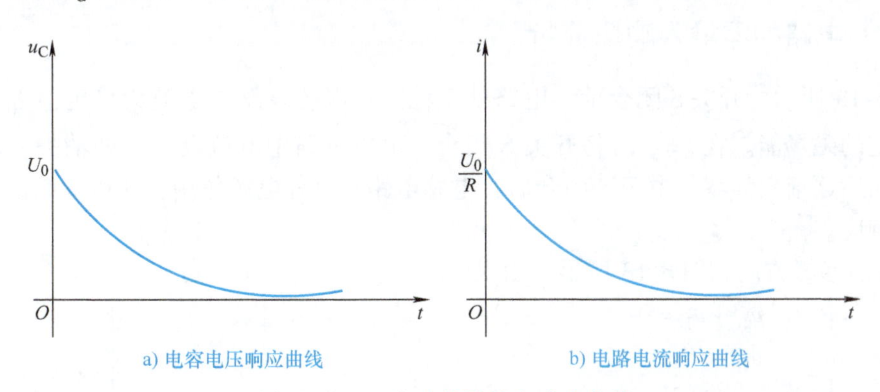

a) 电容电压响应曲线　　b) 电路电流响应曲线

图 6-11　RC 电路的零输入响应曲线

式（6-5）中的 RC 的单位与时间的单位相同，令 $\tau = RC$，τ 称为 RC 电路的时间常数，单位为秒（s）。时间常数只决定于电路的参数 R、C，与电路的初始情况无关。

时间常数的大小表明了电容放电持续时间的长短。开始放电时 $u_C=U_0$，经过一个时间常数的时间，u_C衰减为 $U_0\frac{1}{e}$，即 $0.368U_0$。

所以，时间常数就是，按指数规律衰减的量衰减到它初始值的 36.8% 时所需的时间。还可以算出经过 2τ、3τ、4τ、…时间 $U_C(t)$ 的值，见表 6-3。

表 6-3 放电时间与电压值对应关系

t	0	τ	2τ	3τ	4τ	5τ	…	∞
u_C	U_0	$0.368\ U_0$	$0.135\ U_0$	$0.050\ U_0$	$0.018\ U_0$	$0.007\ U_0$	…	0

从表 6-3 及图 6-11 可以看出：从理论上来说，$t=\infty$ 时才衰减为零，即放电要经历无限长时间才结束。实际上，经历 5τ 的时间后，就已衰减为初始值的 0.7%，可以认为此时放电已经结束了。所以，电路的时间常数决定了放电的快慢，时间常数越大，放电持续的时间越长，电路的过渡过程需要的时间一般为 $(3\sim5)\tau$，实际电路中，适当选择 R 或 C，就可控制放电的快慢。

例题 6.5 在图 6-12 所示电路中，已知 $C=4\mu F$，$U_S=10V$，$R_1=R_2=20k\Omega$，电容的初始电压为 100V，试求在开关 S 闭合后 60ms 时电容上的电压 u_C 及放电电流 i。

解：设开关 S 闭合时刻为计时起点，并设电压和电流的参考方向如图 6-12 所示。

$$\tau=RC=\frac{R_1R_2}{R_1+R_2}C=\frac{20\times20}{20+20}\times10^3\times4\times10^{-6}s=0.04s$$

$$t=60ms=0.06s$$

$$u_C=U_0e^{-\frac{t}{\tau}}=100e^{-\frac{0.06}{0.04}}V=22.3V$$

$$i=\frac{U_0}{R}e^{-\frac{t}{\tau}}=\frac{100}{10\times10^3}e^{-\frac{0.06}{0.04}}A=2.23mA$$

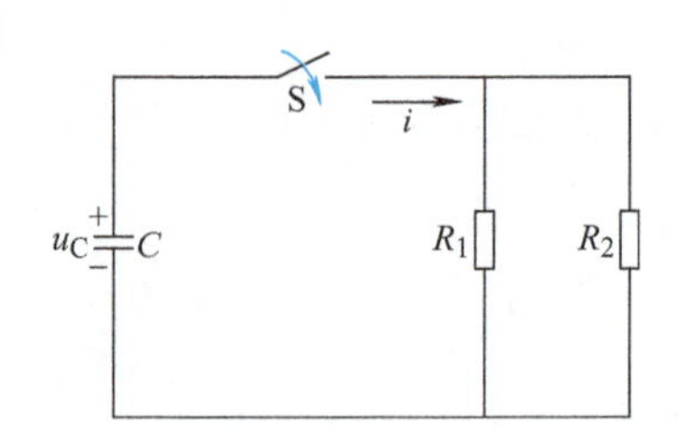

图 6-12 例题 6.5 电路图

总结：当电路中有若干电阻时，时间常数中的电阻 R 应是将电容 C 移去后，从所形成的端口处看进去的等效电阻。

6.2.2 *RL* 电路的零输入响应分析

如图 6-13 所示，开关 S 闭合前，电路处于稳态，电感电路中电流为稳定值 I_0，电感中存储有一定的磁场能。在 $t=0$ 时将开关 S 闭合，电感电路中电流没有立即消失，而是经历一定的时间后逐渐变为零。由于 S 闭合后，电感电路没有外电源作用，所以此时的电路电流属零输入响应。

S 闭合后参考方向如图 6-13 所示，由 KVL 得

$$u_R+u_L=0$$

而

$$u_R=iR$$

$$u_L=L\frac{di}{dt}$$

于是有

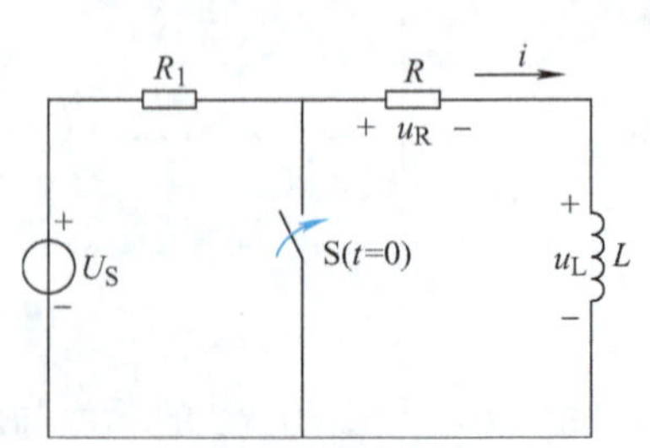

图 6-13 *RL* 电路的零输入响应

$$iR + L\frac{di}{dt} = 0$$

这也是一个线性常系数一阶齐次微分方程，其解为

$$i(t) = I_0 e^{-\frac{R}{L}t} \tag{6-8}$$

令 $\tau = L/R$，τ 称为电路的时间常数。若电阻 R 的单位为 Ω，电感 L 的单位为 H，则时间常数的单位为 s。

电阻、电感上的电压为

$$u_R(t) = Ri = RI_0 e^{-\frac{R}{L}t}$$

$$u_L(t) = L\frac{di}{dt} = -RI_0 e^{-\frac{R}{L}t}$$

i、u_R、u_L 随时间变化的曲线如图 6-14 所示。

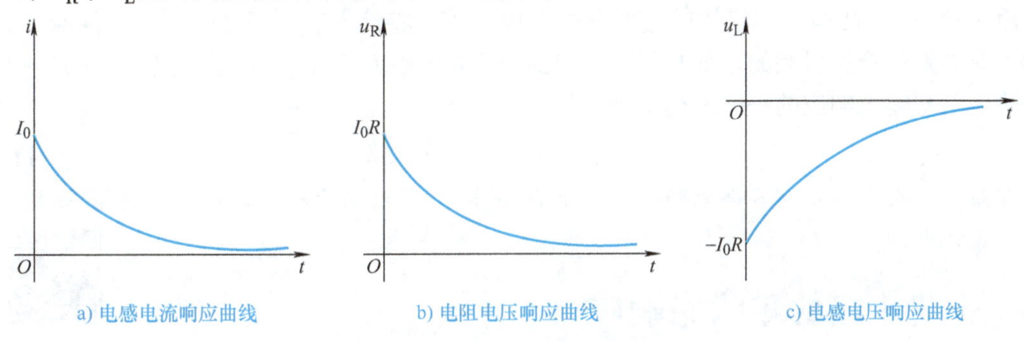

a) 电感电流响应曲线　　b) 电阻电压响应曲线　　c) 电感电压响应曲线

图 6-14　*RL* 电路的零输入响应曲线

可见 *RL*、*RC* 电路一样，电压、电流都是按指数规律变化的。同样 $\tau = L/R$ 反映了过渡过程进行的快慢程度。τ 越大，电感电流变化越慢，反之越快。综上可知：

1）一阶电路的零输入响应都是按指数规律衰减的，反映了动态元件的初始储能逐渐被电阻耗掉的物理过程。

2）零输入响应取决于电路的初始状态和电路的时间常数。

例题 6.6　图 6-15 所示为一实际电感线圈和电阻 R_1 并联后和直流电源接通的电路，已知电源电压 $U_S = 220V$，电阻 $R_1 = 40Ω$，电感线圈的电感 $L = 1H$，电阻 $r = 20Ω$，试求当开关 S 打开后，电流 i 的变化规律和线圈两端的电压 u_L'（设 S 打开前电路已经处于稳态）。

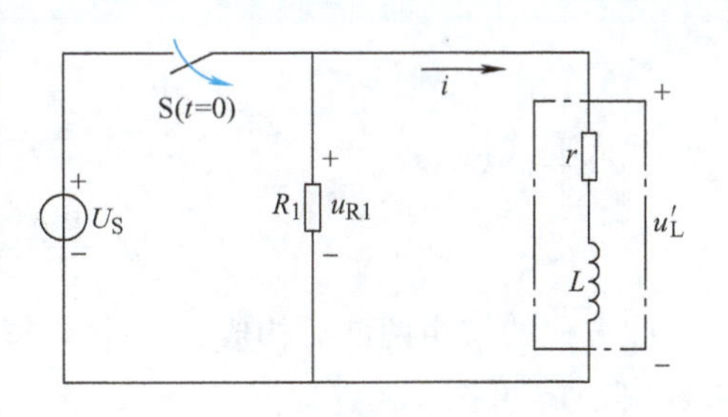

图 6-15　例题 6.6 电路图

解：S 打开前电路处于稳态，电感相当于短路，通过 L 中的电流为

$$i(0_-) = I_0 = \frac{U_S}{r} = \frac{220}{20}A = 11A$$

S 打开后，电感 L 向 R_1 和 r 放电。由式（6-8）可得

$$i(t) = I_0 e^{-\frac{t}{\tau}}$$

$$\tau = \frac{L}{R_1 + r} = \frac{1}{60}\mathrm{s}$$

因此 $$i(t) = I_0 \mathrm{e}^{-\frac{t}{\tau}} = 11\mathrm{e}^{-60t}\mathrm{A}$$

在 $t = 0_+$ 时，电感线圈两端的电压

$$u'_L(0_+) = u_{R_1}(0_+) = -I_0 R_1 = -11 \times 40\mathrm{V} = -440\mathrm{V}$$

总结：1）$t = 0_-$ 时，$u_{R_1}(0_-)$ 和 $u'_L(0_-)$ 均为 220V，而开关断开的瞬间，电压由 220V 突变到 −440V；

2）放电电阻 R_1 不能过大，否则线圈两端的电压会很高，易使线圈绝缘损坏。如果 R_1 是一只内阻很大的电压表，则该表也容易受到损坏。

6.2.3 一阶电路零输入响应的一般形式

由一阶 *RC*、*RL* 电路零输入响应的分析可以看出：零输入响应都是由动态元件储存的初始能量对电阻的释放引起的。如果用 $f(t)$ 表示电路的响应，$f(0_+)$ 表示电路参量的初始值，则一阶电路零输入响应的一般表达式为

$$f(t) = f(0_+)\mathrm{e}^{-\frac{t}{\tau}} \tag{6-9}$$

注意：如果电路中有多个电阻，则此时的 R 为换路后接于动态元件 L 或 C 两端的电阻网络的等效电阻。

教学视频

6.3 一阶电路的零状态响应

换路前电路储能元件没有储能，由外加电源激励所产生的电路响应，称为零状态响应。

6.3.1 *RC* 电路零状态响应

如图 6-16 所示的 R、C 串联电路，$u_C(0_-) = 0$，根据 KVL，有

$$u_R + u_C = U_S$$

而 $$u_R = Ri$$

$$i = C\frac{\mathrm{d}u_C}{\mathrm{d}t}$$

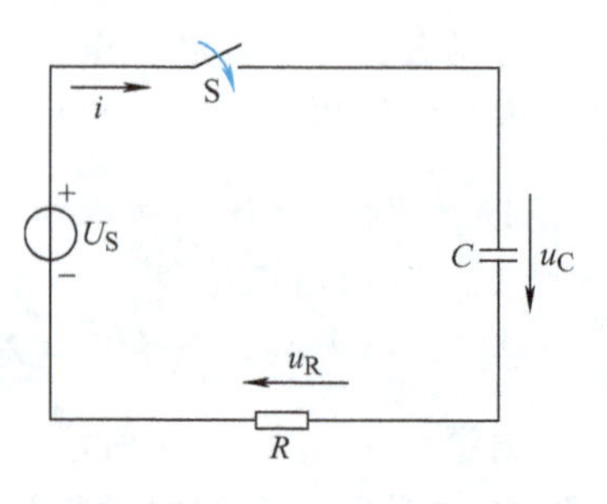

图 6-16 *RC* 电路零状态响应

代入上式得

$$RC\frac{\mathrm{d}u_C}{\mathrm{d}t} + u_C = U_S \quad (t \geqslant 0) \tag{6-10}$$

此方程的解由两部分构成，一个是非齐次微分方程的特解 u'_C，一个是齐次微分方程的通解 u''_C，u''_C 可按

$$RC\frac{\mathrm{d}u''_C}{\mathrm{d}t} + u''_C = 0$$

求得

$$u''_C = A\mathrm{e}^{-\frac{t}{RC}} = A\mathrm{e}^{-\frac{t}{\tau}}$$

式中，$\tau = RC$ 为时间常数。

而 u'_C 为方程式的特解，电路动态过程结束时，$u'_C=U_S$ 为它的特解。

所以

$$u_C=u'_C+u''_C=U_S+Ae^{-t/\tau}$$

由换路定理可知 $u_C(0_+)=u_C(0_-)=0$，代入上式得

$$0=U_S+Ae^{-\frac{0}{\tau}}=U_S+A$$

即

$$A=-U_S$$

故有

$$u_C=U_S-U_Se^{-t/\tau}(t\geqslant0) \tag{6-11}$$

式中，U_S 为电容充电电压的最大值，称为稳态分量或强迫分量；$U_Se^{-t/\tau}$ 是随时间按指数规律衰减的分量，称为暂态分量或自由分量。

式（6-11）可改写为

$$u_C=U_S(1-e^{-t/\tau})\quad(t\geqslant0) \tag{6-12}$$

电路中的电流为

$$i=C\frac{du_C}{dt}=\frac{U_S}{R}e^{-t/\tau}\quad(t\geqslant0) \tag{6-13}$$

电阻上的电压为

$$u_R=iR=\frac{U_S}{R}e^{-t/\tau}R=U_Se^{-t/\tau}\quad(t\geqslant0) \tag{6-14}$$

u_C、i、u_R 的波形如图 6-17 所示。

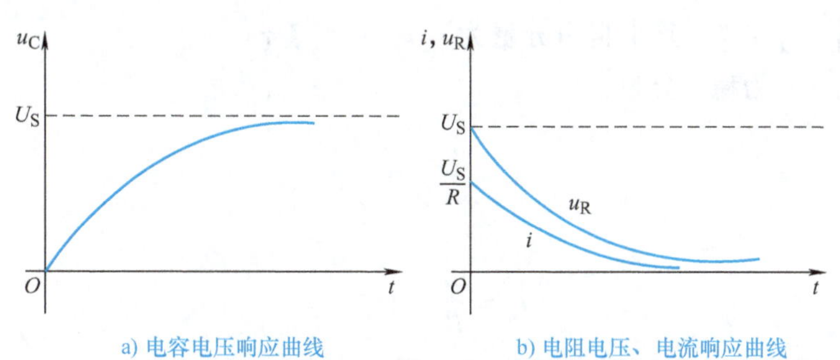

a) 电容电压响应曲线　　b) 电阻电压、电流响应曲线

图 6-17　*RC* 电路的零状态响应曲线

例题 6.7　如图 6-18a 所示，已知 $U_S=220V$，$R=200\Omega$，$C=1\mu F$，$u_C(0_-)=0$，在 $t=0$ 时合上开关 S，求：

（1）u_C、u_R、i 的表达式。

（2）画出 u_C、u_R、i 的响应曲线。

解：时间常数 $\tau=RC=200\times1\times10^{-6}s=2\times10^{-4}s=200ms$

$$u_C=U_S(1-e^{-\frac{t}{\tau}})=220(1-e^{-\frac{t}{2\times10^{-4}}})V=220(1-e^{-5\times10^3t})V$$

$$u_R=U_Se^{-\frac{t}{\tau}}=220e^{-5\times10^3t}V$$

$$i=\frac{U_S}{R}e^{-t/\tau}=\frac{220}{200}e^{-t/\tau}=1.1e^{-5\times10^3t}A$$

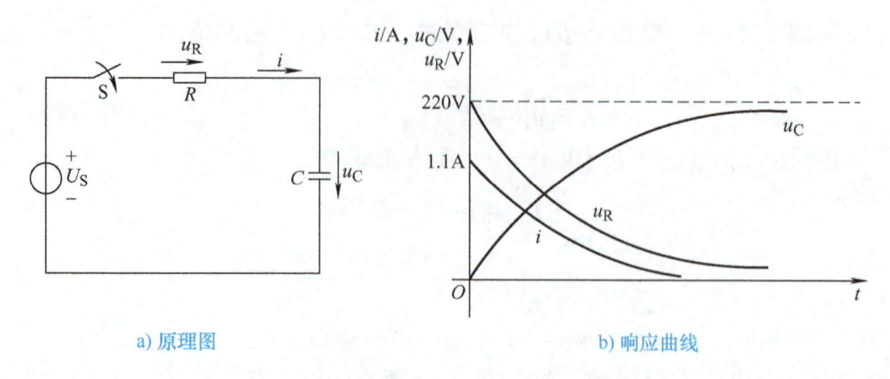

a) 原理图　　b) 响应曲线

图 6-18　例题 6.7 电路图及响应曲线

u_C、u_R、i 的响应曲线如图 6-18b 所示。

6.3.2　*RL* 串联电路的零状态响应

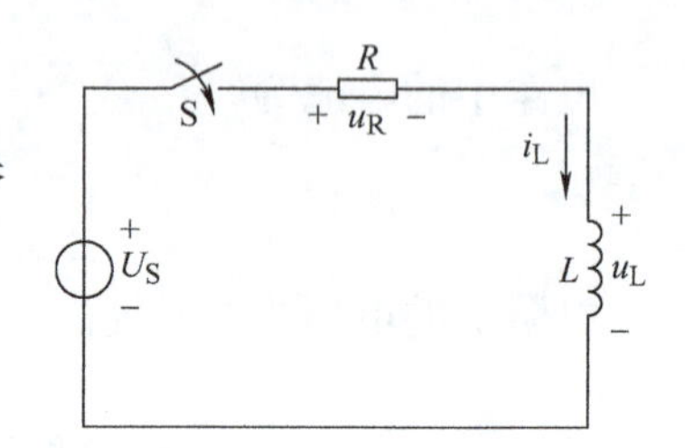

图 6-19　*RL* 串联电路的零状态响应

在图 6-19 中，开关 S 在 $t=0$ 时接通，在电路给定的参考方向下，由 KVL 可得

$$u_R + u_L = U_S$$

根据元件的伏安关系得

$$i_L R + L\frac{di_L}{dt} = U_S \tag{6-15}$$

其通解为 $i_L = i_L' + i_L''$，其中自由分量为 $i_L'' = Ae^{-t/\tau}$，$\tau = L/R$ 为时间常数，i_L' 为稳态分量，取

$$i_L' = \frac{U_S}{R}$$

于是

$$i_L = \frac{U_S}{R} + Ae^{-t/\tau} \tag{6-16}$$

将 $i_L(0_+) = i_L(0_-) = 0$ 带入式（6-16），得

$$i_L(0_+) = \frac{U_S}{R} + Ae^{-0/\tau} = \frac{U_S}{R} + A = 0$$

即

$$A = -\frac{U_S}{R}$$

所以

$$i_L = \frac{U_S}{R} - \frac{U_S}{R}e^{-t/\tau} = \frac{U_S}{R}(1 - e^{-t/\tau}) \quad (t \geqslant 0) \tag{6-17}$$

$$u_L = L\frac{di_L}{dt} = U_S e^{-t/\tau} \quad (t \geqslant 0) \tag{6-18}$$

$$u_R = i_L R = U_S(1 - e^{-t/\tau}) \quad (t \geqslant 0) \tag{6-19}$$

i_L、u_L、u_R 的响应曲线如图 6-20 所示。

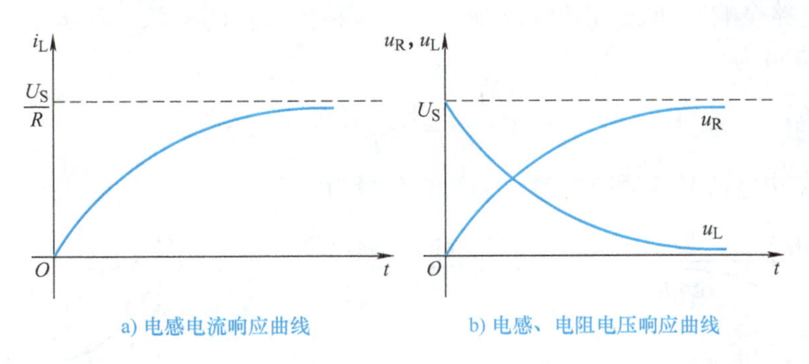

图 6-20　一阶 *RL* 电路零状态响应曲线

6.3.3　一阶电路零状态响应的一般形式

由一阶 *RC*、*RL* 电路的零状态响应式可以看出：电容电压 u_C、电感电流 i_L 都是由零状态不断上升到新的稳态值；而电容电流 i_C、电感电压 u_L 都是按照指数规律衰减的。如果用 $f(\infty)$表示电路的新稳态值，τ 仍为时间常数（*RC* 电路中 $\tau=RC$，*RL* 电路中 $\tau=L/R$），则一阶电路的零状态响应电容电压 u_C、电感电流 i_L 可以表示为一般形式，即

$$f(t)=f(\infty)(1-e^{-\frac{t}{\tau}}) \tag{6-20}$$

注意：式（6-20）只能用来求解电容电压 u_C、电感电流 i_L。求解时间常数 τ 时，可将储能元件以外的电路应用戴维南定理进行等效变换，等效电阻即是 τ 中的电阻 R。

6.4　一阶电路的全响应

教学视频

全响应是指电路中储能元件处于非零状态下受到外施激励时，电路中产生的电压、电流。对于线性电路，全响应为零输入响应和零状态响应两者的叠加。

如图 6-21 所示，充电的电容经过电阻接到直流电压 U_S 上，电容上原有的电压为 U_o。$t\geqslant 0$时电容电压 u_C 的零状态响应 u_{C1} 和零输入响应 u_{C2} 分别为

$$u_{C1}=U_S(1-e^{-\frac{t}{RC}})$$

$$u_{C2}=U_o e^{-\frac{t}{RC}}$$

根据叠加定理，电容电压的全响应为

$$u_C=u_{C1}+u_{C2}=U_S(1-e^{-\frac{t}{RC}})+U_o e^{-\frac{t}{RC}} \tag{6-21}$$

即

全响应 = 零状态响应 + 零输入响应

式（6-21）可改写为

$$u_C=U_S+(U_o-U_S)e^{-\frac{t}{RC}} \tag{6-22}$$

即　　　全响应 = 稳态分量 + 暂态分量

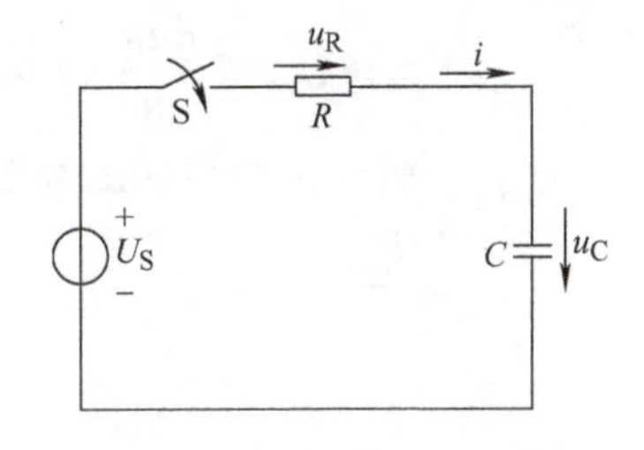

图 6-21　*RC* 电路的全响应

无论是把全响应分解为零状态响应与零输入响应的叠加，还是分解为暂态分量与稳态分量的叠加，都不过是不同分法而已，真正的响应是全响应。但是，在一阶电路中，最终观察到的则往往是稳态分量。

一阶 RC 电路全响应曲线如图 6-22 所示，有三种情况：$U_o<U_S$、$U_o=U_S$、$U_o>U_S$。

电路中的电流为

$$i=C\frac{du_C}{dt}=\frac{U_S-U_o}{R}e^{-t/\tau} \tag{6-23}$$

可见，电路中电流只有暂态分量，而稳态分量为零。

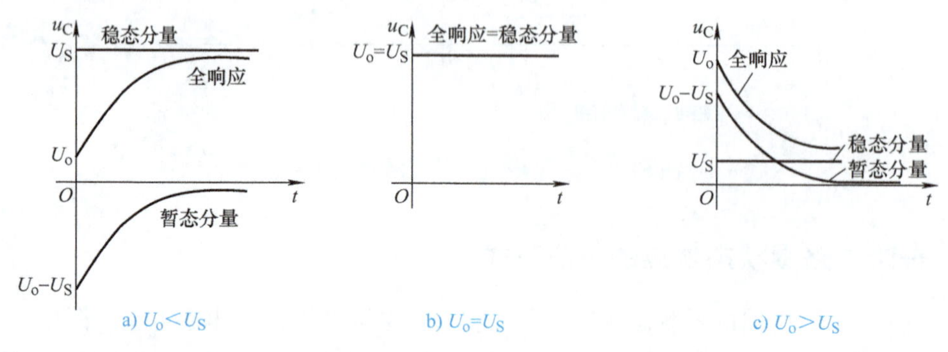

图 6-22 一阶 RC 电路全响应曲线

通过上述分析可知，一阶电路全响应的一般形式为

$$f(t)=f(0_+)e^{-\frac{t}{\tau}}+f(\infty)(1-e^{-\frac{t}{\tau}})=f(\infty)+[f(0_+)-f(\infty)]e^{-\frac{t}{\tau}} \tag{6-24}$$

例题 6.8 在图 6-23 所示电路中，开关 S 断开前电路处于稳态。已知 $U_S=20V$，$R_1=R_2=1k\Omega$，$C=1\mu F$。求开关打开后的 u_C 和 i_C 解析式，并画出它们的曲线。

解：电流电压的参考方向如图 6-23 所示。

换路前 $i_C(0_-)=0$，故有

$$i_1(0_-)=i_2(0_-)=\frac{U_S}{R_1+R_2}$$

$$=\frac{20}{1\times10^3+1\times10^3}A=10\times10^{-3}A=10mA$$

换路前 $u_C(0_-)=i_2(0_-)R_2=10\times10^{-3}\times1\times10^3V=10V$

即 $$U_0=10V$$

换路后电容继续充电，$\tau=R_1C=1\times10^3\times1\times10^{-6}s=0.001s$

所以 $$u_C=U_S+(U_0-U_S)e^{-t/\tau}=20V+(10-20)e^{-t/0.001}V=20V-10e^{-1000t}V$$

$$i_C=C\frac{du_C}{dt}=1\times10^{-6}\frac{d(20-10e^{-1000t})}{dt}=0.01e^{-1000t}A$$

u_C、i_C 的变化曲线如图 6-24 所示。

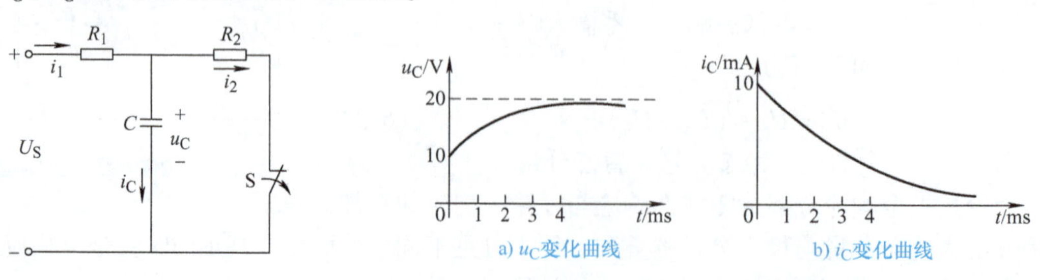

图 6-23 例题 6.8 电路图

图 6-24 u_C、i_C 的变化曲线

6.5　一阶电路的三要素分析法

一般情况下，在一阶电路中，不论以哪一处的电流或电压作为待求量，电路的微分方程都是一阶的，它的特征方程的根均相同（特征方程的根仅取决于电路的参数和结构，而与取什么量作为待求量无关）。对于 *RC* 和 *RL* 电路中的电压和电流，都是由暂态分量和稳态分量组成的，暂态分量是从初始值按指数规律衰减的自由分量，而且同一电路中各支路的电压和电流的自由分量都是以相同的时间常数 τ 衰减变化的。因此过渡过程的电压和电流，完全由初始值、稳态值和电路的时间常数 τ 三个要素决定。若以 $f(t)$ 表示响应变量，即电路中任一支路的电压和电流，其初始值为 $f(0_+)$、稳态值为 $f(\infty)$、时间常数为 τ，则换路后过渡过程中的电压和电流，便可以按如下三要素公式来进行计算：

$$f(t)=f(\infty)+[f(0_+)-f(\infty)]\mathrm{e}^{-\frac{t}{\tau}} \tag{6-25}$$

利用三要素法解题的一般步骤为：

1）画出换路前（$t=0_-$）的等效电路，求出电容电压 $u_C(0_-)$ 或电感电流 $i_L(0_-)$。

2）求初始值 $f(0_+)$。根据换路定律，求出电容电压 $u_C(0_+)$ 或电感电流 $i_L(0_+)$。再根据得出的电容电压 $u_C(0_+)$ 或电感电流 $i_L(0_+)$ 的数值，画出 $t=0_+$ 时的等效电路，求出相应电压或电流的初始值，即初始值 $f(0_+)$。

3）求稳态值 $f(\infty)$。画出 $t=\infty$ 时的稳态等效电路（电容相当开路，电感相当短路），求出稳态下相应电压或电流的稳态值，即 $f(\infty)$。

4）求电路的时间常数 τ。*RC* 电路或 *RL* 电路的时间常数分别为 $\tau=RC$ 或 $\tau=L/R$。其中电阻 *R* 是将储能元件断开，从断开处看进去的所有电源置零（电压源短路、电流源开路）时的等效电阻。

5）把所求得三要素代入式（6-25）即可得电压或电流的表达式。

例题 6.9　如图 6-25a 所示电路，已知 $R_1=100\Omega$，$R_2=400\Omega$，$C=125\mu\mathrm{F}$，$U_S=200\mathrm{V}$，$u_C(0_-)=50\mathrm{V}$。求 S 闭合后电容电压 u_C 和电流 i_C 的表达式。

解：用三要素法求解。

1）已知 $u_C(0_-)=50\mathrm{V}$。

2）由换路定理可得：$u_C(0_+)=u_C(0_-)=50\mathrm{V}$

3）$t=\infty$ 时的稳态等效电路如图 6-25c 所示。

$$u_C(\infty)=\frac{U_S}{R_1+R_2}R_2=\frac{200}{100+400}\times400\mathrm{V}=160\mathrm{V}$$

4）求电路时间常数 τ。从图 6-25c 可知，从电容两端看进去的等效电阻为

$$R_o=\frac{R_1R_2}{R_1+R_2}=\frac{100\times400}{100+400}\Omega=80\Omega$$

于是　　　$\tau=R_oC=80\times125\times10^{-6}\mathrm{s}=0.01\mathrm{s}$

5）由式（6-25）得

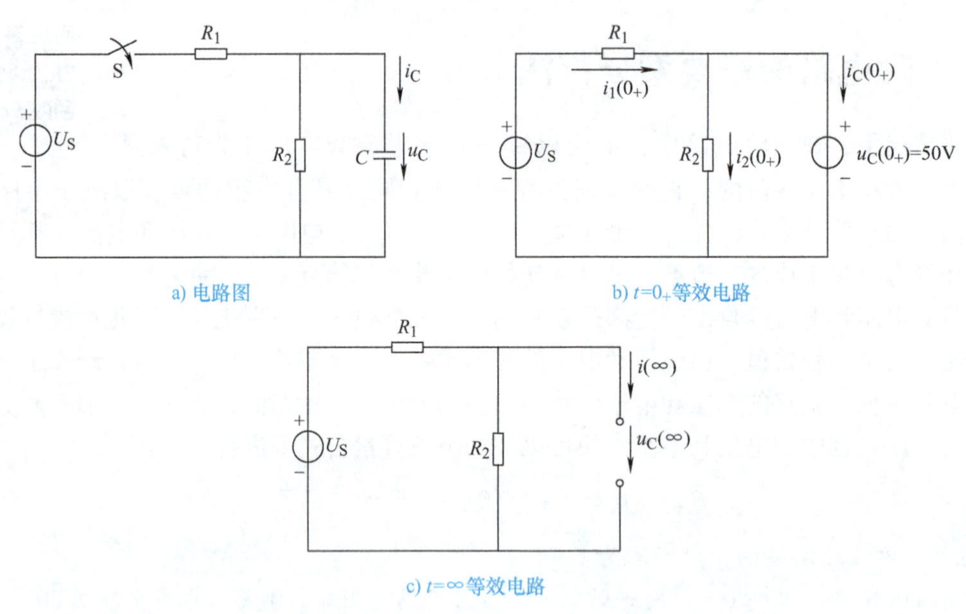

图 6-25 例题 6.9 电路图

$$u_C(t)=u_C(\infty)+[u_C(0_+)-u_C(\infty)]e^{-t/\tau}$$
$$=160V+(50-160)e^{-t/0.01}V=160V-110e^{-100t}V$$
$$i_C(t)=C\frac{du_C(t)}{dt}=1.375e^{-100t}A$$

总结： 例题6.9的解题思路是从储能元件入手，先求出电容电压的响应 u_C，再根据电容元件的伏安关系式，求出电容电流的响应 i_C。考虑到三要素分析法适用于一般的电压、电流参量，本例题还可以同时求出电容电流 $i(0_+)$、$i(\infty)$和时间常数，直接得到电容电流的响应。

【任务实施】

技能训练 17 *RC* 一阶电路的响应测试

一、训练目的

1）测定一阶电路的零输入响应、零状态响应及全响应。
2）学习电路时间常数的测量方法。
3）掌握有关微分电路和积分电路的概念。
4）学会使用示波器观测波形。

二、训练器材（见表 6-4）

表 6-4 训练器材清单

序号	名称	型号与规格	数量	备注
1	函数信号发生器		1个	
2	双踪示波器		1个	
3	动态电路实验板		1块	

三、原理说明

1）动态电路的过渡过程是十分短暂的单次变化过程。要用普通示波器观察过渡过程和测量有关的参数，就必须使这种单次变化的过程重复出现。为此，我们利用信号发生器输出的方波来模拟阶跃激励信号，即利用方波输出的上升沿作为零状态响应的正阶跃激励信号，利用方波的下降沿作为零输入响应的负阶跃激励信号。只要选择方波的重复周期远大于电路的时间常数 τ，那么电路在这样的方波序列脉冲信号的激励下，它的响应就和直流电路接通与断开的过渡过程是基本相同的。

2）动态电路在没有独立源作用的情况下，由初始储能激励而产生的响应称为零输入响应。一阶电路换路前储能元件没有储能，仅由外施电源作用于电路引起的响应称零状态响应。当一个非零初始状态的电路受到激励时，电路中的响应称为全响应。对于线性电路，全响应为零输入响应和零状态响应两者的叠加。通过技能训练的方法正确理解 RC 一阶电路的零输入响应、零状态响应及全响应。

3）RC 一阶电路的零输入响应和零状态响应分别按指数规律衰减和增长，其变化的快慢决定于电路的时间常数 τ。

4）时间常数 τ 的测量方法：用示波器测量零输入响应的波形如图 6-26a 所示。根据一阶微分方程的求解得知 $u_C(t)=U_m e^{\frac{-t}{RC}}=U_m e^{-t/\tau}$。当 $t=\tau$ 时，$u_C(\tau)=0.368U_m$，此时所对应的时间就等于 τ。也可用零状态响应波形增加到 $0.632U_m$ 所对应的时间测得，如图 6-26b 所示。

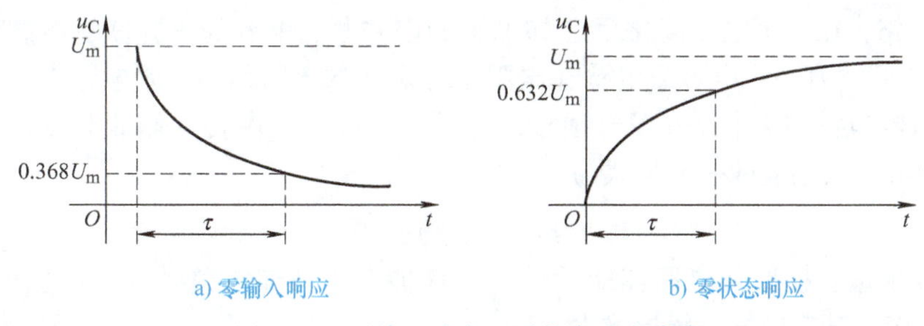

a) 零输入响应　　b) 零状态响应

图 6-26　零输入响应和零状态响应曲线

四、训练内容及步骤

实验用线路板如图 6-27 所示，请认清 R、C 元件的布局及其标称值，各开关的通断位置等。

1）从电路板上选 $R=10\text{k}\Omega$，$C=6800\text{pF}$ 组成 RC 充放电电路。脉冲信号发生器输出 $U_m=3\text{V}$、$f=1\text{kHz}$ 的方波电压信号 u_i，并通过两根同轴电缆线，将激励源 u_i 和响应 u_C 的信号分别连至示波器的两个输入口 Y_A 和 Y_B。这时可在示波器的屏幕上观察到激励与响应的变化规律，请测算出时间常数 τ，并用方格纸按 1:1 的比例描绘波形。

改变电容值或电阻值，定性地观察改变对响应的影响，记录观察到的现象。

2）令 $R=10\text{k}\Omega$，$C=0.1\mu\text{F}$，观察并描绘响应的波形。

3）令 $C=0.01\mu\text{F}$，$R=100\Omega$，组成微分电路。在同样的方波激励信号（$U_m=3\text{V}$，$f=1\text{kHz}$）作用下，观测并描绘激励与响应的波形。增减 R 的值，定性地观察对响应的影响，并做记录。当 R 增至1MΩ 时，注意观察输入输出波形有何本质上的区别。

五、注意事项及数据分析

1）调节电子仪器各旋钮时，动作不要过快、过猛。实验前，需熟读双踪示波器的使用说明书。观察双踪示波器时，要特别注意相应开关、旋钮、动态电路、选频电路实验板的操作与调节。

2）信号源的接地端与示波器的接地端要连在一起（称共地），以防外界干扰而影响测量的准确性。

3）示波器的辉度不应过亮，尤其是光点长期停留在荧光屏上不动时，应将辉度调暗，以延长示波管的使用寿命。

4）根据实验观测结果，在方格纸上绘出 RC 一阶电路充放电时的 u_C 变化曲线后，由曲线测得 τ 值，并与参数值的计算结果做比较，分析误差原因。

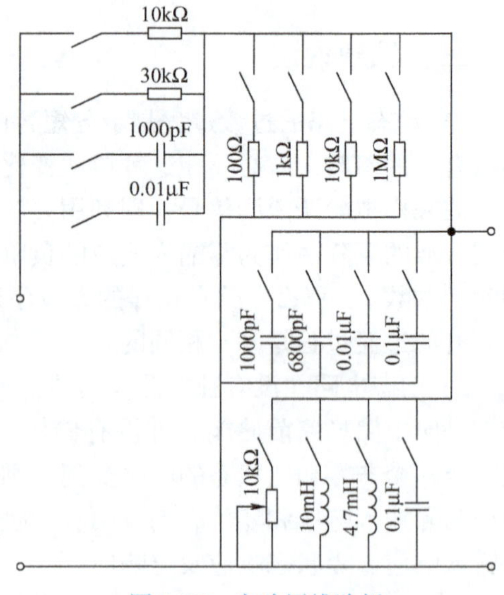

图 6-27 实验用线路板

任务总结

1. 一阶电路：在一个电路简化后（如电阻的串并联、电容的串并联、电感的串并联化为一个元件），只含有一个电容或电感（电阻不考虑）的电路称为一阶电路。

2. 零输入响应：动态电路在没有独立源作用的情况下，由初始储能激励而产生的响应称为零输入响应。其响应的一般形式为

$$f(t)=f(0_+)e^{-\frac{t}{\tau}}$$

3. 零状态响应：换路前电路储能元件没有储能，由外加电源激励所产生的电路响应，称为零状态响应。其响应的一般形式为

$$f(t)=f(\infty)(1-e^{-\frac{t}{\tau}})$$

4. 全响应：全响应是指电路中储能元件处于非零状态下受到外施激励时，电路中产生的电压、电流。

全响应 = 零状态响应 + 零输入响应

= 稳态分量 + 暂态分量

5. 三要素分析法：三要素是指初始值为 $f(0_+)$、稳态值为 $f(\infty)$、时间常数为 τ，响应函数为

$$f(t)=f(\infty)+[f(0_+)-f(\infty)]e^{-\frac{t}{\tau}}$$

自我测试 6

一、填空题

1. 换路定律的内容用数学表达式可以表示为________________、________________。

2. 电容在换路前无储能，表示电容上的________为零。电感在换路前无储能，表示电感上的________为零。

3. 一阶 RC 电路的时间常数 τ 计算公式为________，一阶 RL 电路的时间常数 τ 计算公式为________，时间常数的单位为________。一般认为过渡过程经过________τ 结束。

4. $t=0_+$ 对应的电压或电流值称为________，$t=\infty$ 对应的电压或电流值称为________。

5. 一阶动态电路可以采用三要素分析法进行响应的分析。三要素是指________、________、________。

二、选择题

1. 下面电路不属于动态电路的是（　　）。

A. 纯电阻电路　　B. 含储能元件的电路　　C. RL 电路　　D. RC 电路

2. 关于 RC 电路的过渡过程，下列叙述不正确的是（　　）。

A. RC 串联电路的零输入响应就是电容的放电过程

B. RC 串联电路的零状态响应就是电容的充电过程

C. 初始条件不为0，同时又有电源作用的情况下，RC 电路的响应称为全响应

D. RC 串联电路的全响应不可以利用叠加定理进行分析

3. 电容元件 C 上的电流 i、电压 u 的参考方向为非关联参考方向，则其伏安关系的表达式应为（　　）。

A. $i=C\dfrac{\mathrm{d}u}{\mathrm{d}t}$　　B. $i=-C\dfrac{\mathrm{d}u}{\mathrm{d}t}$　　C. $u=-C\dfrac{\mathrm{d}i}{\mathrm{d}t}$　　D. $u=C\dfrac{\mathrm{d}i}{\mathrm{d}t}$

4. 电感元件 L 上的电流 i、电压 u 的参考方向为非关联参考方向，则其伏安关系的表达式应为（　　）。

A. $i=L\dfrac{\mathrm{d}u}{\mathrm{d}t}$　　B. $i=-L\dfrac{\mathrm{d}u}{\mathrm{d}t}$　　C. $u=-L\dfrac{\mathrm{d}i}{\mathrm{d}t}$　　D. $u=L\dfrac{\mathrm{d}i}{\mathrm{d}t}$

5. 关于电阻、电容和电感元件的下列描述错误的是（　　）。

A. 电阻元件是一种耗能元件，而电容和电感元件是储能性元件

B. 电阻元件是一种静态元件，而电容和电感元件是动态性元件

C. 电阻元件是一种即时元件，而电容和电感元件是记忆性元件

D. 不管信号频率如何变化，电阻器都可以用电阻元件来表示

6. 动态电路工作的全过程为（　　）。

A. 前稳态—过渡过程—换路—后稳态

B. 前稳态—换路—过渡过程—后稳态

C. 换路—前稳态—后稳态—过渡过程

D. 换路—前稳态—后稳态—过渡过程

7. 下列描述中，错误的是（　　）。

A. 零输入响应是电容或电感上的储能逐渐消耗在电阻上的放电过程

B. 零输入响应中所有物理量都随时间依指数规律衰减

C. 零状态响应是电源向电容或电感释放能量的充电过程

D. 零状态响应中所有物理量都随时间按指数规律增加

8. 关于时间常数τ，下列描述正确的是（　　）。

A. 时间常数τ是描写过渡过程快慢的一个物理量，τ越大，过渡过程快，τ越小，过渡过程慢

B. 不论是RL电路，还是RC电路，R越小过渡过程越快

C. 5τ后过渡过程基本结束

D. τ的单位是秒

9. 下列描述中正确的是（　　）。

A. 动态电路中，无初始储能，仅由外加电源引起的响应称为零输入响应

B. 动态电路中，既有外加电源，又有初始储能引起的响应称为全响应

C. 动态电路中，无外加电源，仅由电容或电感中初始储能引起的响应称为零状态响应

D. 全响应 = 零输入响应 + 零状态响应

10. 直流电源、开关S、电容C和灯泡构成的串联电路，S闭合前电容C无储能，当开关S闭合后灯泡的变化为（　　）。

A. 立即亮并持续　　　　B. 始终不亮

C. 由亮逐渐变为不亮　　　　D. 由不亮逐渐变亮

三、判断题

1. 换路前电路处于直流稳态，电容相当于开路，电感相当于短路。（　　）

2. 换路前电容和电感均无储能，则在刚换路瞬间的等效电路中，电容相当于短路，电感相当于开路。（　　）

3. 若电容中通过的电流为零，则其电场储能也为零。（　　）

4. 若换路前电路处于直流稳态，则换路后画$t=0_+$等效电路时，电容可视为开路，电感可视为短路。（　　）

5. 任一时刻通过电容的电流和电感两端的电压不可以突变。（　　）

6. 时间常数越小，电路的变化速度越慢。（　　）

7. 三要素法只能计算全响应，不能计算零输入响应和零状态响应。（　　）

8. RL串联电路中，其他条件不变，增大R则过渡过程时间变长。（　　）

9. RC串联电路中，其他条件不变，增大R则过渡过程时间变长。（　　）

四、综合题

1. 电路如图6-28所示，$t=0$时刻开关S打开，开关动作前电路处于稳态。求$t\geqslant 0$时的$i_L(t)$。

2. 电路如图6-29所示，$t=0$时刻开关S闭合，开关闭合前电容电压为0。求$t\geqslant 0$时电容电压$u_C(t)$和电流$i_C(t)$。

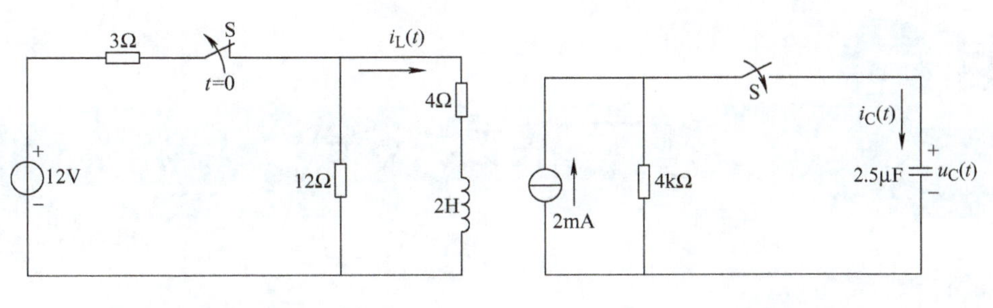

图 6-28　综合题 1 电路　　图 6-29　综合题 2 电路

3. 电路如图 6-30 所示，$t=0$ 时刻开关 S 闭合，换路前电容电压为 2V。试用三要素法求解 $t \geqslant 0$ 时的电压 $u_C(t)$ 和电流 $i_C(t)$。

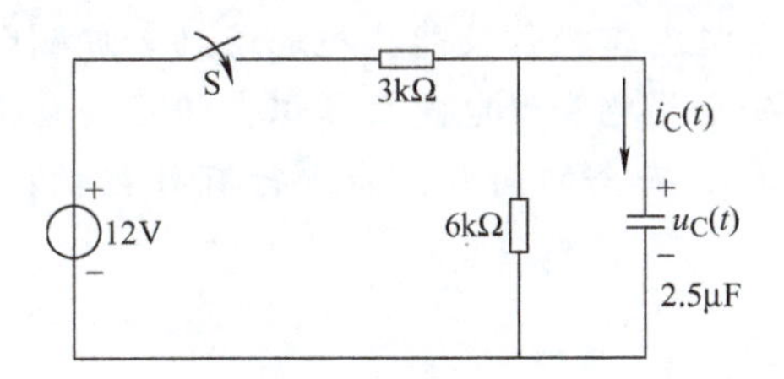

图 6-30　综合题 3 电路

项目七 电工基本技能

引　言

电是动力、照明、加热和通信等的主要能源，电气设备遍布工厂、企业和民用建筑的每一个角落。电是社会文明进步的标志，电在给人们带来了极大便利的同时危险也伴随而来。火灾、爆炸、人身伤亡事故时有发生。因此必须掌握安全用电技术，遵守用电操作规程，牢固树立安全用电意识，熟练掌握电工操作技能，把电这只老虎驯服，使其为人们服务。本项目通过两个任务，主要学习安全用电和触电急救知识，学习安全用电规范，掌握触电急救技能，发生触电事故时在保证自身安全的同时，能进行有效施救；学习电工工具的结构和原理，规范熟练使用电工工具。

学习目标要求

1. 知识目标

（1）熟悉安全用电常识和触电急救操作要领。

（2）熟悉常用工具的结构、规格、用途。

2. 能力目标

（1）掌握触电急救措施。

（2）能够熟练使用常用电工工具进行电工操作。

3. 情感目标

（1）培养吃苦耐劳、锐意进取的敬业精神。

（2）培养爱岗敬业、团结协作的职业精神。

（3）培养良好的自学能力和计划组织能力，形成正确的就业观。

任务一　安全用电与急救

【任务导入】

现代生活离不开电，随着电气化程度的提高，人们接触电的机会成倍增多，触电事故时有发生。在用电水平高的发达国家，每年100万用电人口中触电死亡0.5～1人；我国近70年的统计数字为每100万人中触电死亡率为20人/年，目前已下降到10人以内，但安全用电水平仍然比较低，这说明了在我国推广电气安全用电常识的重要性。

通过学习本任务，了解安全用电常识、人体触电的基本知识，懂得人体触电的常见原因及主要预防和急救措施。

【任务分析】

学习本任务，首先学习安全用电常识，包括触电的概念、电流对人体的危害、触电的原因、触电的方式、预防触电的措施，然后学习触电的现场急救，掌握人工呼吸和胸外心脏按压法。重点学习预防触电的措施，熟练掌握触电急救的人工呼吸和胸外心脏按压法。

【知识链接】

7.1 电力系统的基本知识

7.1.1 电力系统的形成

电力系统是指完成电能生产、输送、分配和消费的统一整体。如图 7-1 所示为电力系统传输系统示意图。

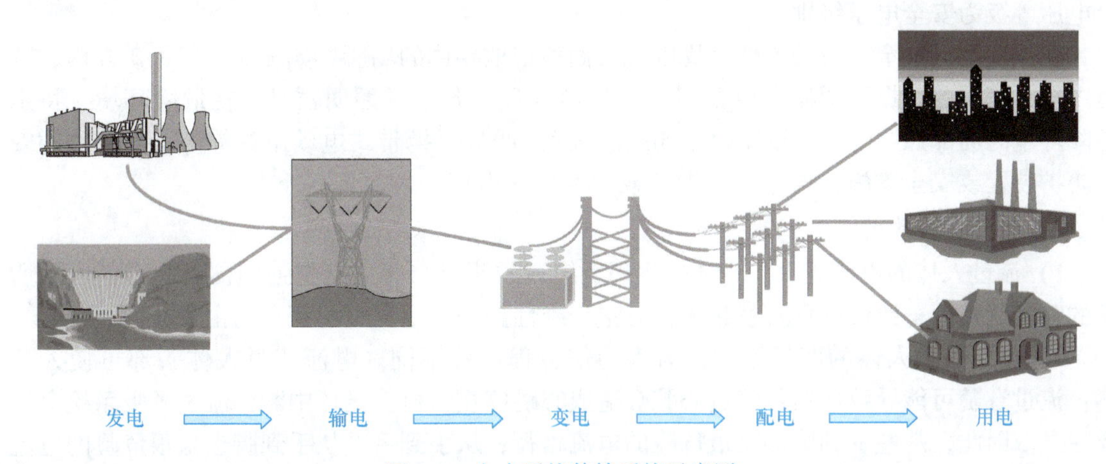

图 7-1 电力系统传输系统示意图

目前世界上的发电方式主要有火力发电、水力发电和核电。发电厂是生产电能的工厂，它把其他不同类的一次能源转换成电能。电力网是由 2 个及以上变电站和不同电压等级的电力线路组成的网络。其作用是输送、控制和分配电能。通常将 220kV 及以上的电力线路称为输电线路，110kV 及以下的电力线路称为配电线路。我国常用的输电电压等级有 35kV、110kV，配电线路又分为高压配电线路（110kV）、中压配电线路（6～35kV）和低压配电线路（380/220V）。

7.1.2 常见的低压配电系统

常见的低压配电系统有三相三线制系统和三相四线制系统。

在低压配电网中，输电线路一般采用三相四线制，其中三条线路分别代表 A、B、C 三相，另一条是中性线 N（如果该回路电源侧的中性点接地，则中性线也称为零线，如果不接地，则从严格意义上来说，中性线不能称为零线）。在进入用户的单相输电线路中，有两条线，一条称为相线，俗称火线，另一条称为零线，零线正常情况下要通过电流来构成单相线路中电流的回路。

当三相交流发电机的三个定子绕组的末端连接在一起，从三个绕组的始端引出三个相线向外供电，没有中性线的三相制称为三相三线制。电力系统高压架空线路一般采用三相三线制。

相线：分别从发电动机绕组三个始端引出的线，颜色为红、绿、黄。

零线：中性点接地时的中性线，颜色为黑。

地线：接地装置引出的线，对人身设备起到保护作用，颜色为黄绿双色线。

7.2 安全用电的基本常识

教学视频

1. 安全电压

不带任何防护设备，对人体各部分组织均不造成伤害的电压，称为安全电压。

世界各国对于安全电压的规定有：50V、40V、36V、25V、24V 等，其中以 50V、36V 居多。国际电工委员会（IEC）规定安全电压限定值为 50V，我国规定 12V、24V、36V 三个电压等级为安全电压级别。

在湿度大、狭窄、行动不便、周围有大面积接地导体的场所，如金属容器、矿井内、隧道内等，使用的手提照明器具应采用 12V 安全电压。凡手提照明器具，在危险环境、特别危险环境的局部照明灯，高度不足 2.5m 的一般照明灯，携带式电动工具等，若无特殊的安全防护装置或安全措施，均应采用 24V 或 36V 安全电压。

2. 电流对人的效应

1）流过人体的电流越大，人体的生理反应就越明显，感应就越强烈，引起心室颤动所需的时间就越短，致命的危害就越大，心室纤维性颤动是电击引起死亡的主要原因。

2）电流通过人体的路径不同，对人的伤害程度就不同。电流流过人体头部可使人昏迷；流过脊髓可能导致瘫痪；流过心脏会造成心跳停止，血液循环中断；流过呼吸系统会造成窒息。因此，从左手到胸部是最危险的电流路径；从手到手、从手到脚也是很危险的电流路径；从脚到脚是危险性较小的电流路径。

3）工频交流电的危害性大于直流电。因为交流电主要是麻痹破坏神经系统，往往难以自主摆脱。据科学研究 40～60Hz 的交流电对人体最危险，随着频率的增加，危险性将逐渐降低。当电源频率大于 2000Hz 时，所产生的损害明显减小，但高压高频电流对人体仍然是十分危险的。

4）人体触电时，通过人体电流的时间越长，就越容易造成心室颤动，生命危险性就越大。据统计，触电 1～5min 内施行急救措施，90% 有良好的效果，10min 内有 60% 救生率，超过 15min 希望甚微。

3. 安全用电基本常识

如何安全用电，其基本常识包括如下内容：

1）自觉遵守安全用电规章制度，用电要申请，安装、修理找电工，不私拉乱接用电设备，用电要安装漏电保护器。非专业电工或电力技术人员不可安装或拆卸电气设备及电路。

2）不能往电力线、变压器上扔东西，不能在电力线附近燃放烟花爆竹、采石、修房屋、立井架、砍伐树木。

3）不能使用挂钩线、破股线、地爬线和绝缘不合格的导线接电。

4）不要将电话线、广播线与电力线混装在一起，同孔入室。

5）不能攀登、跨越电力设施的保护围墙、遮栏。

6）不能私设电网防盗、捕鱼、狩猎、捉鼠。晒衣服的铁丝要远离电线，更不能在电线上挂、晒衣物。所种藤蔓植物不能缠绕电线。

7）跨越房顶的电线，要与房顶保持2.5m以上的距离。

8）选择合格的剩余电流动作保护器（漏电保护器）。

9）更换灯泡，要站在干燥木凳等绝缘物上，擦拭灯泡或其他电器时，应断开电源。不可用湿手接触带电的电器，如开关、灯座等，更不可用湿布擦拭电器。

10）家用电器异常时，要断开电源，再做修理。新购或长时间停用的用电设备，使用前要检查绝缘情况。

11）在一个插座上不可接过多或功率过大的电器。

12）任何电气设备或电路的接线桩头都不可外露。

13）雷雨时不可接触或走近高电压电杆、铁塔和避雷针的接地导线的周围，不要站在高大的树木下，以防止雷电入地时发生跨步电压触电；雷雨天禁止在室外变电所或室内的架空引入线上进行作业。

14）切勿走近断落在地面上的高压电线，万一高压电线断落在身边或已经进入跨步电压区域时，要立刻用单脚或双脚并拢跳到10m以外的地方，不可奔跑。

作为在校大学生，生活中用电需要注意以下方面：

1）在学生宿舍内不要用热得快、电饭锅等大功率用电设备，以防引起火灾。

2）人离开宿舍时电褥子、手机充电器、计算机等用电设备必须断电。

3）切勿用湿手接触用电设备，不要用湿毛巾等擦拭灯泡、电视机等用电设备。

4）不要购买使用假冒伪劣电器商品。

5）不要盲目扩大熔丝规格或用铜丝代替熔丝。

6）根据用电设备容量正确选择导线截面。

7）不要带电移动电风扇、电热锅等用电设备。

8）家用电淋浴器一定要有可靠的防止突然带电的措施。

7.3 触电急救的方法

教学视频

7.3.1 触电的认识

1. 触电的种类

触电是指人体接触到带电体。电流流过人的身体对人造成的伤害，可分为电击和电伤两类。

电击是指电流通过人体内部器官，破坏人体内部组织，影响呼吸系统、心脏及神经系统的正常功能，使其受到伤害，甚至危及生命。在触电事故中，电击和电伤常会同时发生。

电伤是指电流的热效应、化学效应、机械效应对人体外部器官造成的局部伤害，包括电弧引起的灼伤、烧伤。电伤会在人体皮肤表面留下明显的伤痕，常见的有灼伤、电烙伤和皮肤金属化等现象。

2. 触电的原因

根据大量的电气事故数据分析，可以看出触电主要是由下列原因造成的。

1）线路架设不合理，不符合安装规范。采用一线一地制的违章线路架设；通信线、天线与电力线路同杆架设距离过近等；高压线经过桥梁、高层建筑不符合安全间距等情况都很容易引起触电事故。

2）电气操作规程不严格，不健全，不完善。停电检修时不挂标识牌，使用不合格的安全工具，盲目带电操作等。检修中，安全组织措施和安全技术措施不完善，不遵守电气安全操作规程，违章操作，造成触电事故。

3）由于用电设备不合格，用电设备管理不当，使绝缘损坏，发生漏电，人体碰触漏电设备外壳。

4）缺乏用电常识，用电不谨慎，触及带电的导线。在室内乱拉电线，随意加大熔丝的规格，用湿布擦拭电器设备，带电移动工作中的用电设备。

5）导线长期老化，绝缘下降。

6）其他偶然因素，如人体受雷击等。

3. 触电的方式

人体触电主要原因有两种：直接或间接接触带电体以及跨步电压。直接接触又可分为单线触电和两线触电。

（1）单线触电

如图 7-2 所示，当人站在地面上或其他接地体上，人体的某一部位触及一相带电体时，电流通过人体流入大地，称为单线触电。在我国三相四线制中性点接地的系统中，一般单线触电电压为 220V。据统计单线触电事故占触电事故的 70% 以上。原因就是人们普遍认为电压低，危险性小，思想不够重视造成的。

（2）两线触电

如图 7-3 所示，两线触电是指人体两处同时触及同一电源的两相带电体，以及在高压系统中，人体离高压带电体的距离小于规定的安全距离，造成电弧放电时，电流从一相带电体流入另一相带电体的触电方式，两相触电加在人体上的电压为线电压，一般触电电压为 380V。

因此，不论电网的中性点接地与否，其触电的危险性都最大。

图 7-2 单线触电

图 7-3 两线触电

（3）跨步电压触电

如图 7-4 所示，当带电体接地时有电流向大地流散，在以接地点为圆心，半径 20m 的圆面积内形成分布电位。人站在接地点周围，两脚之间（以 0.8m 计算）的电位差称为跨步电压 U_k，由此引起的触电事故称为跨步电压触电。高压故障接地处，或有大电流流过的接地装置附近都可能出现较高的跨步电压。离接地点越近、两脚距离越大，跨步电压值就越大。一般 10m 以外没有危险。

7.3.2　触电急救

触电急救的要点是动作迅速，救护得法。发现有人触电，首先要使触电者尽快摆脱电源，然后根据具体情况，进行相应的救治。

图 7-4　跨步电压触电

1. 摆脱电源

人在触电后可能由于失去知觉或超过人的摆脱电流而不能自主脱离电源，此时抢救人员千万不要惊慌失措，要在保护自己不被触电的情况下使触电者脱离电源。

1）如果在电源控制开关附近，可迅速断开电源开关、拔掉电源插头，或打开保险盒，如图 7-5 所示。

2）如果碰到破损的电线而触电，附近又找不到控制开关，可用干燥的木棒、竹竿等绝缘工具把电线挑开，如图 7-6 所示。

图 7-5　切断电源

图 7-6　绝缘棒挑开电源

3）如一时不能实行上述方法，触电者又趴在电器上，可隔着干燥的衣物将触电者拉开。

4）在脱离电源过程中，如触电者在高处，要做好防跌保护措施，防止触电者脱离电源后跌伤而造成二次受伤。

5）如果有钢丝钳，可以用钢丝钳将电源线剪断。切忌同时剪切相线和零线。若有锄头、斧头、镰刀等带木柄的工具，可直接将电线割断。

6）若有木板，可放置到触电者身体下面，隔断电流。

7）在使触电者脱离电源的过程中，抢救者要防止自身触电。

2. 对症救治

对于触电者，可按以下三种情况分别处理：

1）对触电后神志清醒者，要有专人照顾、观察，情况稳定后方可正常活动；对轻度昏迷或呼吸微弱者，可针刺或掐人中、十宣、涌泉等穴位，并送医院救治。

2）对触电后无呼吸但心脏有跳动者，应立即采用口对口人工呼吸；对有呼吸但心脏停止跳动者，则应立即进行胸外心脏按压法进行抢救。

3）如触电者心跳和呼吸都已经停止，则须同时进行口对口人工呼吸和俯卧压背法、仰卧压胸法、胸外心脏按压法等措施交替进行抢救。

3. 救治方法

(1) 口对口人工呼吸

触电者取仰卧位，即胸腹朝天。实施口诀为：张口捏鼻手抬颌，深吸缓吹口对紧；张口困难吹鼻孔，5s 一次坚持吹，如图 7-7 所示。

具体操作步骤为：

1）迅速解开触电人的衣服、裤带，松开上身的衣服、胸罩和围巾等，使其胸部能自由扩张，不妨碍呼吸。

2）使触电人仰卧，不垫枕头，头先侧向一边清除其口腔内的血块、假牙及其他异物等。

3）救护人员位于触电人头部的左边或右边，用一只手捏紧其鼻孔，不使漏气，另一只手将其下巴拉向前下方，使其嘴巴张开，嘴上可盖上一层纱布，准备接受吹气。

4）救护人员做深呼吸后，紧贴触电人的嘴巴，向其大口吹气。同时观察触电人胸部隆起的程度，吹气者换气时，一般应以胸部略有起伏为宜。

5）救护人员吹气至需换气时，应该迅速离开触电者的嘴，同时放开捏紧的鼻子，让其自动向外呼气。这时应注意观察触电人胸部的复原情况，倾听口鼻处有无呼吸声，从而检查呼吸是否阻塞，一般吹气 2s，呼气 3s，每分钟 15 次左右。

(2) 胸外心脏按压法

实施胸外心脏按压法的口诀：掌根下压不冲击，突然放松手不离；手腕略弯压一寸，一秒一次较适宜，如图 7-8 所示。

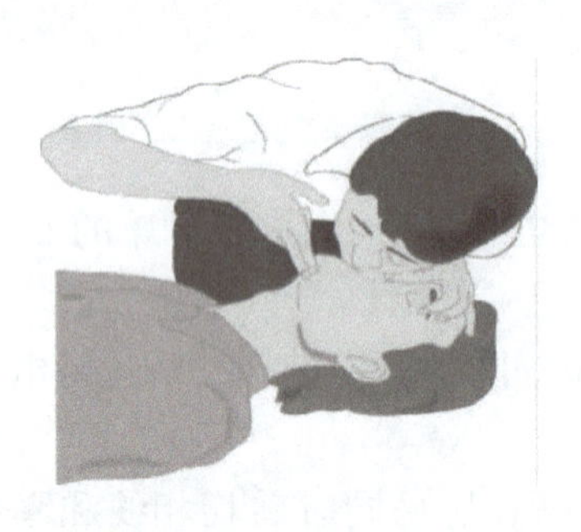

图 7-7　口对口人工呼吸

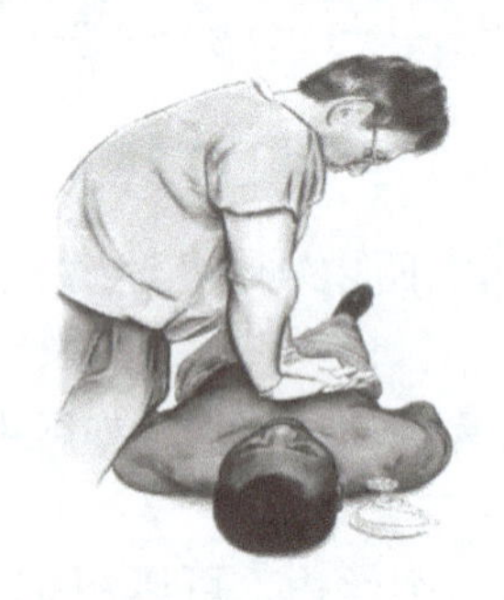

图 7-8　胸外心脏按压法

具体实施步骤为：

1）解开触电人的衣裤，清除口腔内异物，使其胸部能自由扩张。

2）使触电人仰卧，姿势与口对口吹气法相同，但背部着地处的地面必须牢固。

3）救护人员位于触电人一边，最好是跨跪在触电人的腰部，将一只手的掌根放在心窝稍高一点的地方（掌根放在胸骨的下三分之一部位），中指指尖对准锁骨间凹陷处边缘，左手压在右手上，呈两手交叠状。

4）施救人员找到触电人的正确压点，自上而下，垂直均衡地用力挤压，向下 3～4cm。压出心脏里面的血液，注意用力适当。

5）挤压后，掌根迅速放松（但手掌不要离开胸部），使触电人胸部自动复原，心脏扩张，血液又回到心脏。按压和放松要有节奏，以每秒 1 次为宜。

【任务实施】

技能训练 18 触电急救

一、训练目的

1）根据触电现场实时情况，掌握使触电者脱离电源的操作方法。

2）掌握口对口人工呼吸法。

3）掌握胸外心脏按压法。

二、训练器材（见表 7-1）

表 7-1 训练器材清单

序号	名称	型号与规格	数量	备注
1	计算机高级心肺复苏模拟人	KAS/CPR780	1 个	
2	交流电源	220V	1 个	

三、训练内容及步骤

（1）切断电源

1）模拟触电者站在凳子、桌子或梯子上，模拟两手同时触及裸导线的两个相线（俗称火线）或一相线一地线，模拟触电现场。

2）让同学们根据现场实际情况选择使触电者脱离电源的办法及应注意的问题。

（2）口对口（或鼻）人工呼吸法触电急救技能操作

1）使模拟复苏人仰卧，宽松衣服，颈部伸直，头部尽量后仰，然后打开其口腔。

2）施救者位于模拟复苏人头部一侧，将其近头部的一只手捏住触电者的鼻子，并将这只手的外缘压住触电者颈部，将颈上抬，使其头部自然后仰。

3）施救者深呼吸后，用嘴紧贴触电者的嘴（中间可用医用纱布隔开）吹气。

4）吹气至触电者要换气时，应迅速离开模拟复苏人的嘴，同时放开捏紧的鼻子，让其自动向外呼气。

5）按上述步骤反复进行，对模拟复苏人每分钟吹气 15 次左右。

注意：实训时应规范操作，听从教师现场指导，以防操作不当损伤模拟复苏人。

（3）人工胸外按压心脏法触电急救技能操作

施救者跨跪在模拟复苏人的腰部位置，右手掌参照前文所述和图 7-7 所示位置放在模拟复苏人的胸上，左手压在右手掌上，向下按下 3 ~ 4cm 后，突然放松。按压和放松动作要求有节奏，以每秒 2 次（儿童 2s3 次）为宜，按压用力要适当，用力过猛会造成触电者内伤（模拟复苏人损坏），用力过小则无效，必须连续进行到模拟复苏人苏醒为止。

（4）对心跳和呼吸都停止的触电者的急救技能实训

这部分同时采用“口对口人工呼吸法”和“胸外心脏按压法”。实训时，首先一人实施急救，应先对模拟复苏人吹气 3 ~ 4 次，然后按压 7 ~ 8 次，如此交替重复进行至模拟复苏人苏醒为止。然后，安排两名同学合作抢救，一人吹气，一人按压，吹气时应保持触电者胸部放松，只可在换气时进行按压。

四、注意事项

1）掌握操作要领，按压到位，动作规范。

2）注意按压频率和吹气频率，避免造成二次伤害。

任务总结

1. 电力系统的形成：发电、输电、变电、配电、用电。

2. 安全电压为36V，摆脱电流为10mA。

3. 触电的概念：指人体接触到带电体。

4. 触电的类型：根据电流流过人体时对人体造成的伤害，可分为电击和电伤两类。

5. 触电的原因：主要是没有遵守安全操作规程，没有采取有效地安全措施，没有建立、健全和执行安全制度。

6. 人体触电的方式主要有：直接触电和间接触电。直接触电又分为单相触电和两相触电；间接触电包括跨步电压触电。

7. 触电的现场急救原则：首先应使触电者摆脱电源，然后根据触电者的情况实施救治，包括采用口对口人工呼吸和胸外心脏按压法。

任务二　常用电工工具和导线连接

【任务导入】

工欲善其事，必先利其器。电工必须掌握常用工具的结构、性能和正确的使用方法。正确使用与妥善保养，对提高生产效率和施工质量，减轻操作者的劳动强度，保证操作安全和延长工具的使用寿命，都非常有益。

【任务分析】

通过学习，掌握电工常用工具的使用方法、类型、工作原理和选用规则等；学会妥善保养和维护电工常用工具和设备维修工具。

【知识链接】

7.4　常用电工工具

7.4.1　验电器

验电器是用来检测线路和电器设备是否带电的测试器，按照测量电压可分为低压验电器和高压验电器两种。

1. 低压验电器

低压验电器又称试电笔，有笔式和螺钉旋具式两种，由氖管、电阻、弹簧、笔尖和笔尾的金属体等几部分组成。常用低压验电器的外形图如图 7-9 所示。

（1）使用方法

低压验电器的工作原理是当用低压验电器检测带电体时，电流通过带电体→低压验电器→人体→大地构成电流的通路。低压验电器的测试范围是 60～500V 电压，使用低压验电器时注意千万不要超过测试范围，否则可能引起误判或者发生触电事故。

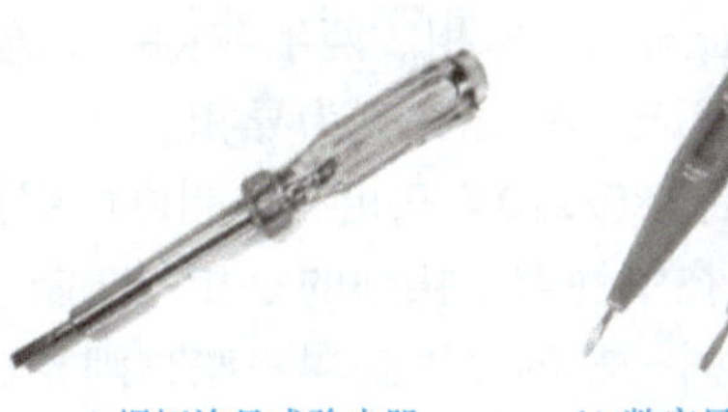

a) 螺钉旋具式验电器

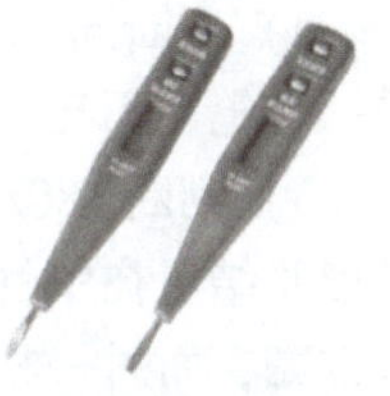

b) 数字显示式验电器

图 7-9　低压验电器实物图

低压验电器的使用方法是将低压验电器的笔尖金属探头垂直接触带电体，人手接触低压验电器顶端的金属体，观测小窗时注意要背光，然后仔细观察低压验电器内的氖管是否发亮，若被测带电体与大地之间的电压超过 60V，氖管就会发光。低压验电器内氖管及所串联的电阻较大，形成的回路电流很小，因此不会对人体造成伤害。低压验电器的握法如图 7-10 所示。

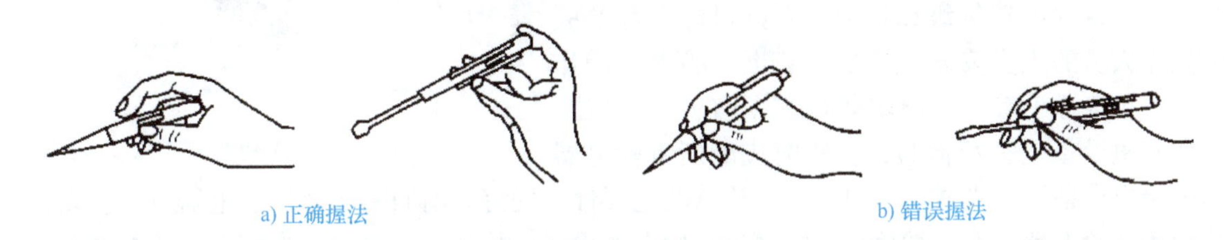

a) 正确握法　　b) 错误握法

图 7-10　低压验电器的握法

操作注意事项：

1）测试时不要碰触低压验电器前端的金属探头，以防触电。

2）螺钉旋具式低压验电器不要当作螺钉旋具用，以防止损坏低压验电器。

3）如工作环境光线较强，检测时需要用手遮一下小窗以防止误判断。

4）在使用之前必须要检查低压验电器元件是否齐全，并在已知带电体上测试，证明测电笔确实良好方可使用。

（2）低压验电器应用技巧

低压验电器除了可以验证物体是否带电外，还可根据其原理区分相线和零线；区分电压高低；区分交流电和直流电；判别设备的金属外壳是否因为相线绝缘老化或破损而碰壳。另外低压验电器还有可以进行断点测量的数显式测电笔以及可以测量线路通断的由发光二极管和内置电池组成的感应式测电笔。

低压验电器的具体应用技巧如下。

1）判断交流电与直流电。测量交流电时，氖管两端通身亮，测量直流电时氖管亮一端。

2）判断直流电正负极。氖管前端（验电笔笔尖一端）明亮的是负极，后端明亮的是正极。

3）判断直流电源有无接地、正负极是否接地。发电厂和变电所的直流系统，是对地绝缘的。人站在地上，用验电笔去触及正极或负极，氖管是不应该发亮的，如果发亮，则说明直流系统有接地现象；如果氖管在靠近笔尖的一端发亮，则是正极接地；如果氖管在靠近手指的一端发亮，则是负极接地。

4）判断同相与异相。两手各持一支笔，两脚与地相绝缘，两笔各接触一根线，用眼观看一支笔，不亮为同相，亮为异相。

5）判断380/220V三相三线制供电线路相线接地故障。电力变压器的二次侧一般都是星形联结，在中性点不接地的三相三线制系统中，用验电笔触及三根相线时，如果有两根比通常亮，而另一根的亮度要弱一些，则表示这根亮度弱的相线有接地故障，但还不太严重；如果两根都很亮，而剩余的一根几乎不亮，则说明这根相线有金属接地故障。

2. 高压验电器

高压验电器主要用来检测高压架空线路、电缆线路、高压用电设备是否带电。按照适用电压等级可分为：6kV、10kV、35kV、110kV、220kV、500kV验电器。高压验电器的常见外形如图7-11所示。

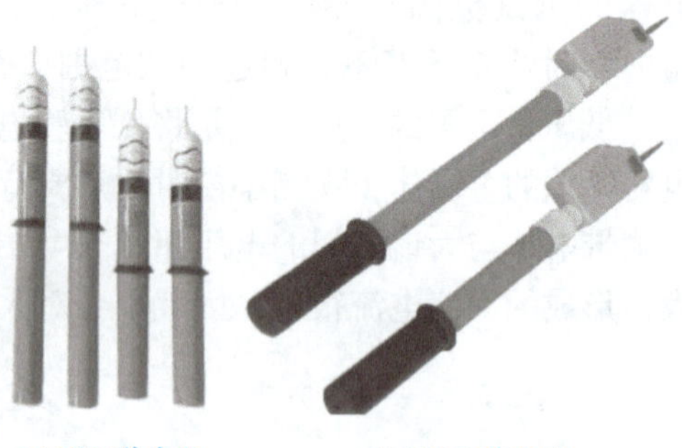

a) 110kV验电器　　b) 220kV验电器

图7-11　高压验电器实物图

使用高压验电器时必须注意其额定电压和被检验电气设备的电压等级相适应，否则可能会危及验电操作人员的人身安全或造成误判断。验电时操作人员应戴绝缘手套，手握在罩护环以下的握手部位，先在有电设备上进行检验，检验时应渐渐将验电器移近带电设备至发光或发声时止，以确认验电器性能完好。有自检系统的验电器应先按动自检钮确认验电器完好，然后再在需要进行验电的设备上检测，检测时也应渐渐将验电器移近待测设备，直至触及设备导电部位，此过程若一直无声、光指示，则可判定该设备不带电。反之，如在移近过程中突然发光或发声，即认为该设备带电，即可停止移近，结束验电。

用高压验电器进行测试时，必须戴上符合要求的绝缘手套；不可一个人单独测试，身旁必须有人监护；测试时，要防止发生相间或对地短路事故；人体与带电体应保持足够的安全距离，10kV高压的安全距离为0.7m以上；室外使用时，天气必须良好，雨、雪、雾及湿度较大的天气中不宜使用普通绝缘杆的类型，以防发生危险。

7.4.2　剥线钳

剥线钳是电工、电动机修理工、仪器仪表电工常用的工具之一，用来供电工剥除电线头部的表面绝缘层。剥线钳可以使绝缘皮与电线分开，还可以防止触电。剥线钳主要用于剥削直径在4mm以下的塑料或橡胶绝缘导线的绝缘层，由钳头和手柄两部分组成，它的钳口工作部分有0.5～3mm多个不同孔径的切口，以便剥削不同规格的芯线绝缘层。剥线时，为了不损伤线芯，线头应放在大于线芯的切口上剥削。使用时根据所需长度，压拢钳柄，将导线的绝缘层剥离，自动剥线钳可以自动弹出。常用剥线钳如图7-12所示。

剥线钳使用时，要根据导线直径，选用剥线钳刀片的孔径。使用步骤如下：

1）根据缆线的粗细型号，选择相应的剥线刀口。

2）将准备好的电缆放在剥线工具的刀刃中间，选择好要剥线的长度。

3）握住剥线工具手柄，将电缆夹住，缓缓用力

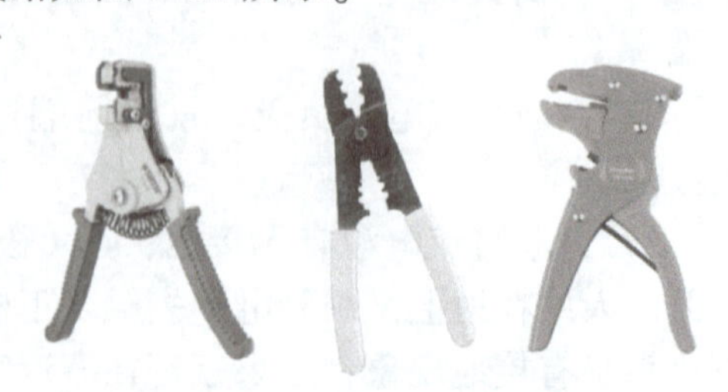

图7-12　剥线钳实物图

使电缆外表皮慢慢剥落。

4）松开工具手柄，取出电缆线，这时电缆金属整齐露出外面，其余绝缘塑料完好无损。

7.4.3　电烙铁

电烙铁的主要用途是焊接元器件及导线，按机械结构可分为内热式电烙铁和外热式电烙铁。外形如图 7-13 所示。

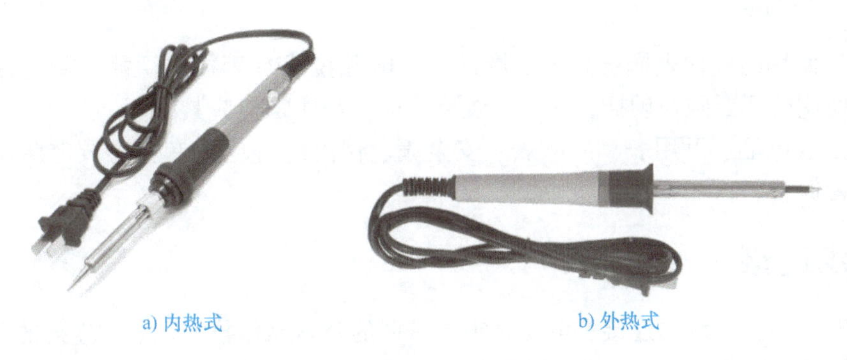

a) 内热式　　b) 外热式

图 7-13　电烙铁实物图

电烙铁使用时应注意：

1）电烙铁使用前应检查使用电压是否与电烙铁标称电压相符。

2）电烙铁应该具有接地线。

3）电烙铁通电后不能任意敲击、拆卸及安装其电热部分零件。

4）电烙铁应保持干燥，不宜在过分潮湿或淋雨环境使用。

5）拆烙铁头时，要切断电源。

7.5　电工工具使用规范

电工工具除了前面介绍的常用工具外，还有钢丝钳、喷灯、手电钻、紧线器等很多专用工具。在施工使用工具时需做到：

1）所有绝缘、检验工具，应妥善保管，严禁他用，并应定期检查、校验。

2）使用锤头时，锤头不得松动，力度要适中。

3）加工管件时，必须扎紧袖口，束紧衣襟。严禁戴手套、围巾或敞开衣襟操作。

4）人力弯管器弯管，应选好场地，防止滑倒和坠落，操作时面部要避开。

5）管子穿带线时，不得对管口呼唤、吹气，防止带线弹力勾眼。穿导线时，应互相配合防止挤手。

6）使用电钻时应禁止戴手套，袖口要扣紧；用力应均匀，转动部分未停动前严禁碰触；使用前应检查电气绝缘良好。

7）使用切割设备时，操作人员应站在侧面。切割的对面应立隔离挡板，并严禁站人；切割片固定应牢固，切割片应干燥无裂纹、无缺口，切割操作应戴防护镜，电气回路绝缘良好，外壳接地良好。

8）磨光片固定牢固、不受潮、无裂纹，打磨时应戴防护镜，双手拿磨光机，正对面严禁站人；打磨结束待确定已停转后才可放置，及时切断电源，使用前应检查电气回路的绝缘情况。

9）电气材料或设备需放电时，应穿戴绝缘防护用品，用绝缘棒安全放电。

10）万用表用完后，打到电压最高档再关闭电源，养成习惯，预防烧坏万用表。

11）在未确定电线是否带电的情况下，严禁用老虎钳或其他工具同时切断两根及以上电线。

12）手持电动工具必须使用漏电保护器，且使用前需按保护器试验按钮来检查是否正常可用。

13）施工使用前应检查拖线盘的绝缘好坏，电源拉线有否损伤裸露，漏电保护器动作是否正常；使用时不要强拉硬插，摆放位置要干燥，插座螺栓应紧固。

14）对于验电笔、万用表、兆欧表、安全帽、保险绳等应由专业人员定期检查其可靠性能，并妥善保管。

7.6 导线连接

在电器安装中，导线的连接是电工必须要掌握的基本操作技能。导线连接的质量关系着电路和设备运行的可靠性和安全程度。对导线连接的基本要求是：接头处电气性能要良好，接头处要紧密，接触良好，接头处的电阻值不大于所用导线的直流电阻；接头的机械强度要符合要求，其机械强度不低于所用导线的 80%；接头要简洁、美观，并且绝缘强度不低于所用导线的绝缘强度。

7.6.1 铜芯导线的连接

1. 单股铜芯线的直线连接

单股铜芯线的直线连接又称对接，有绞接法和缠绕法两种。一般绞接法用于截面较小的导线，缠绕法用于截面较大的导线。

操作技巧： 绞接法是先将已剥去绝缘层并已处理好氧化层的两根线头呈“×”形相交（见图 7-14a），首先互相绞合 2～3 圈（见图 7-14b），接着扳直两个线头的自由端，将每根线自由端在对边的线芯上紧密缠绕 6～8 圈（见图 7-14c），最后将多余的线头剪去，用钢丝钳钳口压平，修理好切口毛刺即可。

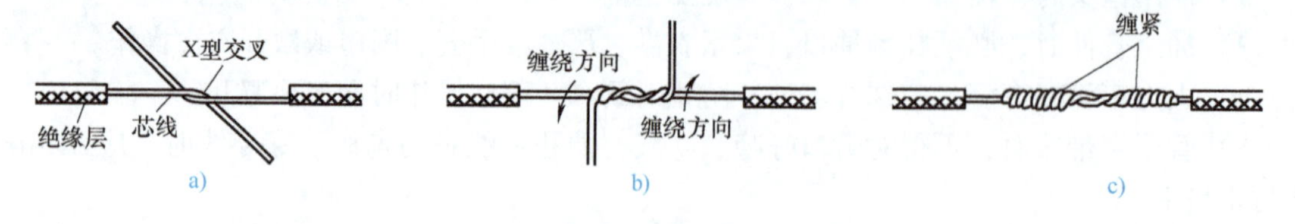

图 7-14　单股铜芯线直线连接（绞接）

2. 单股铜芯线的 T 形连接

单股铜芯线 T 形连接时可用绞接法和缠绕法。

> 操作技巧：绞接法是先将除去绝缘层和氧化层的线头与干线剖削处的芯线十字相交（见图7-15a），注意在支路芯线根部留出3～5mm裸线，接着按照顺时针方向将支路芯线在干线芯线上紧密缠绕6～8圈（见图7-15b）。剪去多余线头，修整好毛刺。

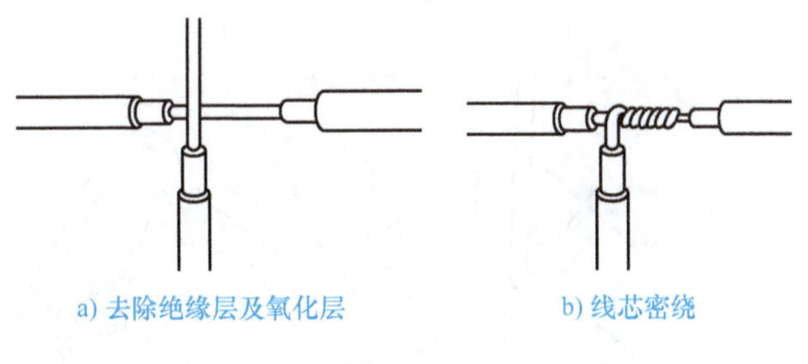

a) 去除绝缘层及氧化层　　b) 线芯密绕

图7-15　单股铜芯线T形连接

7.6.2　导线与电气设备接线端子的连接

1. 线头与针孔接线桩的连接

闸刀开关、端子排、熔断器、电工表等电气设备的接线部位多是利用接线桩头针孔式接法连接的。线路容量小，可用一只螺钉压接；若线路容量较大，或接头要求较高时，应用两只螺钉压接。

单股芯线与接线桩连接时，最好按要求的长度将线头折成双股并排插入针孔，使压接螺钉顶紧双股芯线的中间。如果线头较粗，双股插不进针孔，也可直接用单股，但芯线在插入针孔前，应稍微朝着针孔上方弯曲，以防压紧螺钉稍松时线头脱出。

在针孔接线桩上连接多股芯线时，先用钢丝钳将多股芯线进一步绞紧，以保证压接螺钉顶压时不致松散。注意针孔和线头的大小应尽可能配合，如图7-16a所示。如果针孔过大可选一根直径大小相宜的铝导线作为绑扎线，在已绞紧的线头上紧密缠绕一层，使线头大小与针孔合适后再进行压接，如图7-16b所示。如线头过大，插不进针孔时，可将线头散开，适量减去中间几股，通常7股可剪去1～2股，19股可剪去1～7股，然后将线头绞紧，进行压接，如图7-16c所示。

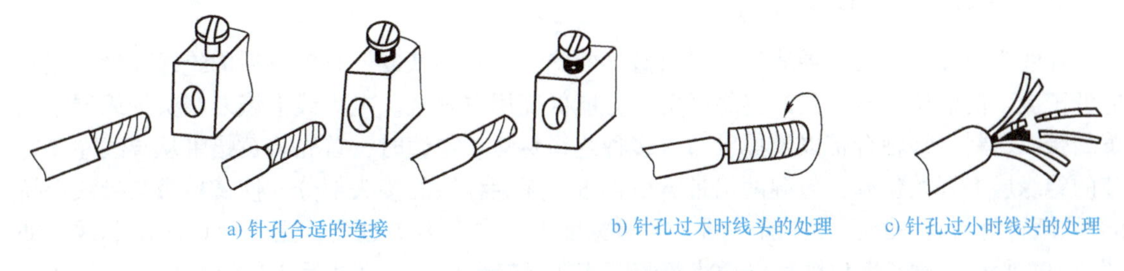

a) 针孔合适的连接　　b) 针孔过大时线头的处理　　c) 针孔过小时线头的处理

图7-16　多股芯线与针孔接线桩连接

无论是单股还是多股芯线的线头，在插入针孔时，一是注意插到底；二是不得使绝缘层进入针孔，针孔外的裸线头的长度不得超过3mm。

2. 线头与接线桩头平压式的连接

接线桩平压式接法是利用螺钉加垫圈将线头压紧，完成电连接。对载流量小的单股芯线，先将线头弯成压接圈，如图7-17所示，再用螺钉压接。对于横截面不超过10mm²、股数为7股及以下的多股芯线，应按图7-17所示的步骤制作压接圈。对于载流量较大，横截面积超过10mm²、股数多于7股的导线端头，应安装接线耳，这里不再赘述。

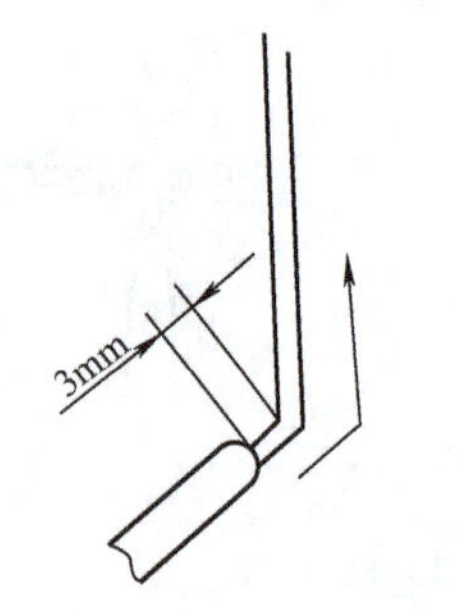

a) 离绝缘层根部的3mm处向外侧折角

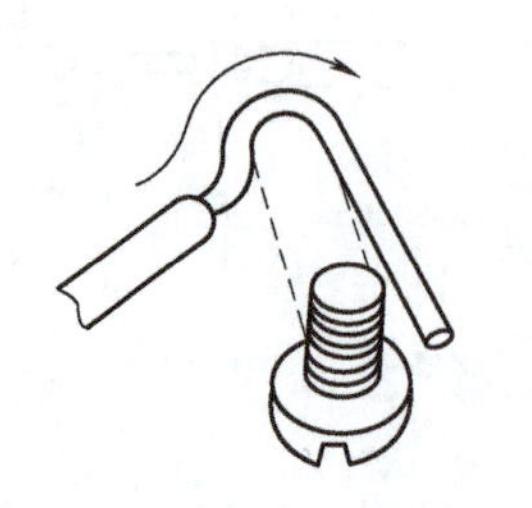

b) 按略大于螺钉直径弯曲圆弧

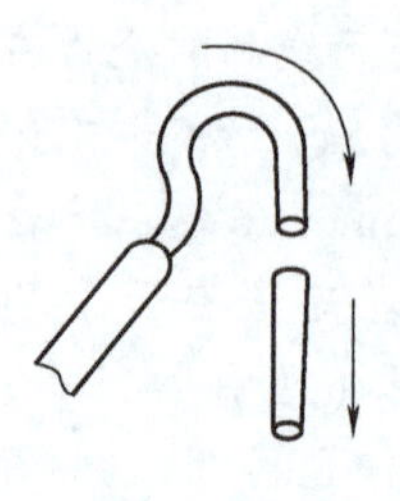

c) 剪去芯线余端

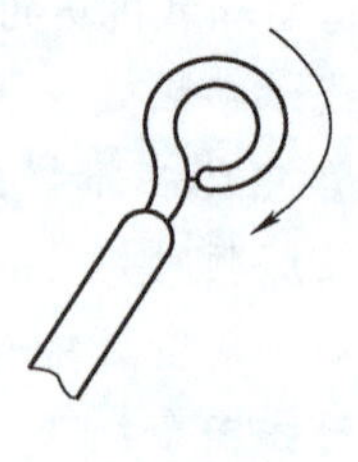

d) 修正圆圈

图 7-17 单股芯线压接圈的弯法

3. 线头与瓦形接线桩的连接

瓦形接线桩的垫圈为瓦形，压接时为了不使线头从瓦形接线桩内滑出，压接前应先将去除氧化层和污物的线头弯曲成 U 形，如图 7-18a 所示，再卡入瓦形接线桩压接。如果在接线桩上有两个线头连接，应将弯成 U 形的两个线头相重合，再卡入接线桩瓦形垫圈下方压紧，如图 7-18b 所示。

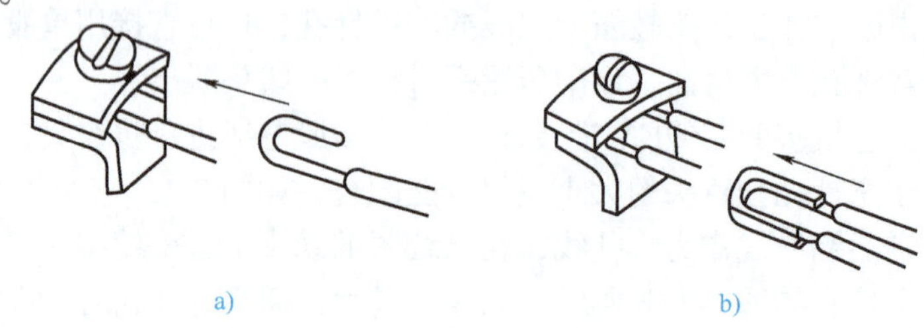

a) b)

图 7-18 单股芯线与瓦形接线桩的连接

7.6.3 导线绝缘的恢复

在线头连接完工后，导线连接前所破坏的绝缘层必须恢复，且恢复后的绝缘强度一般不应低于剥削前的所用绝缘层的绝缘强度，方能保证用电安全。电力线上恢复线头绝缘层常用黄蜡带、塑料带、粘合带以及黑胶布等多种绝缘材料。包缠时，首先将黄蜡带从导线左侧完整的绝缘层上开始包缠，包缠两倍带宽后再进入无绝缘层的接头部分，使黄蜡带与导线保持 55°的倾斜角，后一圈压叠在前一圈 1/2 的宽度上，注意不要过疏，更不允许露出芯线，如图 7-19a 所示。黄蜡带包缠完以后将黑胶带接在黄蜡带尾端，朝相反方向斜叠包缠，仍倾斜 55°，后一圈仍压叠前一圈 1/2，如图 7-19b 所示。

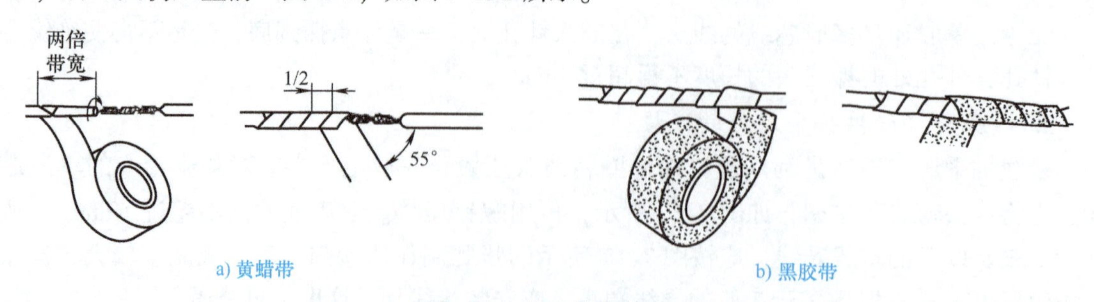

a) 黄蜡带 b) 黑胶带

图 7-19 绝缘带的包缠

在380V的线路上恢复绝缘层时，先包缠1~2层黄蜡带，再包缠一层黑胶带。在220V线路上恢复绝缘层时，可先包一层黄蜡带，再包一层黑胶带；或不包黄蜡带，只包两层黑胶带。

【任务实施】

技能训练19　导线连接

一、训练目的

1）熟练掌握单芯线的连接方法。

2）熟练掌握分线打结的连接方法。

二、训练器材（见表7-2）

表7-2　训练器材清单

序号	名称	型号与规格	数量	备注
1	电工钳		1把	
2	钢卷尺	2m	1个	
3	剥线钳		1把	
4	斜口钳		1把	
5	导线	单芯铜导线	若干	
6	绝缘胶带		若干	

三、训练内容及步骤

1. 单芯铜导线连接

1）绞接法：适用于$4mm^2$以下的单芯线，用分支线路的导线往干线上交叉，先打好一个圈结以防止脱落，然后再密绕5圈，分线缠绕完后，剪去余线。

2）缠卷法：有加辅助线和不加辅助线两种，适用于$6mm^2$及以上的单芯线的直线连接。将两线相互并合，加辅助线后用绑线在并合部位向两端缠绕（即公卷），其长度为导线直径10倍，然后将两线芯端头折回，在此向外单独缠绕5圈，与辅助线捻绞2圈，将余线剪掉。

2. T形连接

分别采用绞接法和缠绕法练习导线T形连接。

3. 导线绝缘的恢复

分别练习采用黄蜡带、塑料带、粘合带以及黑胶带等多种绝缘材料进行导线绝缘恢复实训。包扎时要衔接好，以半幅度边压边进行缠绕，同时在包扎过程中收紧胶带，导线接头处两端应用黑胶带封严密，包扎后应呈枣核形。

四、注意事项

1）导线连接要规范且符合要求。

2）掌握利用黑胶带、黄蜡带等绝缘材料对不同电压等级要求的线头绝缘层的恢复，导线绝缘层恢复后，其绝缘强度应不低于原有的绝缘层。

任务总结

1. 常用电工工具有：验电器、剥线钳、电烙铁、钢丝钳、喷灯、手电钻、紧线器等很多专用工具。一名合格的电工应学会正确、合理地选择和使用各种电工工具，在保证安全的前提下做好本职工作。定期对使用的施工工具进行检查，有不安全因素应立即整改，使其保持良好状态，严禁施工工具带“病”运转。

2. 电工工具使用注意事项：

1）养成良好的电工操作习惯，严格按照电工操作规程规范使用各种电工工具。

2）熟悉各类电工工具的特点和用途。

3. 导线的连接：

1）用剥线钳、钢丝钳和电工刀剥削导线绝缘层。

2）单股铜芯线的直线连接和T形连接是两种常用的导线连接形式，连接方法要符合实际连接要求。

3）利用黑胶带、黄蜡带等绝缘材料对不同电压等级要求的线头绝缘层恢复，导线绝缘层恢复后，其绝缘强度应不低于原有的绝缘层。

自我测试7

一、填空题

1. 人体触电的方式有多种，主要有：直接触电和________等，直接触电又分为单相触电和________。

2. 如果触电者呼吸、心跳均已停止，人完全失去知觉，则必须同时采用________和________这两种方法进行救治。

3. 如果触电人伤害较严重，失去知觉，停止呼吸，但心脏微有跳动，就应采用口对口的人工呼吸法进行急救。一般吹气2s，呼气3s，每分钟大约____次。

4. 试电笔的测试范围是60～________V电压，使用试电笔时注意千万不要超过测试范围，否则可能引起误判断或者发生触电事故。

二、选择题

1. 单股芯线的直线连接又称对接，有（　　）和（　　）两种连接。

A. 伞接法　　B. 缠绕法　　C. 绞接法

2. 电力系统是由（　　）、（　　）、（　　）、（　　）组成的统一整体。

A. 生产　　B. 输送　　C. 分配　　D. 消费

三、判断题

1. 试电笔测试时不要碰触试电笔前端的金属探头，以防触电。（　　）

2. 电工禁用金属杆直通握柄顶部的螺钉旋具，以免发生触电事故。（　　）

3. 电烙铁有内热式和外热式两种类型。（　　）

4. 导线连接前所破坏的绝缘层必须恢复，且恢复后的绝缘强度一般不应低于剥削前的所用绝缘层的绝缘强度，方能保证用电安全。 ( )

5. 电气设备的金属外壳，必须接地或接零。同一设备可以有的接地，有的接零。同一供电网不允许有的接地有的接零。 ( )

四、简答题

1. 触电急救采用的方法是什么？具体如何选择方法进行急救？
2. 简述低压验电器的使用方法。
3. 简述导线绝缘恢复的方法。

参 考 文 献

[1] 江路明．电路分析与应用 [M]．北京：高等教育出版社，2015.
[2] 李文森，孙晓燕．电工基础 [M]．北京：北京理工大学出版社，2012.
[3] 蒋卫宏．电路分析 [M]．北京：清华大学出版社，2013.
[4] 沈许龙．电工基础与技能训练 [M]．北京：电子工业出版社，2012.
[5] 王成安，王洪庆．电工电子技术基础 [M]．4 版．大连：大连理工大学出版社，2017.
[6] 唐志珍，张永格．电路分析基础 [M]．2 版．北京：中国铁道出版社，2019.